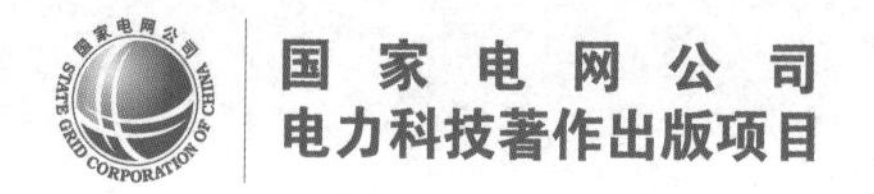

新型环保绝缘气体及其电气设备应用丛书

环保绝缘气体的介电强度与分子设计

周文俊　侯华　郑宇◎著

内 容 提 要

鉴于六氟化硫（SF_6）气体的强温室效应，寻找能够完全替代 SF_6 的新型环保绝缘气体已成为电气行业最富挑战性的任务之一。编者围绕七氟异丁腈（C_4F_7N）及其混合气体的电离和吸附特性、工频绝缘特性、冲击绝缘特性、C_4F_7N/X 混合气体的协同效应、分解反应等性能测试以及新型环保绝缘气体分子设计等方向，展开了系统性试验与理论研究，取得了丰富的阶段性研究成果，力图为解决 SF_6 替代问题提供技术指导与科学依据。

本书可作为电气和材料领域从事气体绝缘技术研究人员的参考用书。

图书在版编目（CIP）数据

环保绝缘气体的介电强度与分子设计 / 周文俊，侯华，郑宇著. —北京：中国电力出版社，2024.7

（新型环保绝缘气体及其电气设备应用丛书）

ISBN 978-7-5198-8021-7

Ⅰ. ①环…　Ⅱ. ①周…②侯…③郑…　Ⅲ. ①气体绝缘–电气强度　Ⅳ. ①TM853

中国国家版本馆 CIP 数据核字（2023）第 143084 号

出版发行：中国电力出版社
地　　址：北京市东城区北京站西街 19 号（邮政编码 100005）
网　　址：http://www.cepp.sgcc.com.cn
责任编辑：罗　艳（010-63412315）　柳　璐
责任校对：黄　蓓　常燕昆
装帧设计：张俊霞
责任印制：石　雷

印　　刷：北京九天鸿程印刷有限责任公司
版　　次：2024 年 7 月第一版
印　　次：2024 年 7 月北京第一次印刷
开　　本：710 毫米×1000 毫米　16 开本
印　　张：17.25
字　　数：278 千字
印　　数：0001—1000 册
定　　价：108.00 元

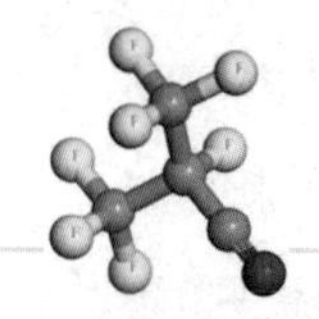

前 言

六氟化硫（SF_6）气体是人类合成的近乎完美的电气设备用绝缘气体，但强温室效应是其致命弱点，全球变暖潜势（globle warming potential，GWP）高达二氧化碳（CO_2）的24300倍。在实现“碳达峰、碳中和”目标的新时期要求下，寻找SF_6替代气体的任务更为紧迫。

为总结和传播SF_6环保替代技术研究成果，项目团队组织编写了《新型环保绝缘气体及其电气设备应用丛书》。这套丛书共分为3册，针对环保绝缘气体的分子设计、C_4F_7N气体在电气设备中应用技术、装备和工程应用进行系统研究和阐述，全面详实地介绍了环保绝缘替代气体的相关理论、关键技术和应用。本分册为《环保绝缘气体的介电强度与分子设计》。

2010年我们团队在进行气体绝缘组合电气设备（gas insulated switchgear，GIS）故障诊断研究时，发现盆式绝缘子放电产生特征气体二硫化碳（CS_2）和羰基硫（COS），结合分子动力学和量子化学计算分析，阐明了产生CS_2和COS的微观机理和特征条件，从而建立了针对GIS故障检测的新特征气体方法。本人在20世纪80年代读研究生时，曾成立过“奇想俱乐部”，看到化学研究的同学做试验往往难以成功，且有时存在危险，设想可否先在计算机上设计满足要求的物质分子结构，寻找或合成后再做试验，但限于当时的计算硬件和软件技术水平，一直未能如愿。

受研究生时的梦想和对GIS中放电特征气体机理分析的启发，在一次和武汉大学化学与分子科学学院罗运柏教授共同参加王宝山教授课题组研究生答辩时，一起商讨了在计算机上设计 SF_6 替代气体分子、再寻找或合成替代气体的新思路。该想法得到国家电网公司陈维江院士的指导和大力支持，我们编写的“环保型管道输电关键技术”项目指南顺利进入 2017 年智能电网国家重点研发计划目录，最终由武汉大学等 14 家单位组成的团队获批承担该项目（编号 2017YFB0902500），2019 年课题组获批智能电网联合基金重点项目“气体分子结构对介电强度影响规律的基础研究”（编号 U1966211），对 SF_6 替代气体问题展开持续、系统的实验与理论研究。2021 年国家重点研发计划“环保型管道输电关键技术”通过验收，该项目成功打破了国外公司对七氟异丁腈（C_4F_7N）气体生产的垄断，实现了 C_4F_7N 气体的国产化批量制备。同年，我们编写的“新型环保绝缘气体研发与应用”项目指南再次进入国家重点研发计划目录，最终我们 6 家单位组成的团队获批承担该项目（编号 2021YFB2401400）。

SF_6 替代气体需要满足高绝缘强度、低液化温度、低 GWP、低毒、良好灭弧性能、化学性质稳定、与高压电气设备中材料相容等一系列要求，其中有些指标相互制约。传统寻找 SF_6 替代气体的相关研究主要从已有 CAS 号的气体中筛选，或针对现有制冷剂和灭火剂进行绝缘试验，验证是否满足环保替代气体要求，迄今国内外同行已对数千种气体进行了测试。2016 年阿尔斯通公司采用 3M 公司生产的 C_4F_7N 与 CO_2 气体混合成 g^3 气体，并在 420kV 气体绝缘输电管道（gas insulated line，GIL）中替代 SF_6 取得了成功。国内围绕新型环保绝缘气体也开展了热火朝天的试验和理论研究，极大丰富并推进了 SF_6 替代气体研究。

武汉大学电气与自动化学院和化学与分子科学学院环保绝缘气体研究团队郑宇、张天然、胡世卓、余小娟、张咪、戴卫、裴勇、喻剑辉、罗运柏、王宝山、侯华、周文俊等对环保绝缘气体的电离和吸附特性、C_4F_7N 混合气体的工频绝缘特性、C_4F_7N/CO_2 混合气体冲击作用下的绝缘特性、C_4F_7N/X 混合气体的协同效应、新型环保绝缘气体分子设计等进行了大量研究，取得了重要成果。本专著为研究团队在多年研究成果积累的基础上编写。全书由周文俊、侯华与郑宇负责统稿，博士生尤天鹏对全书格式进行了统一。

本专著是武汉大学电气与自动化学院周文俊教授和化学与分子科学学院王宝山教授从事环保绝缘气体研究团队精诚合作的结果，武汉大学化学与分子科学学院罗运柏教授课题组所做的新气体分子的合成和武汉大学物理科学与技术学院郭立平教授课题组的稳态汤逊试验对项目的完成提供了帮助，在此表示感谢。同时还要感谢我们团队研究生所做的大量工作。如果本专著能给读者提供一些环保绝缘气体研究的基础知识和思路上的启示，将是我们莫大的欣慰。

本专著得到了国家自然科学基金委智能电网联合重点基金“气体分子结构对介电强度影响规律的基础研究”（项目编号 U1966211）资助，在此表示感谢！

由于著者水平和时间所限，书中内容难免存在疏漏和不妥之处，敬请各位专家和读者批评指正。

2024 年春节于珞珈山

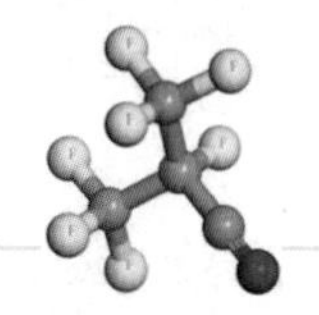

目　　录

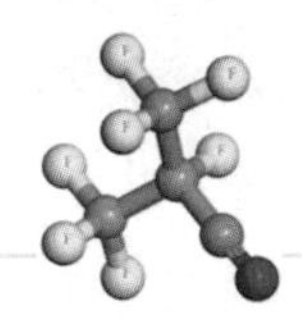

1 新型环保绝缘气体概述

六氟化硫（SF_6）以其优异的绝缘和灭弧性能等特性使之成为高压电气设备内广泛使用的绝缘气体介质。但是，SF_6 有一个致命缺点，它是目前温室效应最强的气体。随着电力行业的快速发展，SF_6 的使用量和排放量日益增加，引起的温室效应越来越严重。由于 SF_6 的物理化学性质非常稳定，排放到大气中的 SF_6 很难被降解，在大气中的寿命长达 3200 年。目前仍缺乏处理大气中 SF_6 的有效措施，因此 SF_6 对全球变暖的影响呈累积性。面对日益严重的环保压力，寻找能够替代 SF_6 的绝缘气体已经成为电力行业的重大需求。本章概述了 SF_6 的发展和实际应用情况、替代 SF_6 的指标和目前遇到的难题，以及新型环保绝缘气体的研究现状。

1.1 SF_6 气体的特点和替代难题

SF_6 气体的优点主要有绝缘强度高、液化温度低和绝缘自恢复性强，最大的缺点是温室效应太严重。什么是温室效应？如何衡量一种气体的温室效应影响呢？相关学者和组织提出了全球变暖潜势这一概念。面对全球变暖问题，亟需寻找一种替代 SF_6 的绝缘气体。替代气体需要满足什么样的指标？本节最后部分逐条论述替代气体需要满足的各种电气、绝缘和环境性能等指标。

1.1.1 SF_6 的优点和缺点

气体绝缘电气设备因占地面积小、不受气候条件限制以及电磁污染小等优点，被普遍用于高压、特高压输电系统和大中城市的配电系统中，并已成为建设智能电网的首选设备和建设现代化变电站的重要标志。在电力系统中，电气设备中常用的气体绝缘介质是六氟化硫（SF_6）。

SF_6 是法国著名化学家亨利·莫桑（Henri Moissan）（因分离出单质氟获得1906年诺贝尔化学奖）与他的博士生保罗·靳博（Paul Lebeau）在1901年通过硫粉与氟气反应而合成的气体，迄今已有百余年的历史。SF_6 分子呈八面体对称结构，没有偶极矩，其物理化学性质非常稳定。在正常条件下，SF_6 具有化学惰性、无毒、不易燃、不易爆且热稳定（它在气相中温度低于500℃不会分解）等特点。自1947年起，SF_6 开始商业化，以无腐蚀性、良好的热传导能力、绝缘和电弧开断能力强等优良的理化特性而著称，其物理化学参数总结在表1－1中。SF_6 是一种强电负性气体，其绝缘强度约为同条件下空气的三倍。同时，SF_6 因放电产生的碎片很容易复合，从而具有独特的自修复（self-healing）性能。这些特点使得 SF_6 成为气体断路器（gas circuit breakers，GCB）、气体绝缘组合电气设备（GIS）和气体绝缘输电管道（GIL）（见图1－1）等高压电气设备中应用最广泛的气体绝缘介质。

表1－1　SF_6 的各种物理化学参数

性质	单位	值
熔点（224kPa）	K	222.35
沸点（101kPa）	K	209.35
固体密度	kg/m^3	2510
液体密度	kg/m^3	1980
20℃、0.1MPa下的密度	kg/m^3	6.1
比热容（25℃）	J/（kg·K）	665.18
表面张力	$N/m\times10^{-3}$	11.63
膨胀系数	—	0.027
导热系数	W/（m·K）	0.01206
黏度（25℃）	Pa·s	16.1
相对密度（空气为1）	—	5.1
熔融膨胀	%	30
饱和蒸气压（25℃）	kPa	2450
折射率（0℃）	—	1.000783

(a) 气体断路器

(b) 气体绝缘组合电气设备

(c) 气体绝缘输电管道

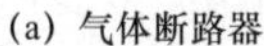

图 1-1 SF_6 电气设备

SF_6 在电弧期间不产生聚合、碳颗粒或其他导电沉积物，它与大多数固体绝缘和导电材料在化学上兼容。SF_6 的大部分稳定分解产物不会显著降低其介电强度，并可通过吸附剂过滤去除。世界上，SF_6 年产量约 10000t，其中 80%以上用于电力行业，特别是中高压电力设备。对于非电气应用，SF_6 可用于镁或铝金属的加工（镁合金熔化炉保护气体）、有机合成（氟化试剂）和化工（新型灭火器）等领域。在变电站安装与设计中，SF_6 允许紧凑的设计和组件的长预期寿命，这使得变电站可以安装在城市内，为电气工业应用提供了重要优势。不仅如此，设备中使用 SF_6 还可以显著降低功率损耗，而且没有消防安全问题。另外，SF_6 气体存储方便，价格便宜。如果再考虑到其常压下沸点仅有−63.8℃，SF_6 可称为近乎“完美”的绝缘气体，迄今尚未发现比 SF_6 更好的气体绝缘介质。

SF_6 也有缺点。SF_6 在低温条件下容易液化，不适用于高寒地区。例如，在 0.5MPa 压力下，当环境温度下降到−25℃时 SF_6 就会开始液化。而且，SF_6 对电场不均匀性非常敏感，在不均匀电场环境中其绝缘性能严重劣化。当发生局部放电或在灭弧过程中，SF_6 气体会分解生成有剧毒的副产物（如氟化硫酰，SO_2F_2），存在着极大的安全隐患。更严重的是，由于 SF_6 的化学性质极其稳定，排放到大气中的 SF_6 很难被降解，所以其大气寿命长达 850～3200 年；同时，SF_6 吸收红外辐射的能力非常强，特别是对 10.5μm 的红外光。这些因素使得 SF_6 成为目前最强的温室气体，其全球变暖潜势（GWP）是 CO_2 的 24300 倍，即每排放 1kg SF_6 气体产生的温室效应相当于排放 24.3t CO_2 气体。目前尚缺乏处理和回收排放到大气中 SF_6 气体的有效措施，因此，SF_6 对全球变暖的影响是累积性的，对大气环境可能带来永久性的破坏。SF_6 的强温室效应使之在 1997 年《京都议定书》

（Kyoto Protocol）中被列为限定排放气体，削减直至杜绝 SF_6 的应用已成定局。欧盟在 2003 年公布的《含氟温室气体法规》中已经在化工行业禁用 SF_6 气体，在电力行业规定必须定期检查泄漏情况。在找到能够完全替代 SF_6 的环保绝缘气体之前，针对 SF_6 的强制性措施将会日趋严格。

随着电力行业的迅猛发展，对开关和绝缘设备需求日益增加，SF_6 气体的相关产业仍在迅猛发展。大气中的 SF_6 含量每年持续增加，从 20 年前几乎不可测量到目前浓度近 9×10^{-12}。值得注意的是，在 1990—2000 年期间，大气中 SF_6 的年增长速度是 32.4t/年，2000 年后 SF_6 的年增长速度高达 172t/年。近 20 年来，SF_6 大气浓度翻倍，预计到 2030 年，电力行业的 SF_6 排放产生的温室效应将达到约 6400Mt 的 CO_2。随着世界范围内对环境保护要求的提高和公众环保意识的逐渐增强，SF_6 气体的温室效应开始得到高度重视。面对严苛的减排要求，寻找新的环保绝缘气体来替代 SF_6 是彻底解决 SF_6 环境问题的有效方法。因此，开发能够替代 SF_6 的新型环保绝缘气体，已经成为电力行业的当务之急。

1.1.2 温室效应和全球变暖潜势

SF_6 是目前温室效应最强的气体。那么，什么是温室气体？什么是温室效应呢？简单来说，所谓“温室气体”是指大气中自然或人为产生的能够吸收地球长波辐射而使地层升温的气体成分，包括 SF_6、CO_2 和甲烷（CH_4）、氧化亚氮（N_2O）、氢氟碳化物（HFCs）及全氟化碳（PFCs）等。而“温室效应”是指温室气体吸收地表向外放出的长波热辐射而形成热覆盖罩子，使地表与低层大气温度增高的类似于温室的作用。因此，温室效应的强弱不仅在于气体的量，更在于其吸收长波辐射的能力。

为了帮助各国家的决策者（包括政府和研究人员等）量度各种温室气体（如 SF_6 等）对地球的影响，联合国政府间气候变化专门委员会（Intergovernmental Panel on Climate Change，IPCC）在 1990 年的报告中引入了全球变暖潜势（GWP）的概念。全球变暖潜势反映的是温室气体温室效应的相对强度，是将特定气体和相同质量二氧化碳比较之下，造成全球暖化的相对能力。二氧化碳的 GWP 定义为 1，表 1－2 中列出了 IPCC 报告内一些温室气体的 GWP。温室气体的 GWP 和其计算时使用的评估时间长短有关，在空气中很快就分解的气体可能在评估期间初期对 GWP 有很大的影响，但在评估期间的中后期，因部分气体已被分解，对

GWP的影响就会大为降低。依照IPCC第六次评估报告的结果，甲烷20年的GWP为72，但100年的GWP为25。但是，不是所有温室气体的GWP都随评估期间加长而变小。例如，六氟化硫（SF_6）20年的GWP为18200，但100年的GWP为24300。需要注意的是，在计算GWP时，一般会以一段特定长度的评估期间为准（如100年），提到GWP时也需一并说明其评估期间的长度。

表1-2　　常见温室气体的全球变暖潜势值及其生命期

温室气体	生命期（年）	全球变暖潜势的评估时间		
		20年	100年	500年
甲烷	11.8	81.2	27.9	7.95
一氧化二氮	109	273	273	130
HFC-23	228	12400	14600	10500
HFC-134a	14	4140	1530	436
六氟化硫	1000	18200	24300	29000

注　数据来自IPCC第六次评估报告（Climate Change 2021: The Physical Science Basis. Working Group I Contribution to the IPCC 6th Assessment Report, Chapter 7, 2021）。

通常，气体的GWP与以下因素有关：① 气体对于红外线的吸收能力；② 其吸收光谱波长的范围；③ 气体在大气中的寿命。若气体的GWP很高，表示其对红外线的吸收能力很强，且在大气中的寿命也很长。GWP和吸收光谱波长的关系比较复杂，即使气体在特定波长吸收红外线辐射的效果很好，但该波长范围的红外线辐射已被大气所吸收，气体本身的GWP也不会很高。若气体吸收红外线辐射的波长范围恰好是大气所吸收的波长范围外，其GWP就会比较高。可以利用红外吸收光谱法研究温室气体，来了解人类活动对全球气候变化的影响。

在IPCC第三次评估报告中定义了GWP的计算方式。气体的全球变暖潜势定义为从开始释放1kg该物质起，一段时间内辐射效应对时间的积分，相对于同条件下释放1kg参考气体（二氧化碳）对应辐射效应时间积分的比值

$$\mathrm{GWP}(x)=\frac{\int_0^{TH} a_{\mathrm{x}}\cdot[x(t)]\mathrm{d}t}{\int_0^{TH} a_{\mathrm{r}}\cdot[r(t)]\mathrm{d}t} \tag{1-1}$$

式中：TH是计算时的评估期间长度；a_{x}是气体的辐射效率[单位为$\mathrm{W/(m^2\cdot kg)}$]；$x(t)$是1kg气体在$t=0$时间释放到大气后，随时间衰减之后的浓度；a_{r}是参考气体的辐射效率［单位为$\mathrm{W/(m^2\cdot kg)}$］；$r(t)$是1kg参考气体在$t=0$时释放到大

气后，随时间衰减之后的浓度。

式（1–1）中的分子是待测化学物质的积分量，分母则是二氧化碳的积分量。随着时间变化，辐射效率 a_x 及 a_r 可能不是常数。许多温室气体吸收红外线辐射的量和其浓度成正比，但有些重要的温室气体（如二氧化碳、甲烷、一氧化二氮）的红外线吸收量和其浓度成非线性关系，而且未来也可能仍然是非线性关系。由于 GWP 以 CO_2 的数据为基准，且 CO_2 红外线吸收量和其浓度成非线性关系，因此，此非线性关系会影响所有气体的 GWP。若不考虑二氧化碳非线性的调整，会低估其他温室气体的 GWP。GWP 和气体在大气中衰减的速率有关，这方面的资料大多无法得到准确的数值，其数值不能视为精确无误。因此在引述 GWP 的资料时需标注其数据来源。

通常情况下，某一气体分子的 GWP 由辐射效率（*RE*）和大气寿命（τ）两个因素共同决定。对于辐射效率（*RE*），通常利用皮诺克（Pinnock）等人的简化模型计算，即

$$RE=\sum_{i=1}^{250}10\sigma_i(v_i)F_i(v_i) \tag{1–2}$$

式中：$\sigma_i(v_i)$ 是气体分子在振动频率为 v_i 的红外吸收截面积（单位为 cm^2/molecule，molecule 为分子数）；$F_i(v_i)$ 是在此频率处的红外辐射力［单位为 W/（m^2 • molecule • cm^3）］。

皮诺克（Pinnock）等人利用窄带大气辐射传输模型，基于二氧化碳、水汽、臭氧、甲烷、一氧化亚氮以及云的红外吸收辐射获得了在 0～2500/cm 范围内的 $F_i(v_i)$ 实验测量数据（通常以 10/cm 间隔取点），由此可以根据量子化学计算得到的红外吸收光谱，直接计算任意分子的辐射效率 *RE*。

气体分子大气寿命的计算十分复杂，这是因为分子在大气中一般存在多种降解途径。为简单起见，研究人员重点考虑三类降解机制，包括：① 通过与大气中的自由基（主要是 OH）发生化学反应的降解(τ_{OH})；② 光解(τ_{photo})；③ 海洋降解(τ_{ocean})。分子的大气寿命计算如下

$$\tau=(1/\tau_{OH}+1/\tau_{photo}+1/\tau_{ocean})^{-1} \tag{1–3}$$

τ_{OH} 可以采用量子化学方法直接计算，大致过程如下：首先在 M06-2X/aug-cc-pVTZ 理论水平计算气体分子与大气中的 OH 活性自由基反应的势能面，获得关键中间体及过渡态的结构与能量。基于 M06-2X/Aug-cc-pVTZ 的优化构

型，采用热力学组合模型化学方法计算各反应途径的高精度能量（包括结合能、势垒高度、反应热等）。最后采用多通道 RRKM 理论与过渡态理论，结合刚性转子谐振子近似考虑非谐性、内转动等影响因素，计算反应速率常数 k_{OH} 及其随温度、压力的变化关系。值得注意的是，某些反应并不存在明确的过渡态，即所谓的“无垒”过程。针对此类反应体系，在 M06-2X/aug-cc-pVTZ 理论水平上，采用局部优化技术扫描 OH 自由基与气体分子途径上的势能曲线，采用变分过渡态理论或 Flexible 过渡态理论，计算反应的速率常数 k_{OH}。气体分子的大气寿命 τ_{OH} 可由反应速率常数 k_{OH} 和大气中 OH 自由基的平均浓度（1×10^{-6}molecule/cm^3）计算获得，即

$$\tau_{OH} = k_{OH}^{-1}[OH]^{-1} \tag{1-4}$$

对于光化学降解机制，寿命 τ_{photo} 可表示为光解速率 J 的倒数，即

$$\tau_{photo} = J^{-1} \tag{1-5}$$

$$J = \int \Phi(\lambda)\sigma(\lambda)F(\lambda)\mathrm{d}\lambda \tag{1-6}$$

式中：$\sigma(\lambda)$ 指分子的紫外吸收截面积（单位为 cm^2/molecule），可采用含时密度泛函理论方法直接计算得到；$F(\lambda)$ 为不同海拔的光通量［单位为 photons/（cm^2 • s），photons 为光子］，在积分区域的波长范围内（290～400nm）通常由实验测量确定；$\Phi(\lambda)$ 为光化学反应的量子产率，与分子的光解反应机理有关，难以根据单一的计算方法确定，通常采用单位量子产率，即表示最大光解反应速率，用于预测 GWP 的下限。

难以被大气中 OH 自由基氧化或被光解的气体分子，通常情况下由海洋降解所控制，其大气寿命可以通过空气－海洋边界层的传输速率进行估算，即

$$\tau_{ocean} = \frac{ZH}{f_{ocean} v} \tag{1-7}$$

式中：Z 是大气层高度，通常取约 7000m；v 为气体分子的海洋传输速率，通常取约 3.7m/d；$f_{ocean}=0.71$，表示地球被海洋所覆盖的面积比例；H 是气体分子的亨利常数，可以采用分子动力学模拟方法或构效关系模型直接计算得到。

综上，任一单质气体分子的总大气寿命为

$$\tau = (1/\tau_{OH} + 1/\tau_{photo} + 1/\tau_{ocean})^{-1} \tag{1-8}$$

采用该方法，武汉大学化学与分子科学学院王宝山课题组在理论上计算了

C_4F_7N 的 GWP，结果列于表 1-3。可以看出，GWP 的理论计算值与实测值相吻合。与 SF_6 相比，C_4F_7N 的红外积分吸收截面积虽然更大，但其辐射效率仅为 SF_6 的 1/3，大气寿命仅为 SF_6 的约 1%，从而使得 C_4F_7N 的 GWP 远低于 SF_6 气体。

表 1-3　　C_4F_7N 的温室效应计算与实验值的比较

气体类型	σ（10^{-17}cm/mol）	辐射强迫 *RF*	k_{OH}［$10^{-15}cm^3$/（molecule · s）］	τ（年）	GWP
C_4F_7N	23.6 （28.8±0.1） （22.2±1.1）	0.238 （0.279） （0.217）	1.43 （1.47±0.19） （1.45±0.25）	31.4 （22） （47）	2258 （1490） （2400）
SF_6	21.7	0.590	—	3200	24300

注　1. 括号内数据为文献值。
　　2. 摘自参考文献［21］、［22］。

1.1.3　SF_6 替代需满足的要求

SF_6 气体替代面临诸多挑战，作为替代气体必须满足如下六个条件：① 良好的灭弧性能；② 高击穿电压，即高绝缘强度；③ 物理性能，无臭、无毒、热传导性能好、液化温度低；④ 化学性能，惰性、不燃、不爆、分解易复合；⑤ 环境性能，低温室效应、不破坏臭氧层；⑥ 使用性能，易储存、价格便宜。目前能够符合这些苛刻条件的气体只有 N_2、CO_2 以及以它们为主的混合气体。近年来通过大量试验研究表明，CO_2 的绝缘和灭弧性能虽然不如 SF_6，但强于 N_2。虽然 CO_2 也是温室气体，但其用于电力设备的总量与全球排放量相比可以忽略不计，因此目前认为 CO_2 是最有希望替代 SF_6 的单质气体。但是要保证绝缘强度，必须大幅度提高绝缘设备内气体的压强。由于目前高压电气设备自身的特点及结构限制，气体作为绝缘介质的压力不能过高。一些全氟有机物如 C_4F_6、C_4F_{10} 等气体虽然在绝缘性能上接近甚至优于纯 SF_6 气体，且 GWP 也较小，但其放电易分解或毒性较高，且成本过高，难以推广应用。

基于电气设备对绝缘性能的实际需求，理想的 SF_6 替代气体需同时满足至少三项指标，即绝缘强度高、液化温度低、GWP 低。然而实践表明，这些指标之间常常相互制约，甚至相互矛盾。从实验化学角度分析，绝缘气体的各项性能之间实际上是个矛盾体，主要有两大矛盾。气体分子的稳定性与 GWP 是一对矛盾体，一方面作为绝缘介质，需要在电场中呈现惰性；另一方面，低 GWP 则要求分子不能过于稳定，否则很难在大气中降解。气体分子的绝缘强度与液化温度也是一对矛盾体，实验研究发现绝缘强度与液化温度呈正相关关系，难以在提高绝缘强度的同时降低液化温度。具体而言，绝缘强度高的气体，分子尺寸大、电负性强、电子吸附截面大，且对加热、光照、放电等均呈现化学惰性；但是，电负性强、体积大的分子之间存在较强相互作用，导致液化温度升高；分子越稳定则意味着在大气中越难以降解，大气寿命越长，导致 GWP 增加。显然，满足单一指标的气体分子众多，同时满足三条指标则非常困难，SF_6是目前唯一能够综合平衡各种矛盾的最佳分子结构，但其 GWP 太高。美国西屋电气公司研发中心的伍顿（R. E. Wootton）等人开展了数年的筛选工作，考察了大量替代绝缘气体分子，最终得到“没有一种气体能够全面优于 SF_6”的结论。即使面对这一负面结论，仍有很多科研工作者前赴后继地投入到 SF_6 替代气体研究中，试图在各种相互矛盾性质中找到一种平衡，从而发现能够替代 SF_6 气体的单质气体或者混合气体。

1.2 SF_6 替代气体

1.1 中介绍了 SF_6 替代气体所需要满足的指标，本节将总结目前各种潜在替代气体的各种指标值，包括含 SF_6 的混合气体，以及不含 SF_6 的各种绝缘气体单质，最终发现这些气体都无法完美地替代 SF_6。

经过数十年的探索，仅发现了部分性能接近 SF_6 的少许环境友好型气体，且仅能通过与缓冲气体混合的方式实现绝缘。其中，最受关注的体系主要包括 $SF_6+N_2/CO_2/O_2/CF_4$ 和 $c\text{-}C_4F_8/C_3F_8/CF_4/CF_3I+N_2/CO_2/CF_4/N_2O$ 两大类。例如，按特定比例混合的 SF_6 与 N_2 绝缘气体已经在工业中获得初步应用。但从长远角度来看，使用含 SF_6 的混合气体只是一种权宜之计，无法从根本上消除 SF_6 气体的温室效应及其分解产物中剧毒物质对人身的威胁。一些氢氟碳化物、全氟碳化合物、全氟羰基化合物及其与 N_2 等的混合气体也具有较低的温室效应和较高的绝缘能力，具有替代 SF_6 气体的潜力，其中以 HFC-134a、$c\text{-}C_4F_8$、CF_3I 气体研究最为深入。例如，日本九州工业大学卡特（H.Kata）通过实验发现 CF_3I/CO_2 混合气体中当 CF_3I 气体含量超过 60%时，其绝缘性能优于 SF_6 气体，但此时 CF_3I/CO_2 的沸点仅为 -5℃（0.5MPa），不满足寒冷地区的使用条件。再者，如果在相同气压及电场分布的条件下，那么大多数混合气体的绝缘强度低于纯 SF_6，因此对混合绝缘气体的应用还较为谨慎。另外，混合气体作为灭弧介质时其对开断性能的影响尚不明确。

近来，不含 SF_6 的混合气体的研究引起了科研人员的兴趣。为解决 SF_6 引起的温室效应问题，人们研发了若干具有潜在应用价值的替代气体（见表 1-4）。研究较多的替代气体主要有单一常规气体如 CF_3I、$c\text{-}C_4F_8$ 和 C_4F_8O 等（分子结构见图 1-2）。它们的绝缘性能均优于 SF_6，但是 CF_3I 自身稳定性差，光照条件下易分解，在大气中的存在时间非常短，放电后析出碘覆在设备表面，对设备绝缘影响较大。c C_4F_8 在均匀电场下的绝缘强度是 SF_6 气体的 1.27 倍，在不均匀电场下绝缘强度是 SF_6 气体的 1.4 倍。但 $c\text{-}C_4F_8$ 在高电压作用下可能分解产生导电粒子，降低 GIS 设备的绝缘性能，限制了气体的应用。C_4F_8O 毒性较高，不适合应用于生产实践。总之，这些替代气体在绝缘强度、灭弧性能、化学稳定性、温室效应指数、液化温度等重要性能指标上都不尽如人意，并不能完全取代 SF_6。

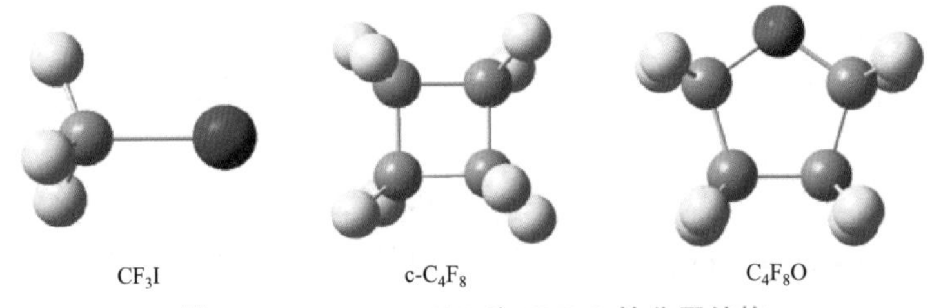

图 1-2 CF_3I、$c\text{-}C_4F_8$ 和 C_4F_8O 的分子结构

表 1-4 潜在 SF_6 替代气体的绝缘特性参数与全球变暖潜势值

绝缘气体	CF_3I	$c\text{-}C_4F_8$	C_4F_8O
GWP	<5	8700	8700
T_b（℃）	−22.5	−8	7
E_r	1.3	1.3	1.2
缺点	析碘单质	积碳	有毒

1.3 新型环保绝缘气体

本节主要介绍两种新型环保绝缘气体（C_4F_7N 和 $C_5F_{10}O$，用于替代 SF_6），并详细介绍它们的各种理化性能参数，以及 C_4F_7N 气体的实验室制备方法，最后介绍它们目前应用在电气设备中的各种实例。

1.3.1 $C_4F_7N/C_5F_{10}O$ 结构与理化性能参数

环境友好型绝缘气体的研究是一项非常具有挑战性的工作。经过数十年的探索，仅发现了部分性能接近 SF_6 的几种新型绝缘气体，且仅能通过与缓冲气体混合的方式实现应用，例如全氟酮（i-$C_3F_7COCF_3$，即 $C_5F_{10}O$ 气体）与 CO_2 混合气体、七氟异丁腈（C_4F_7N，简称 C4 气体，3M 公司商品名 Novec 4710）与 CO_2 混合气体，这些绝缘气体相应的分子结构如图 1－3 所示。SF_6 与 C_4F_7N、$C_5F_{10}O$ 的理化特性参数见表 1－5。

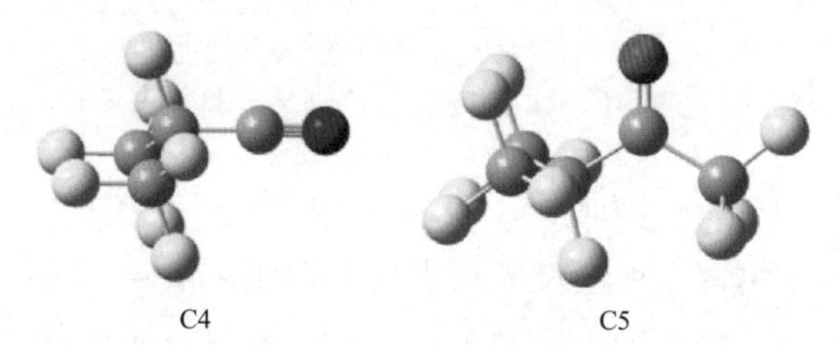

图 1－3　七氟异丁腈（C_4F_7N）和全氟酮（$C_5F_{10}O$）的分子结构

表 1－5　SF_6 与 C_4F_7N、$C_5F_{10}O$ 的理化特性参数

分子式	SF_6	C_4F_7N	$C_5F_{10}O$
相对分子质量	146.06	195.04	266.04
沸点（℃）	－63.8	－4.7	24
蒸气压（25℃，kPa）	2450	296.5	—
蒸气压（－30℃，kPa）	520	32.1	—
比热容［J/（g·K）］	0.665	0.835	—
黏度（mPa·s）	0.0142	0.0124	—
毒性（LC50，$\times10^{-6}$）	＞100000	＞10000	20000
GWP	24300	2400	1
大气寿命	850～3200 年	22 年	14 天
相对绝缘强度	1	2.2	2.1
导热系数［25℃，W/（m·K）］	0.0121	0.0598	—
可燃性	不可燃	不可燃	不可燃
化学稳定性	稳定	稳定	稳定

虽然 C_4F_7N 以其优异的绝缘性能成为一种新型的 SF_6 替代气体，但关于 C_4F_7N 的制备技术公开报道较少。参考文献［38］报道的实验室制备方法包括以

下几种。

1. 以三氯－1,2,4－嗪嗪为原料制备 C_4F_7N

该方法以三氯－1,2,4－嗪嗪和氟化钾为原料经过三步合成得到七氟异丁腈。三氯－1,2,4－嗪嗪和氟化钾反应生成三氟－1,2,4－嗪嗪，随后与六氟丙烯反应得到全氟－三－（异丙基）－1,2,4－三嗪，最终三嗪裂解得到七氟异丁腈，反应路径如图 1－4 所示。

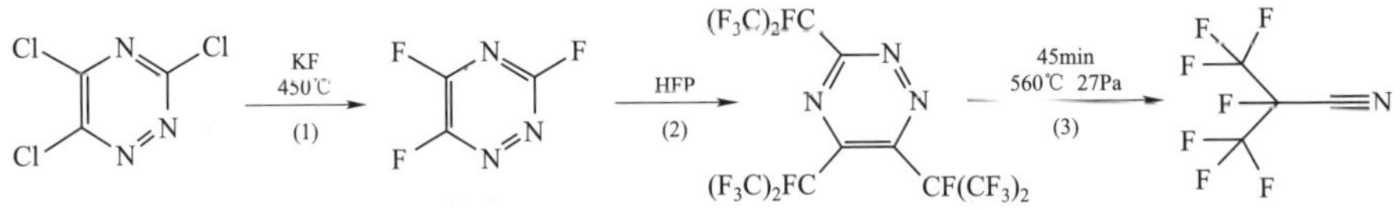

图 1－4　以三氯－1,2,4－嗪嗪和氟化钾为原料制备七氟异丁腈

（1）三氟－1,2,4－嗪嗪的制备。如图 1－4 中（1）所示，450℃条件下，三氯－1,2,4－嗪嗪和氟化钾在连续反应器中反应得到三氟－1,2,4－嗪嗪。

（2）三氟－1,2,4－嗪嗪的全氟烷基化。如图 1－4 中（2）所示，称量 4.00g 无水氟化铯、0.37g（2.7mmol）三氟－1,2,4－三嗪和 1.83g（12.6mmol）六氟丙烯于－196℃派斯克斯玻璃安瓿瓶中，将安瓿瓶密封并置于 110℃条件下加热 2h，减压蒸馏，最后获得 0.82g（1.4mmol）全氟－三－（异丙基）－1,2,4－三嗪。

（3）C_4F_7N 的制备。如图 1－4 中（3）所示，将 0.82g（1.42mmol）全氟－三－（异丙基）－1,2,4－三嗪通过填充有硅晶片石英管（加热长度 500mm × 11mm）加热到 560℃，真空条件下反应 45min，并进行减压蒸馏。最后得到 0.28g（1.41mmol）C_4F_7N，产率 99%。

该方法反应制备 C_4F_7N 产率高，但是对反应条件和反应设备要求苛刻，该技术路线工业化制备七氟异丁腈有较大挑战。

2. 以乙二腈为原料制备 C_4F_7N

该方法以乙二腈和六氟丙烯为原料制备七氟异丁腈，反应路径如图 1－5 所示。

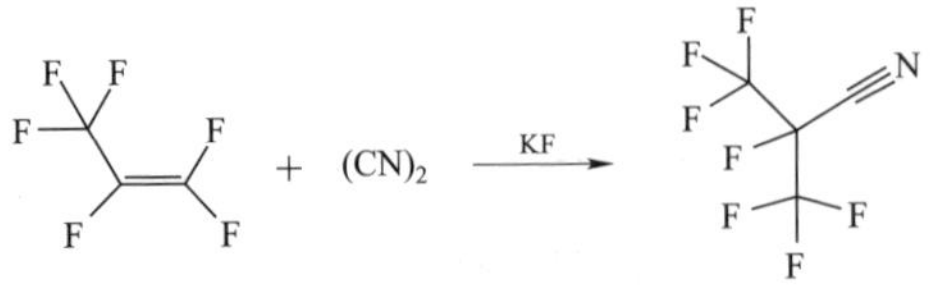

图 1－5　以乙二腈和六氟丙烯为原料法制备七氟异丁腈

（1）取 12.0g 氟化钾、16g 乙二腈、28g 六氟丙烯、60mL 乙腈于 100℃条件下混合反应 3h，冷却至室温，除去挥发性组分，将体系置于冷阱中冷却，得到 18.0g C_4F_7N，产率 31%。

（2）在 −78℃条件下，将 23g 乙二腈、63g 六氟丙烯和 23g 氟化钾加入 150mL 乙腈中，密封，将混合物于室温条件下搅拌反应 96h，除去易挥发组分，在冷阱中冷却，得到 15g C_4F_7N，产率 17%。

以上两种方法均能够成功制备 C_4F_7N。方法（1）较方法（2）相比具有反应时间短、反应条件简单和产率高的特点。但是两种方法均需用到剧毒物质乙二腈，不符合绿色化学的发展要求，不是理想的 C_4F_7N 制备方法。

基于此，3M 公司在以上制备方法的基础上提出了以七氟异丁酸甲酯和氨气为原料生产七氟异丁基酰胺，随后酰胺脱水得到 C_4F_7N 的制备方法。

3. 以七氟异丁酸甲酯为原料制备 C_4F_7N

（1）七氟异丁基酰胺的制备。如图 1－6 中（1）所示，将 100g（0.44mol）七氟异丁酸甲酯和 100mL 甲醇加入 250mL 圆底烧瓶中，不高于 40℃下，缓缓往烧瓶加入 12.5g（0.74mol）氨气，在氨添加完后搅拌 1h。然后，通过旋转蒸发仪在 40℃条件下将溶剂甲醇抽出，将烧瓶中余下的固体倒入瓶中，得到 69.4g 的七氟异丁基酰胺，产率 81%。

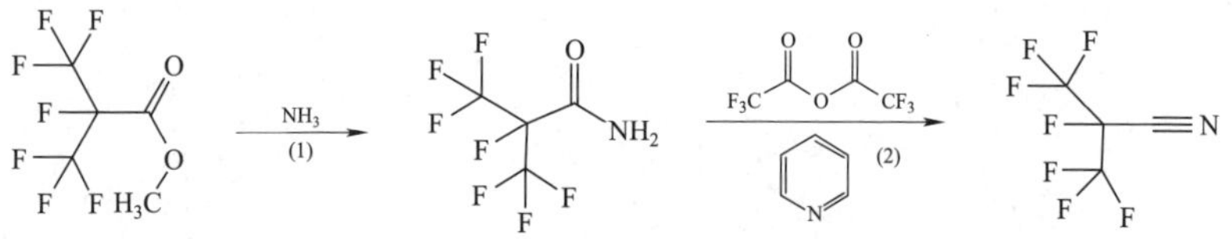

图 1－6 以七氟异丁酸甲酯和氨为原料法制备七氟异丁腈

（2）C_4F_7N 的制备。如图 1－6 中（2）所示，将 69.4g 的七氟异丁基酰胺溶入 154.0g N,N－二甲基甲酰胺（DMF）中，然后将酰胺/溶剂混合物加入装有人工开关阀、热电偶、磁力搅拌器、干冰冷凝器、干冰冷凝接收器和附加漏斗 500mL 三口圆底烧瓶中。烧瓶置于 −10℃条件下，通过漏斗慢慢加入 51.0g（0.65mol）吡啶和 70.0g（0.33mol）三氟乙酸酐，添加过程保持温度在 0℃左右。加热烧瓶到 15℃时，打开烧瓶上方的人工阀，收集得到 47.6g 的 C_4F_7N，产率是 75%。

该方法可在温和条件下以较高产率制备 C_4F_7N，但反应原料七氟异丁酸甲酯价格昂贵，在国内尚无实现商业化生产，若以该方法生产 C_4F_7N 将大幅增加生产成本。研发出原料易得、生成成本较低、制备技术难度较小和毒性较低的新型C_4F_7N制备方法迫在眉睫。

就电气特性而言，纯C_4F_7N气体的绝缘性能与$C_5F_{10}O$相当，但该气体的沸点更低，仅为−4.7℃，这可以使C_4F_7N在混合气体中占有更高的浓度，从而保证较高的绝缘特性。另外，C_4F_7N的GWP约为2000，虽然高于$C_5F_{10}O$，但仍远低于SF_6。C_4F_7N/CO_2混合气体与纯SF_6气体的绝缘性能的对比如图1−7所示，纯C_4F_7N的绝缘强度是纯SF_6气体的两倍，相应的各种理化参数见表1−5。为了使图形更加简洁，图1−7中混合气体的混合比例仅表示C_4F_7N气体的占比，如20%C_4F_7N/CO_2气体表示20%C_4F_7N气体和80%CO_2气体，其余图表中未特别注明的均与图1−7说明保持一致。从表1−5中可以得出，C_4F_7N的沸点仍较高（−4.7℃），在寒冷条件下仍有液化的可能，不能作为绝缘气体单独使用，但是可以加入缓冲气体来降低混合气体的液化温度，以适用各种复杂地理环境。基于工业生产和工程实践，常用的缓冲气体包括低沸点的N_2、CO_2和空气等，其中CO_2与N_2、空气相比具备更高的灭弧性能，从而混合气体也能适合用于断路器和绝缘开关。

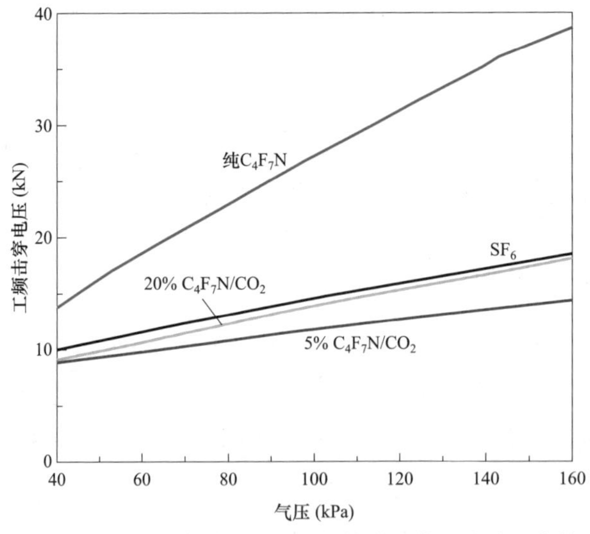

图1−7　C_4F_7N/CO_2混合气体与纯SF_6气体的绝缘强度随压力的变化关系

针对不同配比的C_4F_7N混合气体，当C_4F_7N所占体积分数为4%～10%、CO_2为90%～96%时，混合气体的GWP将大幅降低。以常规GIS为例，在−25℃条件下，向GIS内部通入混合气体至压强为0.63MPa，GWP小于500，约为SF_6

的 2%；当温度降至－30℃时，总 GWP 值约为 360，约为 SF_6 的 1.5%。混合气体中 C_4F_7N 和 CO_2 之间不发生化学反应，它们可视为各自独立，可采用气体摩尔分数来估算混合气体的毒性。经过计算和测试发现，混合气体的毒性大幅下降。C_4F_7N/CO_2 混合气体的绝缘性能也能满足工程需求。基于 145kV GIS 测试发现，纯 CO_2 的绝缘强度大约是 SF_6 的 40%；当混合气体中 C_4F_7N 所占体积分数为 6%～7%时，绝缘强度约为 CO_2 的两倍；当混合气体中 C_4F_7N 所占体积分数为 18%～20%时，绝缘强度与 SF_6 相当。总之，C_4F_7N 与 CO_2 混合形成的气体可大幅降低 GWP 值、降低液化温度、降低 C_4F_7N 气体毒性，同时保持优异的绝缘能力和一定的灭弧性能，是一种新型环保绝缘气体。

相对于 SF_6 来说，全氟酮化合物（$C_5F_{10}O$、$C_6F_{12}O$）的优点是绝缘强度非常高，分别是 SF_6 的 2.1 和 2.8 倍。同时，其 GWP 非常低，与 CO_2 相当。全氟酮化合物 $C_5F_{10}O$ 和 $C_6F_{12}O$ 基本属于无毒。但是，由于它们的沸点很高，分别是 24℃与 49℃，常温常压下以液态存在，因此只能通过与缓冲气体 CO_2 或干燥空气 N_2 混合的方式用于气体绝缘设备。因为 $C_5F_{10}O$ 混合物的绝缘性能优于 $C_6F_{12}O$ 混合物，所以 $C_5F_{10}O$ 混合物作为 SF_6 替代气体受到广泛关注。$C_5F_{10}O$ 在 25℃条件下蒸气压为 94kPa，通过与缓冲气体混合可以适用于－25～－15℃环境。在选择混合缓冲气体时，应遵循化学稳定性好、不与设备发生反应、原料易得等原则。通常采用干燥空气与之混合，依据绝缘和液化温度要求设计 $C_5F_{10}O$ 的配比。ABB 公司基于 $C_5F_{10}O$ 混合气体成功研发了低压开关柜，采用 12% $C_5F_{10}O$ 与 88%干燥空气的混合气体，绝缘性能良好，已开展商业化生产。虽然 $C_5F_{10}O$ 混合气体绝缘性能比 SF_6 稍弱，但在低压开关柜中有较好的应用前景。

1.3.2 应用实例

目前，最新的混合替代气体产品是 GE 公司报道的 g^3（green gas for grid）绝缘气体，它是 C_4F_7N 与 CO_2 或 O_2 缓冲气体以特定比例配方混合而成的。从图 1－7 中可以看出，含 5%以上的 C_4F_7N 混合气体就可以达到 SF_6 绝缘强度的 70%以上。另外，该混合气体生物安全性好、无腐蚀性，而且使用温度可以低至–30℃。与此同时，混合绝缘气体的温室效应大大降低，仅为 SF_6 的 2%左右。g^3 混合气体的导热性能稍差，但可以通过电极表面修饰或使用风扇设计，提高其使用效率。

虽然鲜有关于 g^3 气体开断性能等研究报道，但是通过配方优化，可以满足各种绝缘器件的实践需要。另外，g³ 绝缘气体中所使用的氰基化合物毒性较低，能够满足工程安全标准。GE 公司已经建成了用于–30℃环境的 245kV g³ 气体电流互感器，并设计了在–25℃低温环境中使用的 420kV 气体绝缘母线示范线路 GIL 和 145kV 测试 g³ 气体的气体断路器（GCB）样机，如图 1–8 所示。

(a) 245kV g³ 气体电流互感器

(b) 420kV g³ 气体 GIL

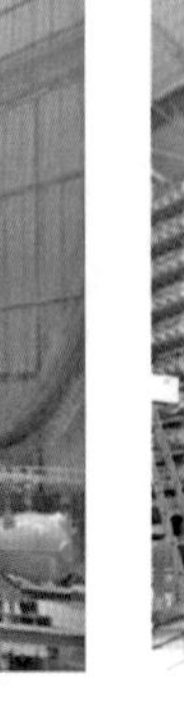

(c) 145kV g³ 气体 GCB

图 1–8　低温环境中使用的 420kV 气体绝缘母线示范线路 GIL 和 145kV 测试 g³ 气体的 GCB 样机

尽管这些混合替代气体的 GWP 较低，绝缘强度接近 SF_6，但是不具备自恢复能力，灭弧性能普遍较差。另外，替代气体多为含碳化合物，容易在金属电极或绝缘子表面产生积碳现象，造成击穿故障。因此，现有混合替代气体能否真正全面用于现有高压或特高压电气设备的绝缘介质仍需进一步研究。迄今为止，国内外尚未找到一种能够同时兼备高绝缘、低沸点、低 GWP、既安全又经济的综合性能优异的气体完全替代 SF_6。

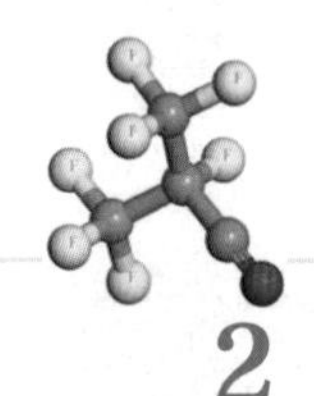

2 环保绝缘气体的电离和吸附特性

气体电离和吸附电子的能力决定了其放电发展的难易程度，从而决定了气体绝缘性能，通常采用电离和吸附系数来表征气体的电离和吸附能力。稳态汤逊（steady state Townsend，SST）试验是测量绝缘气体电离和吸附系数的有效方式，通过 SST 试验测量 C_4F_7N、$C_5F_{10}O$ 气体及其不同类型混合气体的电离和吸附系数，获得其临界约化电场，在此基础上可以评估混合气体的协同效应。SST 试验的最大特点是只需要很少量的气体，就可评估出气体的绝缘性能，尽管得出的绝缘性能与电力设备中应用的几个气压下的绝缘性能数据有差异，但对很多难以制备的气体是一个好的研究途径。本章主要介绍了气体放电理论、稳态汤逊试验测量平台、试验方法以及环保绝缘气体 C_4F_7N、$C_5F_{10}O$ 及其混合气体的电离和吸附系数测量结果，为理论上评估环保绝缘气体的绝缘性能提供数据，并可为气体放电仿真提供基础参数。

2.1 气体电离和吸附系数测量方法

绝缘气体在电场中会发生电子碰撞反应，其中决定其绝缘性能的反应主要包括电离反应和吸附反应两类，通过测量对应的电离系数和吸附系数可以从理论上评估气体绝缘性能。本节首先介绍汤逊放电和流注放电基本理论，接着介绍稳态汤逊实验测量平台和测量方法，并测量常见气体如 N_2、CO_2、干燥空气等的电离系数，以验证实验平台的可靠性。

2.1.1 汤逊放电和流注放电理论

气体击穿放电过程可根据气压和距离不同分为汤逊放电和流注放电，两种放电过程均涉及气体的电离和吸附反应，首先介绍放电理论，明确电离和吸附系数测量的理论原理及其对于评估气体绝缘性能的重要作用。

1. *汤逊放电*

1900 年，英国剑桥大学卡文迪许实验室的汤逊（J. S. Townsend）教授提出用电离系数α描述气体放电过程，即表示一个电子沿着电场方向运动单位长度后通过碰撞电离产生的新电子数，提出了测量α的方法，即稳态汤逊（SST）试验。电负性气体的放电过程无法只用电离系数α描述，需要引入吸附系数 η，即表示电子沿电场方向运动单位长度的过程中平均发生的电子吸附次数，它描述了电负性气体对电子的吸附过程。SST 试验通过测量平板电极间由连续初始电子发射形成的稳态电流来获得气体的电离和吸附特性。初始电子由紫外光照射阴极产生，并从阴极发射至气体中。气体中同时存在电离碰撞和吸附碰撞过程，在电场保持不变而电极间距变化时，产生的稳态电流也随之变化。这样便得到了稳态电流和电极间距的关系，通过拟合可求得电离系数α和吸附系数η。系数α和η会随电场和气压变化，$\alpha = \eta$时即为气体的临界放电状态，此时的电场为临界放电场强。

具体而言，在平板电极间施加直流电压时，间隙电流 I 与施加电压 U 之间存在如图 2-1 所示关系。当施加电压 U 小于 U_A 时，电流随电压升高而增大，原因是光电效应在阴极产生的初始电子在电场中加速不足时因速度过小而无法全部到达阳极，当增大电压时会增加到达阳极的电子数，因此间隙电流随着电压增大而增大。到 AB 阶段时，阴极产生的电子大部分已经能到达阳极，因此电流随电压增大基本不变，此时仍靠阴极电子发射维持间隙电流。而当电压 U 高于 U_B 时，阴极电子在运动过程中发生碰撞电离，产生电子崩，因此电流随电压升高而迅速增大，此时主要靠碰撞电离来维持间隙电流。当电压增大到 U_C 时，电子崩产生的正离子碰撞阴极产生的二次电子发射可以提供足够的初始电子，形成自持放电条件，间隙发生击穿。

图 2-1 中的 BC 段即为汤逊放电阶段，在汤逊放电中，气体发生碰撞电离，产生电子崩，而在电负性气体中，气体还会发生吸附反应，即吸附电子产生负

离子。非电负性气体和电负性气体的汤逊放电电流表达式分别可用式（2-1）和式（2-2）表示，即

$$I = I_0 e^{\alpha d} \tag{2-1}$$

$$I = I_0 \left[\frac{\alpha}{\alpha-\eta} e^{(\alpha-\eta)d} - \frac{\eta}{\alpha-\eta} \right] \tag{2-2}$$

式中：I_0为初始电流；d为平板电极间距。

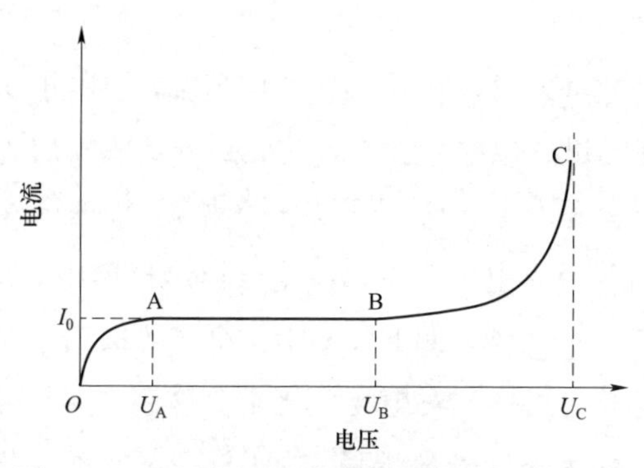

图 2-1　平板电极间隙放电电流与电压的关系

测量得到不同距离d对应的电流I后，利用式（2-1）拟合获得非电负性气体的电离系数，式（2-2）拟合可获得电负性气体的电离系数和吸附系数。

汤逊放电中自持放电的判据可用式（2-3）表示，γ表示二次电子发射系数，主要由正离子撞击阴极产生。式（2-3）的物理意义是当电子崩从阴极运动到阳极时，正离子撞击阴极表面产生能维持I_0的新电子，因此维持放电不再需要外界条件干预，即

$$\gamma[\exp(\alpha d)-1]=1 \tag{2-3}$$

根据式（2-1）和式（2-3），得出汤逊放电击穿电压U_b表达式，见式（2-4），即

$$U_b = \frac{B(pd)}{\ln\left[A(pd)/\ln\left(1+\frac{1}{\gamma}\right)\right]} \tag{2-4}$$

式中：A、B为系数，只与气体类型有关。

2. 流注放电

从汤逊放电击穿判据看出，汤逊放电理论只适用于均匀电场，受阴极材料影

响较大。而实际设备中多为稍不均匀电场，此时气体绝缘击穿过程需要用流注放电解释。流注放电理论由雷思（Reather）、米克（Meek）和洛布（Loeb）等人建立，他们提出电子崩的电荷主要集中在崩头，当电子崩发展到一定程度时，头部电荷会对空间电场产生畸变作用，同时发生光电离，由此产生二次电子，形成自持放电。因此流注放电击穿判据可以用式（2-5）表示，即

$$\exp(\alpha d) \geqslant K \tag{2-5}$$

式中：K 为经验常数。

需要指出的是，式（2-3）和式（2-5）均强调了电子崩发展至一定规模后导致击穿，只不过在汤逊放电中，电子崩发展到一定规模后阴极附近会形成足够的正离子，撞击阴极表面产生二次电子以维持放电，而在流注放电中则是电子崩头部电荷发生电场畸变及光电离产生二次电子以维持放电。此外，上述判据均为非电负性气体或弱电负性气体，如 N_2、CO_2、空气等的击穿判据。对于强电负性气体（如 SF_6），其有效电离系数对电场变化十分敏感，因此可以认为有效电离系数为零时的电场强度即为临界击穿场强。由上述分析可知，测量气体的电离系数和吸附系数，可以从理论上评估气体绝缘强度。因此，研究环保绝缘气体的电离和吸附特性至关重要。

气体电离和吸附系数的测量方法主要包括稳态法和脉冲法两类，它们均通过测量放电电流后再根据电流与电离、吸附系数之间的关系，计算得到待测气体的电离系数和吸附系数。稳态汤逊（SST）试验需要的试验条件相对简单，同时测量效果也不错，属于传统测量方法，本书主要围绕 SST 试验进行详细介绍。

SST 的原理即为测量图2-1中BC段的电流，非/弱电负性气体通过式（2-1），强电负性气体通过式（2-2）拟合得到电离系数或吸附系数。

2.1.2 试验测量方法

SST 试验平台的原理如图 2-2 所示。阴极中间嵌入表面镀金或铂的石英玻璃，紫外光照射石英玻璃产生光电效应，形成初始电子；平板电极间施加直流电压，初始电子在电极间隙运动，通过调整电压幅值，产生电子崩；改变电极距离，使得电场保持不变，得到电流与电极距离之间的关系。

由于 SST 试验是在低气压短间隙下进行的，试验平台应满足以下基本要求：① 密闭腔体具有高密封性，腔体内部具有可以调节间距的平板电极；② 具有完

整的充气回路，可实现腔体内气压的准确调节；③ 具有完整的测量回路，包括气压测量、电压和电流测量、极板距离测量等。

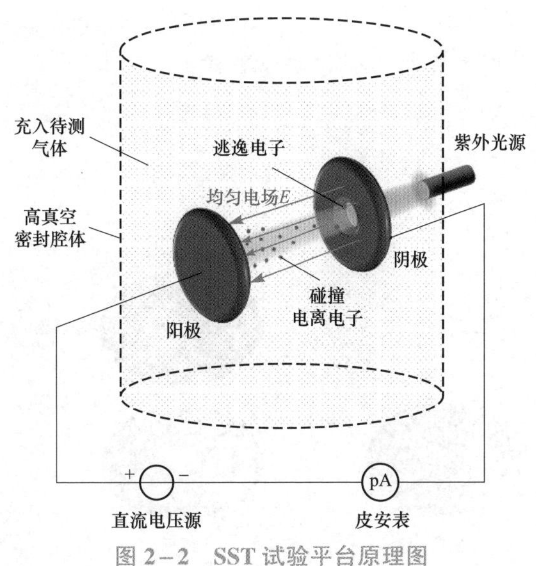

图 2－2　SST 试验平台原理图

1. 腔体与电极

SST 试验平台可采用紫铜电极，如图 2－3 所示，其直径为 150mm，其中平面部分直径为 120mm。阴极中心有一直径为 14mm 同心圆孔，圆孔内嵌入表面镀铂金的石英玻璃，玻璃上表面与阴极表面持平。经紫外光照射时阴极表面可持续发射电子，为汤逊放电提供初始电子，放电电流通常为 1～1000pA 级别。保持电压为 100V，腔体内充入气压为 100Pa 的 N_2 气体，间隙距离为 4mm，1h 内的电流变化如图 2－4 所示，电流存在波动的原因在于电压源存在纹波，但长时间测量后电流的平均值基本保持恒定。

2. 真空测量与充气

SST 试验平台一般采用 ZDF－5227 电离规和 ZDM-I 薄膜电容真空计（包括电离规和薄膜规两部分）测量腔体气压，其中电离规测量范围为 10^{-5}～10^{-1}Pa，薄膜规测量范围为 5～5000Pa，精确度为 0.5 级。腔体下方通过挡板阀与真空泵和分子泵相连，真空泵可使腔体真空度达到 0.1Pa 以上，分子泵可使腔体真空度达到 10^{-5}Pa 以上。汤逊放电试验中的气压范围在 100～4000Pa，通过分子泵抽真空，可以使腔体内气体纯度达到 99.99%以上。腔体充气管路通过法兰、针阀、减压阀与气瓶相连，实现充气时气压的准确控制。腔体的密封性应保证在试验中气压变化一般不超过 10Pa，对腔体抽真空到 10^{-5}Pa 后静置 12h，内腔体气压变为 14.5Pa，漏气率为 1.2Pa/h，一次稳态汤逊试验时间在 2h 左右，漏气量远小于试验气体的气压，因此腔体密封性满足测量要求。

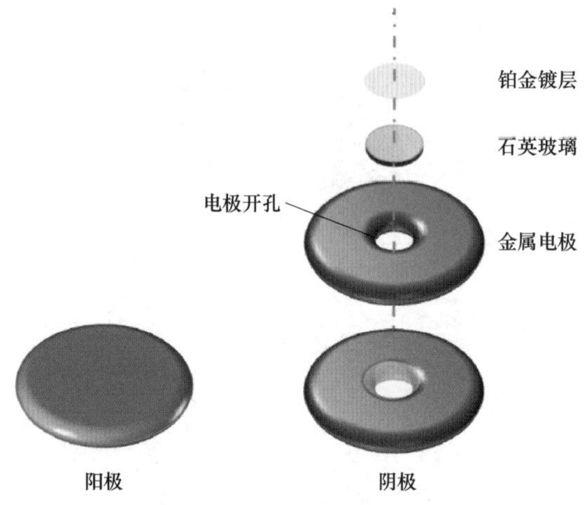

图 2-3　SST 试验用电极

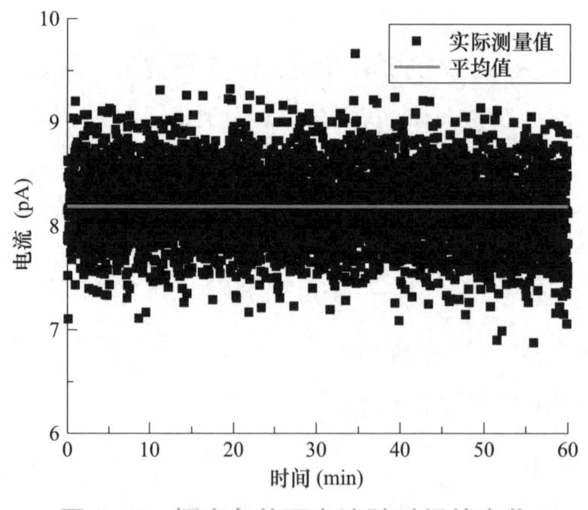

图 2-4　恒定条件下电流随时间的变化

3. 电压与电流测量

该平台采用 DW-N502-1ACH2 直流高压源提供负直流电压，最大输出电压为-5000V，控制精度为±1V，自带电压显示功能。采用 MW4J01A 皮安表测量电流，测量范围为 2～2000pA，采样频率为 50Hz，采样后对 8 个采样点取平均值后输出 1 个电流值。皮安表输入端与阳极相连并接地，输出端与电压源相连，这样可以保证阳极为地电位，从阳极到皮安表的电缆缆芯与屏蔽层间没有泄漏电流，使测量结果更准确。

此外，为了防止人体及其他环境因素对试验测量产生干扰，需要将 SST 平台置于金属屏蔽房内，屏蔽房与地网可靠连接。

2.1.3 试验操作步骤

为了保证试验测量结果的可靠性，进行 SST 试验时需要严格遵循一定的步骤，减小人为因素对测量结果的影响，试验步骤如下：

（1）试验开始前，确保室温保持在 20℃，打开电压源、皮安表、气压计及紫外光源，使试验系统预热 30min 以上，保证其稳定工作。随后进行抽真空，打开腔体与真空泵间的挡板阀，开启真空泵对腔体内抽真空，当气压达到 0.1Pa 时打开分子泵继续抽真空，直到真空度达到 10^{-5}Pa，维持 1h，再关闭挡板阀、真空泵与分子泵。

由于气瓶与腔体连接的管道内仍存在杂质气体，而直接对管道抽真空会导致起限流作用的针阀与减压阀损坏，因此针对管道内的杂质气体应采用洗气操作将其排出。洗气操作流程为：打开针阀，使管道内杂质扩散至腔体中，再打开气瓶阀门与减压阀使减压阀低压侧气压为 0.1MPa（绝对压力），随后关闭气瓶阀门和针阀，气压稳定后将腔体内抽真空，使其真空度达 10^{-5}Pa。腔体容积与管道容积比约为 100:1，每次洗气后管道内空气含量降低约 99.5%，因此重复三次洗气操作可使腔体内的气体纯度达 99.99%以上，最后一次洗气操作后抽真空到 10^{-5}Pa，维持 12h，从而消除微量空气等杂质对试验测量的影响。

（2）试验时，向腔体内充入待测气体，静置 10min 待气压稳定后记录气压值。对于混合气体，充气时首先充入低含量的主绝缘气体，待气压表读数稳定读取气压值，随后充入高含量的缓冲气体，静置 30min 使气体混合均匀，读取气压值并关闭气压表。充气完成后将紫外光源放置在与阴极相连的套管中，使其保持静止。在 1～10mm 范围内调节间隙距离，并同时调节电压使得场强保持不变，记录电流值随距离的变化，以此作为一组试验；再改变电压获得不同场强下电流值随距离的变化，重复上述操作，直到完成所有场强下的测量。

（3）试验结束后，将腔体抽真空，更改混合气体比例，重复步骤（2），进行同一种混合气体在不同混合比例下的 SST 试验。随后更换气体，进行步骤（1）

中的洗气操作并重复步骤（2），进行不同混合气体在不同混合比例下的 SST 试验。

2.1.4 试验数据处理方法

对于电负性气体，在同一场强下改变间隙距离得到不同间隙距离下的电流，电流与间隙距离满足式（2–2）的关系，在已知式（2–2）中的 I_0 后，通过拟合便可得到某个场强下的 α 与 η，因此确定 I_0 是处理数据的第一步。根据式(2–2)，$\alpha=0$ 或 $d=0$ 时的电流即为 I_0。图 2–1 中 B 点为电子发生碰撞电离的起点，此时 $\alpha=0$，对应的电流即为 I_0。但实际测量时，AB 段与 BC 段的界限比较模糊，无法准确确定 B 点的位置，因此根据图 2–1 读取的 I_0 存在一定误差。确定 I_0 的另一种方法为：做出不同约化场强下的 *I-d* 曲线，将曲线延长至 $d=0$，交点即为 I_0，这种方法需要将曲线延长，因此也存在一定误差。因此，以往研究中采用的上述两种方法都不能准确地确定 I_0 的大小，不同学者或者机构针对同一种气体的测量结果存在一定差异。基于此，笔者提出一种采用试验测量多个场强与多个间隙距离下的电流，通过计算确定 I_0 大小的方法。当 $\alpha-\eta=0$ 时，对式（2–2）取极限得

$$\lim_{\alpha\to\eta} I=\lim_{\alpha\to\eta} I_0\frac{\alpha e^{(\alpha-\eta)d}-\eta}{\alpha-\eta}=I_0(1+\alpha d) \tag{2–6}$$

根据式（2–6），当 $\alpha-\eta=0$ 时，电流与间隙距离呈线性关系，斜率为 α 与初始电流 I_0 的乘积，截距为初始电流 I_0。但式（2–6）仅在 $E/N=(E/N)_{\rm lim}$ 时成立，而实验测得的 E/N 为离散的点，可能并没有包含 $(E/N)_{\rm lim}$ 这一点，因此，式（2–1）只能用于估计气体的 $(E/N)_{\rm lim}$ 的大概范围。当测量不同 E/N 下的电流，得到电流与间隙距离关系由凸函数变为凹函数时，测量的 E/N 范围内即包含了 $(E/N)_{\rm lim}$。当间隙距离为 $d+\Delta d$ 时，$I_{d+\Delta d}$ 与 $d+\Delta d$ 满足

$$I_{d+\Delta d}=I_0\frac{\alpha e^{(\alpha-\eta)(d+\Delta d)}-\eta}{\alpha-\eta} \tag{2–7}$$

将式（2–2）代入式（2–7）得

$$I_{d+\Delta d}=I_d e^{(\alpha-\eta)\Delta d}+\eta I_0\frac{e^{(\alpha-\eta)\Delta d}-1}{\alpha-\eta} \tag{2–8}$$

式中：I_d 为电极间距为 d 时测量的电流；$I_{d+\Delta d}$ 为电极间距为 $d+\Delta d$ 时测量的电流；

Δd 为电极间距的变化量，在本试验中为 1mm。

经变换将原本描述电流与距离关系的式（2－2）变为描述同一 E/N 下，不同距离电流之间的关系。

由于在某一 E/N 下 α 和 η 为一常数，经过变换，式（2－8）中斜率 $k = \mathrm{e}^{(\alpha-\eta)\Delta d}$ 、截距 $b = \eta I_0[\mathrm{e}^{(\alpha-\eta)\Delta d} - 1]/(\alpha-\eta)$ 都为常数，因此相邻两个距离下测得的回路电流满足线性关系，当斜率 k 为 1 时，$\alpha-\eta=0$，此时对应的 E/N 即为 $(E/N)_{\lim}$。

由于测量的约化场强为离散的点，因此测量结果中可能不包含 $E/N=(E/N)_{\lim}$ 时的测量结果，为了得到 $E/N=(E/N)_{\lim}$ 时的电流，采用二次曲线拟合得到 $(E/N)_{\lim}$ 附近的 I-E/N 曲线，将 $(E/N)_{\lim}$ 代入拟合曲线得到 $(E/N)_{\lim}$ 对应的电流，重复上述操作得到不同距离下 $(E/N)_{\lim}$ 对应的电流，将电流值代入式（2－6）便可通过线性拟合确定 I_0 的大小，随后将 I_0 代入式（2－2）通过拟合得到 α/N 和 η/N，其流程如图 2－5 所示。

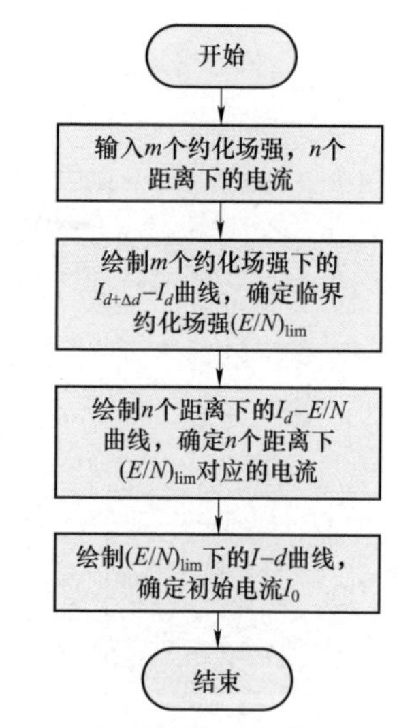

图 2－5　初始电流 I_0 计算方法流程图

2.1.5　试验平台性能验证

SST 平台试验前需要对测试仪器进行标定，然后开展 N_2、CO_2、空气等气体试验，与已报道的数据进行对比，从而验证试验平台的可靠性。

1. N_2 气体的 SST 试验

试验用的 N_2 气体，纯度大于 99.99%，气压为 500Pa。调节电极距离为 10mm，以 10V 为间隔给阴极加负压到 500V，回路电流与电压关系如图 2－6 所示。当电压大于 300V，即电场强度大于 30kV/m 后，随着场强的增加电子崩电流呈现指数增长的趋势。随后将电极距离减少 1mm，以 30kV/m 为起点，以 1kV/m 的电场强度给阴极加负压，直到电极间场强达到 50kV/m，重复上述操作完成电极间距为 5～10mm，电场强度为 30～50kV/m 的电子崩电流测量，测量结果如图 2－7 所示。

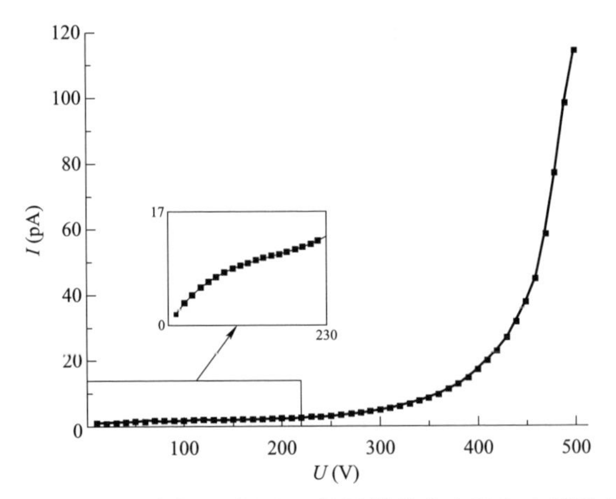

图 2-6　10mm 电极距离下 N_2 的汤逊放电电流与电压的关系

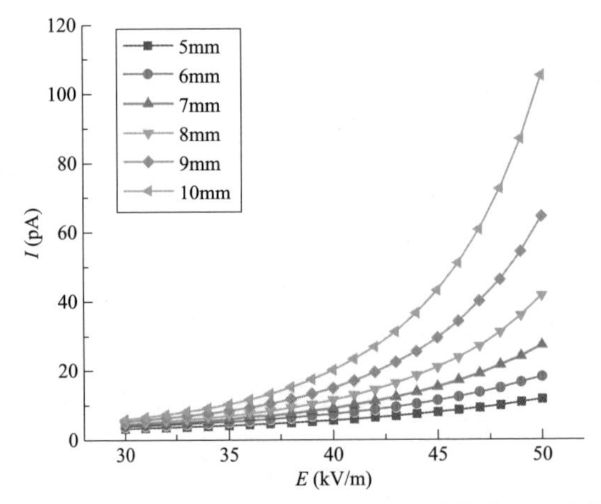

图 2-7　不同电极距离下 N_2 的汤逊放电电流与电场强度的关系

N_2 没有电负性，因此电流与距离满足式（2-1）的关系，对式（2-1）两侧取对数得

$$\ln I = \alpha d + \ln I_0 \tag{2-9}$$

将电流取对数后作出 $\ln I$ 与 d 的关系，通过线性拟合得到的斜率即为α，根据气压与温度得到分子数密度 N，最终得到氮气的α/N 与 E/N 的关系如图 2-8 所示，采用该平台测量的 N_2 的α/N 与参考文献［125］测量结果具有一致性，因此可以认为该平台对于非电负性气体的测量具有较高可靠性。

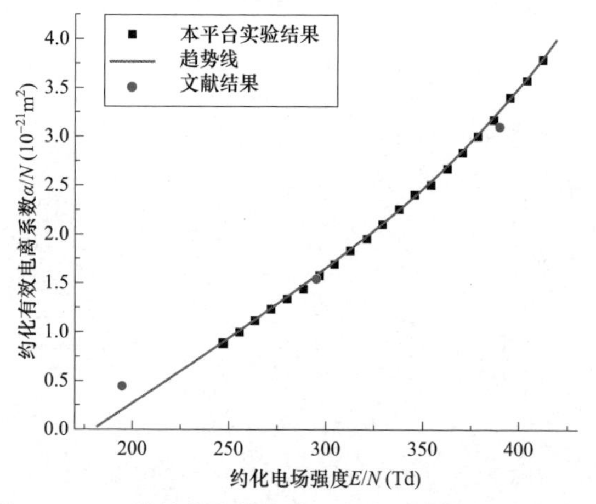

图 2-8　N_2的约化有效电离系数与约化电场强度关系

2. CO_2气体的 SST 试验

CO_2气体的绝缘强度约为 N_2气体的 80%，但由于其具有微弱的电负性而被用作绝缘气体中的缓冲气体，试验使用的 CO_2气体纯度大于 99.99%。在电极距离 10mm、气压 500Pa 的条件下测量了汤逊电流，如图 2-9 所示。可以看出电流与电压关系存在三段区域，但三段区域的分界并不明显，因此很难在图 2-9 中找到出现碰撞电离的起始点。但电压在 200～400V 时，即 E/N 为 164～329Td 时，电流增长已近似呈指数增长趋势，可以认为此时发生了碰撞电离。通过改变距离测量不同距离下 164～329Td 的汤逊电流，同一 E/N 下电流随距离变化的曲线如图 2-10 所示。

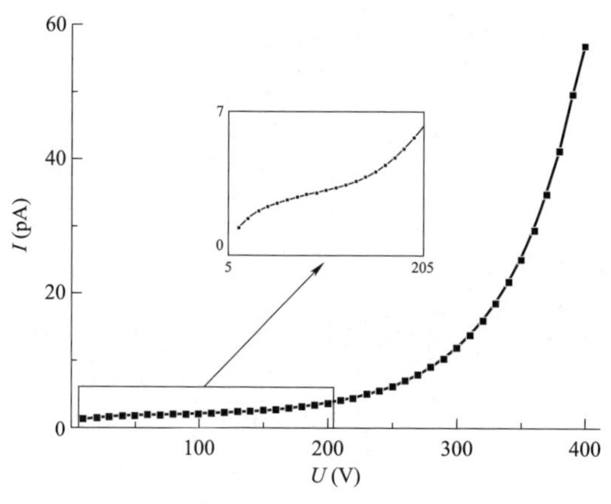

图 2-9　10mm 电极距离下 CO_2气体的汤逊电流与电压关系

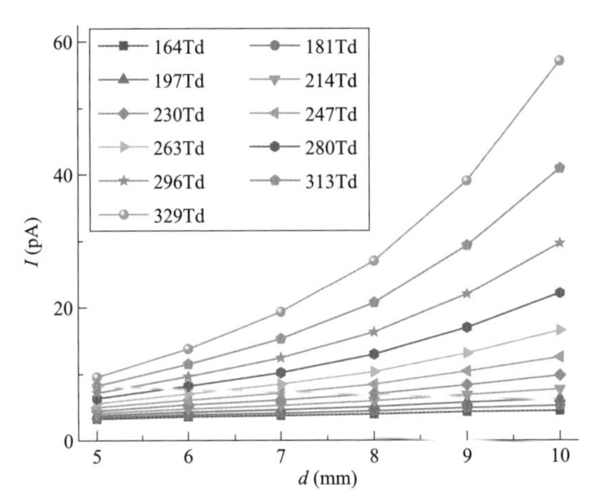

图 2-10 不同约化电场强度下 CO_2 气体的汤逊电流与间距的关系

由于 CO_2 气体的电负性较弱，在所测量的约化电场强度范围内其电离系数远远大于吸附系数，因此式（2-2）可简化为

$$I = I_0 e^{(\alpha-\eta)d} \tag{2-10}$$

式（2-10）两侧取对数得

$$\ln I = (\alpha-\eta)d + \ln I_0 \tag{2-11}$$

将图 2-10 纵坐标取对数得到图 2-11，可以看出 ln$I$ 与距离 d 成线性关系，其斜率为 $\alpha-\eta$，将 $\alpha-\eta$ 除以分子数密度后得到 $(\alpha-\eta)/N$，$(\alpha-\eta)/N$ 与 E/N 的关系如图 2-12 所示。

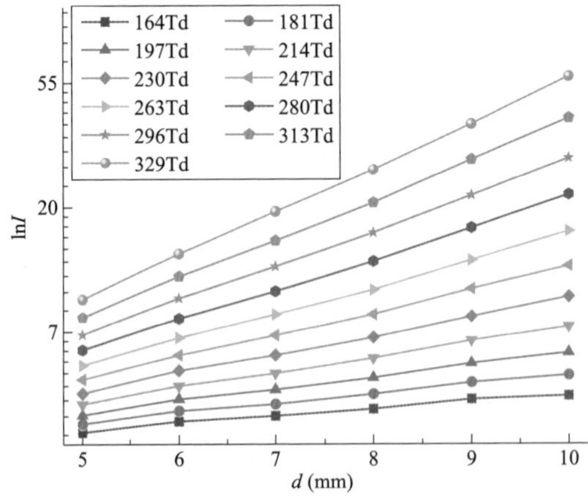

图 2-11 不同约化电场强度下 CO_2 的汤逊电流对数与间隙距离关系

由图 2-12 可知，在测量范围内并没有找到 CO_2 气体的 $(E/N)_{\lim}$，因此做出

$(\alpha-\eta)/N$ 随 E/N 变化的趋势线，趋势线与横轴交点约为 90Td，即二氧化碳的 $(E/N)_{\mathrm{lim}}$ 约为 90Td，这与西安交通大学李兴文教授实验室所做脉冲汤逊实验所测量的 CO_2 气体临界约化电场强度为 86Td 相符合。

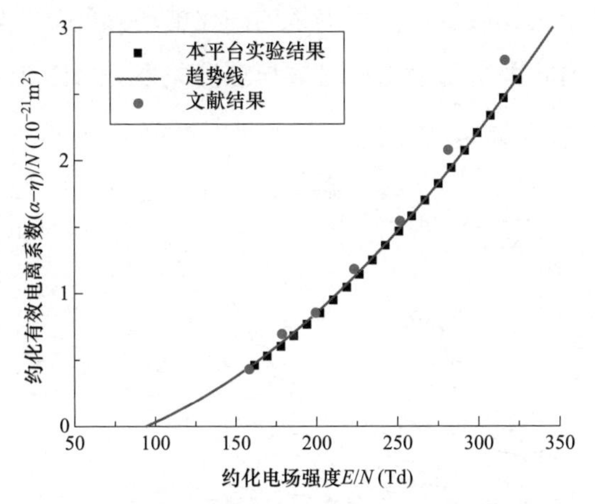

图 2-12　CO_2 约化有效电离系数与约化电场强度关系

3. 空气的 SST 试验

空气的绝缘强度比 N_2 气体略低，但经济性好，空气主要由 N_2 气体和 O_2 气体组成，O_2 气体也具有微弱的电负性，实验中使用的空气为纯净空气，N_2 占比 79%，O_2 占比 21%。在电极距离 10mm、气压 500Pa 的条件下测量了汤逊放电电流与电压关系，如图 2-13 所示。

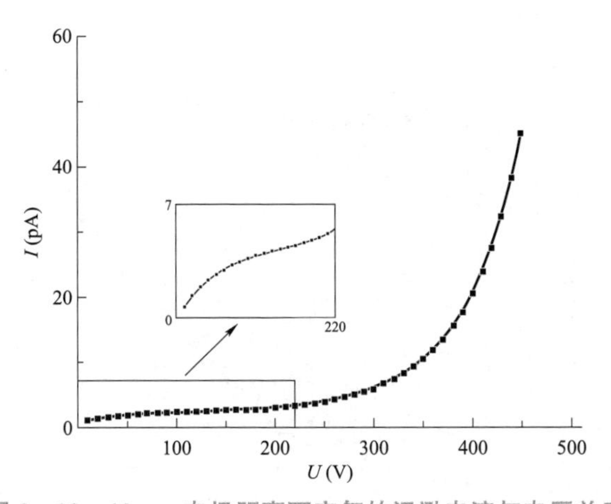

图 2-13　10mm 电极距离下空气的汤逊电流与电压关系

可以看出电流与电压关系也存在三段区域，三段区域的分界同样并不明显，因此很难找到BC段起始点B。但电压在250～450V时，即约化电场强度为205～370Td时，电流增长已近似满足指数增长阶段，可以认为发生了碰撞电离。通过改变距离测量不同距离下205～369Td的汤逊电流，虽然O_2气体的电负性强于CO_2气体，但由于占比较少，在所测量的约化电场强度范围内空气电离系数远远大于吸附系数，因此采用汤逊电流对数与距离关系，如图2－14所示。

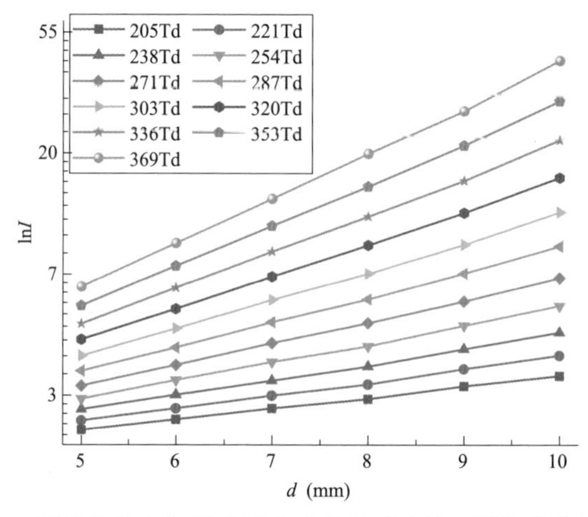

图2－14　不同约化电场强度下空气的汤逊电流对数与间隙距离关系

可以看出$\ln I$与距离d呈线性关系，其斜率即为空气的有效电离系数，将$\alpha-\eta$除以分子数密度后得到$(\alpha-\eta)/N$，$(\alpha-\eta)/N$与E/N的关系如图2－15所示。做出$(\alpha-\eta)/N$随E/N变化的趋势线，与横轴交点约为120Td，即空气的$(E/N)_{\lim}$约为120Td。

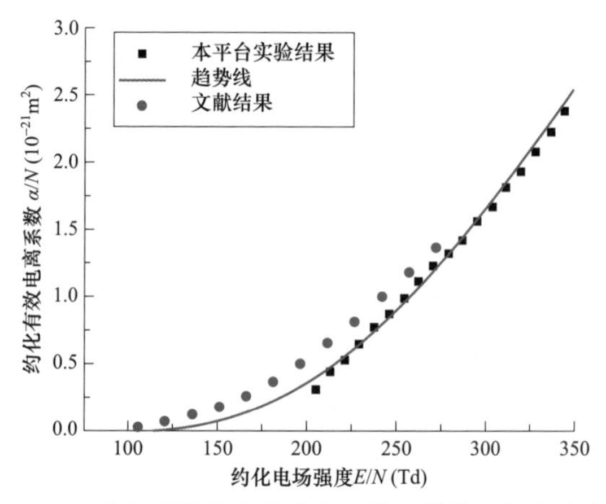

图2－15　空气的约化有效电离系数与约化电场强度关系

团队在搭建的 SST 试验平台的基础上进行了 N_2、CO_2 与空气的 SST 试验，N_2、CO_2 与空气的试验结果与其他研究机构的结果具有一致性，因此证明该平台是可靠的。

2.2 环保绝缘气体的电离和吸附特性

首先进行 C_4F_7N、$C_5F_{10}O$ 纯气的 SST 试验，测量约化电离系数与约化吸附系数，进一步试验得到 C_4F_7N、$C_5F_{10}O$ 与 N_2、CO_2、空气等缓冲气体混合后的电离/吸附特性。

2.2.1 C_4F_7N 气体及其混合气体

1. C_4F_7N 气体

在电极距离 10mm、C_4F_7N 气体气压 500Pa 的实验条件下测量回路电流与电压关系，如图 2－16 所示。

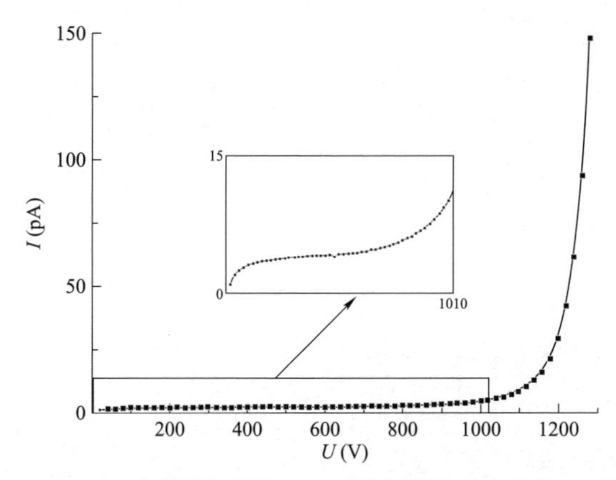

图 2－16 10mm 电极距离下 C_4F_7N 气体的汤逊电流与电压的关系

由于 C_4F_7N 气体的绝缘强度较高，起始电压远远大于 CO_2 气体，AB 段与 BC 段交界为 800～900V，因此选取 10mm 下的测量范围为 900～1300V，500Pa 下对应的约化电场强度为 741～1070Td，改变间隙距离后测量不同约化电场强度下电流与间隙距离的关系如图 2－17 所示。

与 CO_2 气体的测量结果不同，在 741～1070Td 范围内 C_4F_7N 的稳态汤逊实验测得电流与距离的关系有三种：① 当 E/N 为 741～906Td 时，电流与距离的

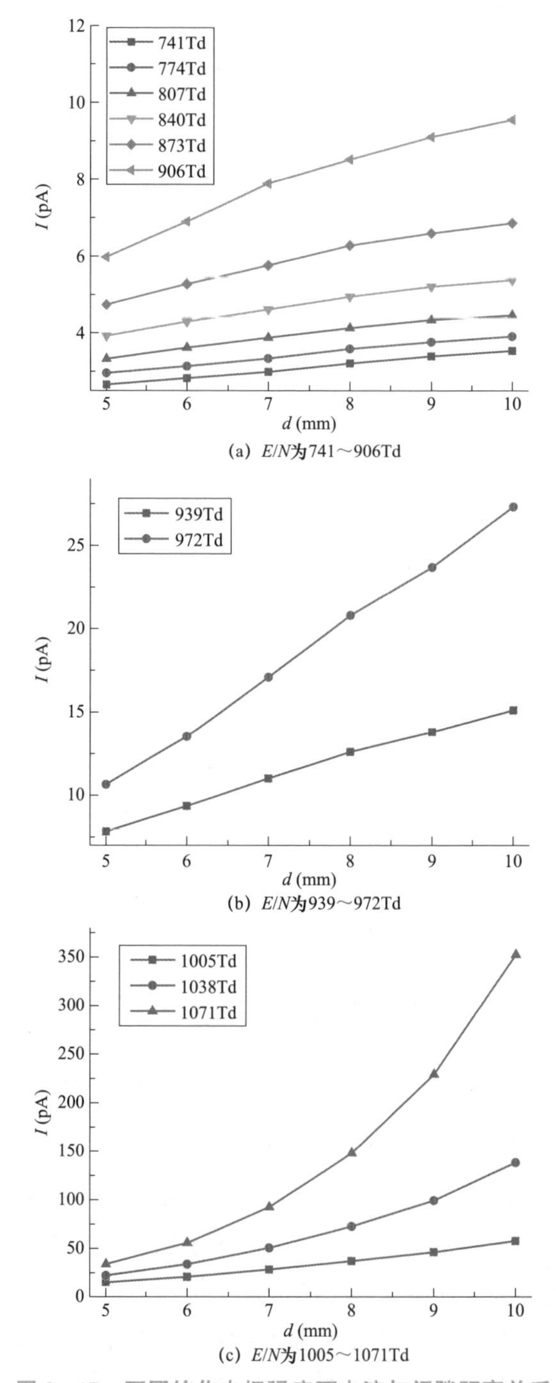

(a) E/N为741～906Td

(b) E/N为939～972Td

(c) E/N为1005～1071Td

图 2-17　不同约化电场强度下电流与间隙距离关系

函数关系为凸函数，为对数关系，如图 2－17（a）所示；② 当 E/N 为 939～972Td 时，电流与距离的函数关系近似为线性，如图 2－17（b）所示；③ 当 E/N 为 1005～1071Td 时，电流与距离的函数关系为凹函数，为指数关系，如图 2－17（c）所示。

当 $E/N=(E/N)_{\lim}$ 时，I-d 曲线呈线性关系，由图 2－17（b）可知，C_4F_7N 气体的$(E/N)_{\lim}$为 939～972Td。为了确定 C_4F_7N 气体的$(E/N)_{\lim}$的准确值，将 I-d 曲线转化为 $I_{d+\Delta d}$-I_d 曲线，如图 2－18 所示。对图 2－18 中 $I_{d+\Delta d}$-I_d 曲线进行线性拟合得到直线斜率，再对斜率取对数、除以距离变化量 Δd 后便得到了该 E/N 下的$(\alpha-\eta)$。根据气压与温度计算出分子数密度 N，得到该 E/N 下的$(\alpha-\eta)/N$，据此做出 C_4F_7N 的$(\alpha-\eta)/N$ 与 E/N 的曲线如图 2－19 所示，$(\alpha-\eta)/N$ 与 E/N 在

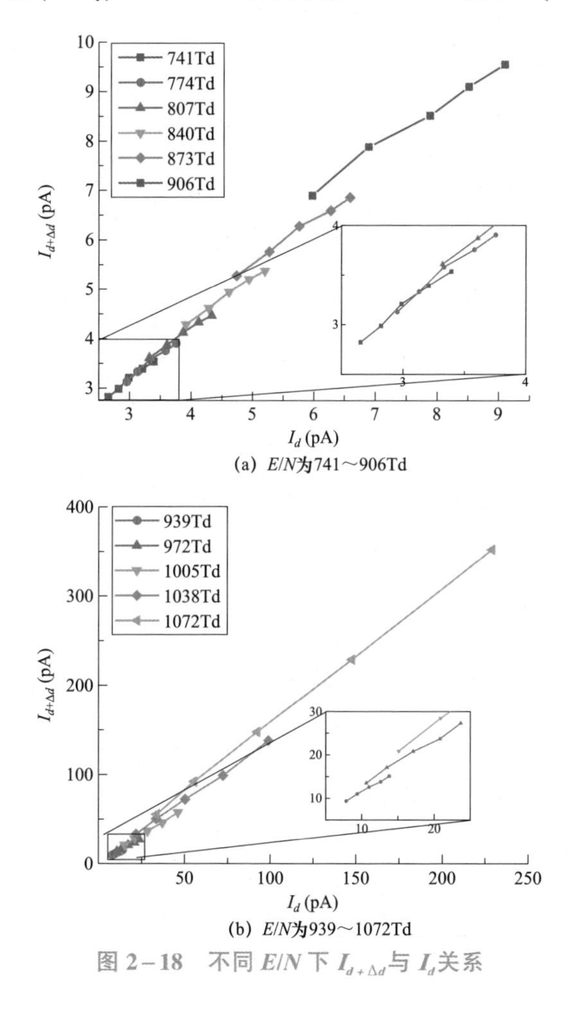

(a) E/N为741～906Td

(b) E/N为939～1072Td

图 2－18　不同 E/N 下 $I_{d+\Delta d}$与 I_d关系

$(E/N)_{\lim}$ 附近近似呈线性关系，α/N 测量结果与参考文献［125］接近，因此通过拟合找到 $(\alpha-\eta)/N=0$ 的点，对应的 E/N 即为 $(E/N)_{\lim}$。根据拟合得到 $(\alpha-\eta)/N$ 与 E/N 的关系为

$$(\alpha-\eta)/N=0.03013\times E/N-28.91 \tag{2-12}$$

计算得到 C_4F_7N 的 $(E/N)_{\lim}$ 为 959.5Td，参考文献［112］、［125］的测量结果分别为 959.8、981.8、975±15、959.1Td，因此本书提出的计算方法是有效的。

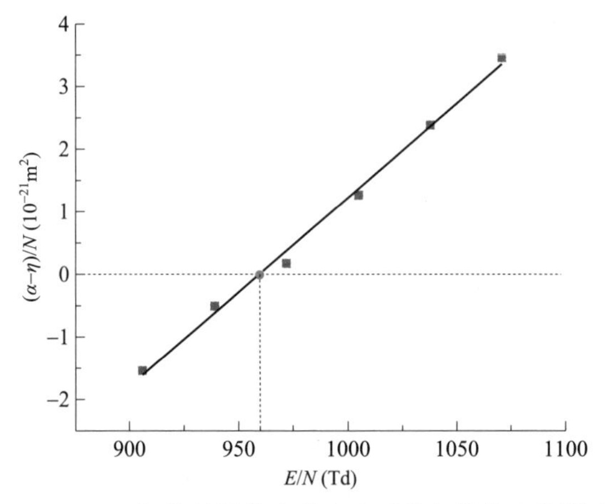

图 2－19　C_4F_7N 气体的约化有效电离系数与约化电场强度关系

采用多项式拟合获得不同距离下 $E/N=959.5$Td 时对应的电流，再计算初始电流 I_0，得到的初始电流为 2.1pA。利用计算得到的初始电流拟合得到不同 E/N 下的 α/N 和 η/N 值，如图 2－20 与图 2－21 所示。

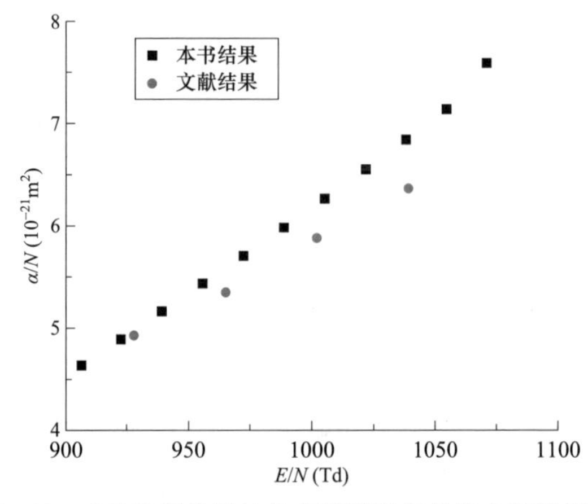

图 2－20　C_4F_7N 气体的约化电离系数与约化电场强度关系

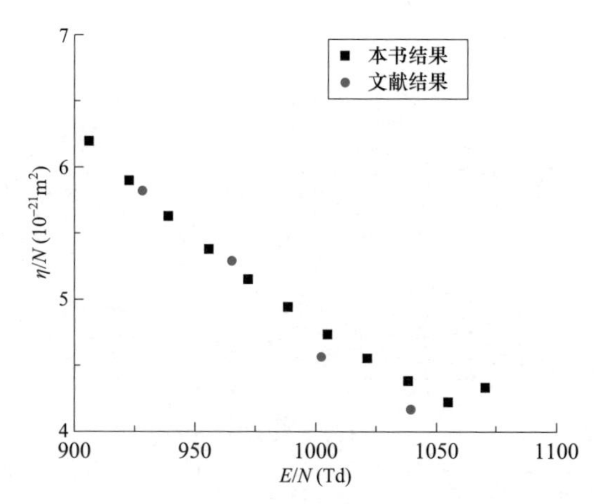

图 2-21　C_4F_7N 气体的约化吸附系数与约化电场强度关系

2. C_4F_7N/N_2 混合气体

C_4F_7N/N_2 混合气体的 SST 试验结果如图 2-22 所示。当在 N_2 气体中加入 C_4F_7N 气体后，在较高 E/N 下电流随距离增长呈指数增长模式，而在较低 E/N 下电流随距离增长呈现饱和趋势，当 E/N 由低变高时，出现了电流随距离增长呈线性增长的关系。这表明气体已具有一定电负性，不同比例不同 E/N 下的 $(\alpha-\eta)/N$ 如图 2-23 所示。

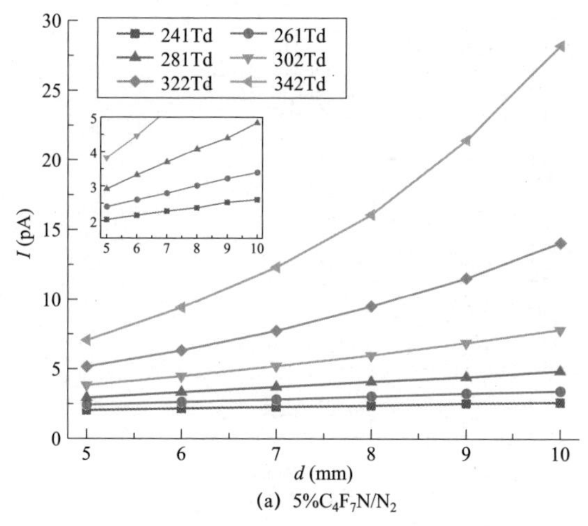

(a) 5%C_4F_7N/N_2

图 2-22　C_4F_7N/N_2 混合气体的 SST 试验结果（一）

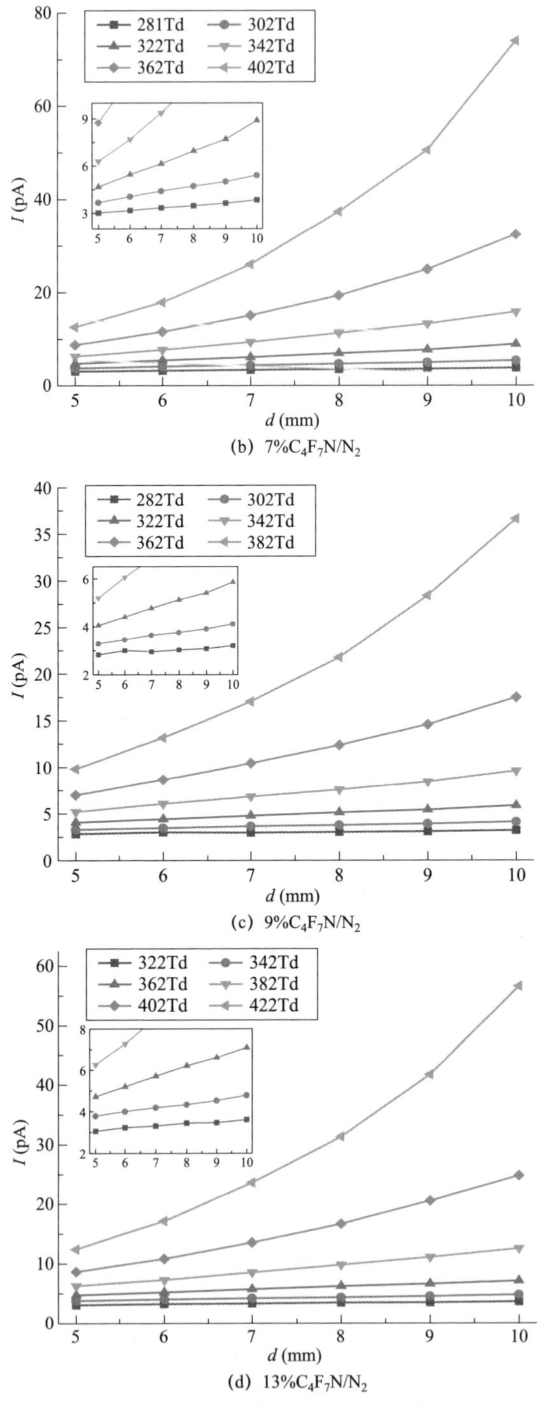

(b) 7%C_4F_7N/N_2

(c) 9%C_4F_7N/N_2

(d) 13%C_4F_7N/N_2

图 2-22　C_4F_7N/N_2 混合气体的 SST 试验结果（二）

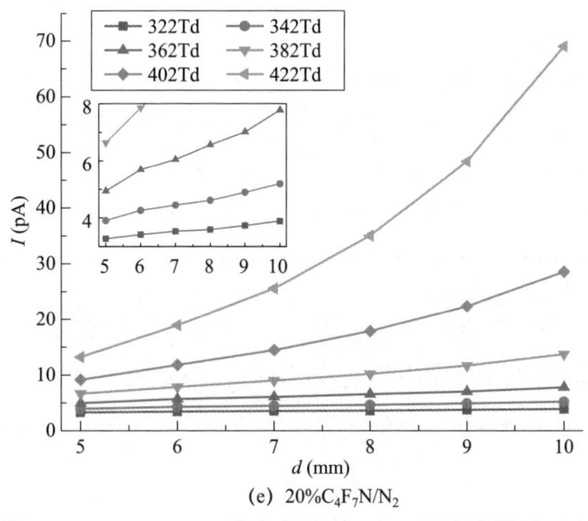

(e) 20%C_4F_7N/N_2

图 2-22 C_4F_7N/N_2 混合气体的 SST 试验结果（三）

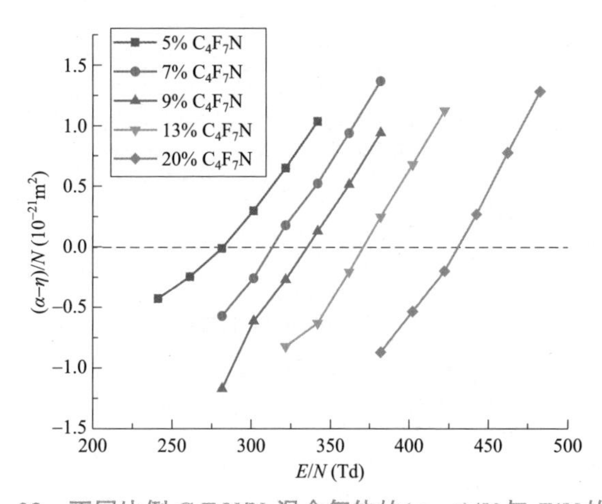

图 2-23 不同比例 C_4F_7N/N_2 混合气体的$(\alpha-\eta)/N$ 与 E/N 的关系

可以看出，在同一个 E/N 下，随着 C_4F_7N 气体比例的提高，C_4F_7N/N_2 混合气体的$(\alpha-\eta)/N$ 也在下降。不同比例下 C_4F_7N/N_2 混合气体的$(E/N)_{lim}$ 如表 2-1 所示，由于 N_2 气体没有电负性，因此不会吸附电子，混合气体的电负性完全来自 C_4F_7N 气体。当加入少量 C_4F_7N 气体时，$(E/N)_{lim}$ 随比例增加而先迅速增加再缓慢增加。因此，随着混合气体中 C_4F_7N 气体比例的提高，继续提高 C_4F_7N 气体的比例不能明显提高混合气体的绝缘性能。

表 2-1　　不同比例下 C_4F_7N/N_2 混合气体的临界约化场强

C_4F_7N 气体比例（%）	$(E/N)_{lim}$（Td）
5	277
7	306
9	336
13	369
20	427

确定不同比例 C_4F_7N/N_2 混合气体的$(E/N)_{lim}$后，再求得不同 E/N 下 α/N 和 η/N 与 C_4F_7N 比例的关系，如图 2-24 所示。可以看出在混合比例为 5%～20% 时，相同 E/N 下随着 C_4F_7N 比例的增加，C_4F_7N/N_2 混合气体的 α/N 线性减小而

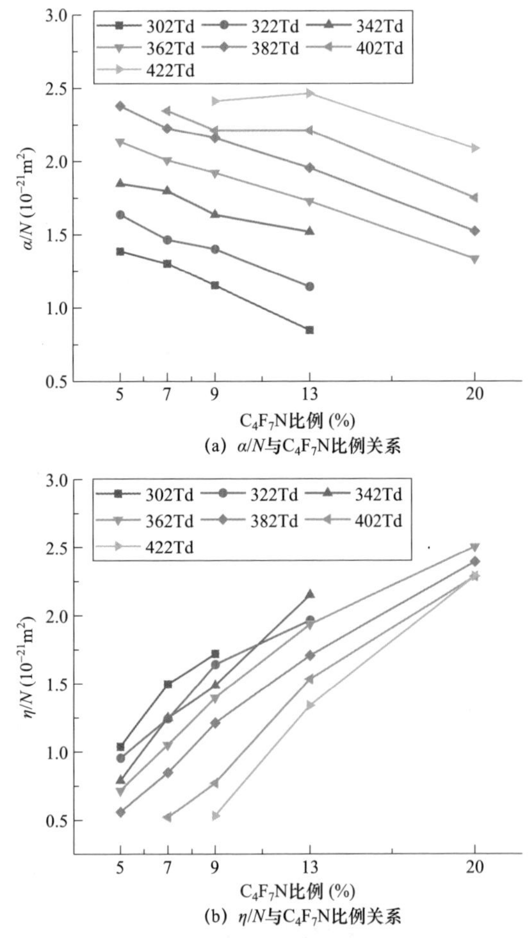

图 2-24　不同比例 C_4F_7N/N_2 混合气体的 α/N 和 η/N 与 C_4F_7N 比例关系

η/N 线性增大。在同一混合比例下 α/N 随 E/N 增大而增大，η/N 随 E/N 增大而减小，使得混合气体的绝缘强度下降。

3. C_4F_7N/CO_2 混合气体

C_4F_7N/CO_2 混合气体的 SST 试验结果如图 2－25 所示。在不同混合比例下，电流随间隙距离增加而增加，呈现电流随间隙距离增加出现饱和现象、电流与间隙距离呈线性关系、电流随间隙距离增加呈指数增长趋势三种形式，随着混合气体中 C_4F_7N 比例的增加，电流与间隙距离呈线性关系所对应的 $(E/N)_{lim}$ 增加。

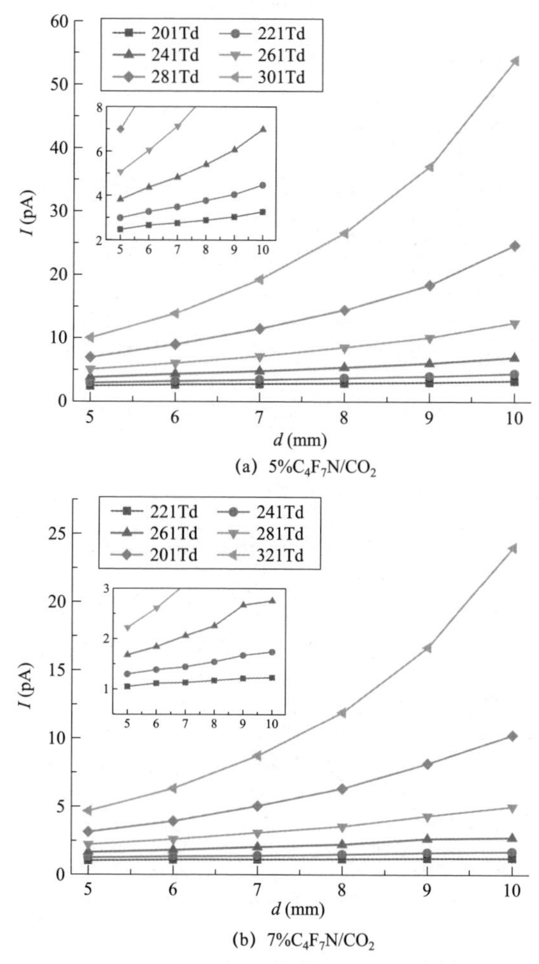

图 2－25　C_4F_7N/CO_2 混合气体的 SST 试验结果（一）

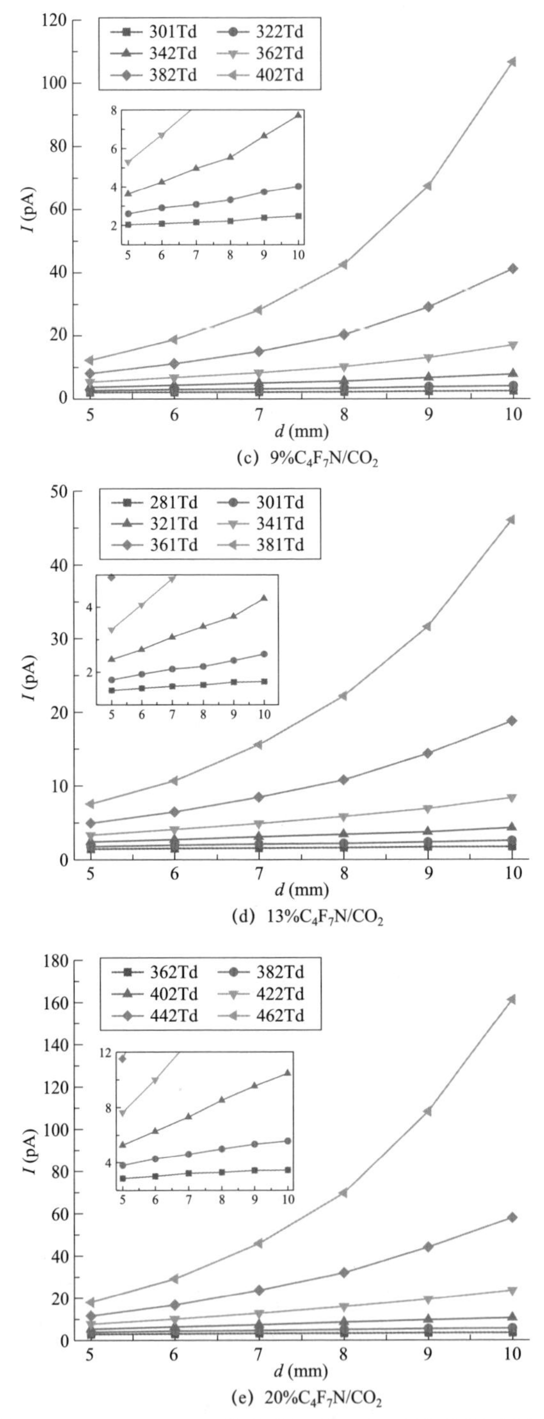

图 2-25 C_4F_7N/CO_2 混合气体的 SST 试验结果（二）

然而在混合比例为 5%～20%时，对比表 2－1 和表 2－2 可知，不同比例下 C_4F_7N/CO_2 测量的 E/N 范围都小于 C_4F_7N/N_2，这表明相同比例下 C_4F_7N/CO_2 混合气体的绝缘强度小于 C_4F_7N/N_2。求得每个比例不同 E/N 下的 $(\alpha-\eta)/N$ 如图 2－26 所示。根据图 2－26，当 $(\alpha-\eta)/N=0$ 时，对应的 E/N 为不同浓度下的 $(E/N)_{lim}$，通过插值法得到不同浓度下的 $(E/N)_{lim}$，如表 2－2 所示，C_4F_7N 浓度为 0 时即为纯 CO_2 气体，其 $(E/N)_{lim}$ 约为 90Td。

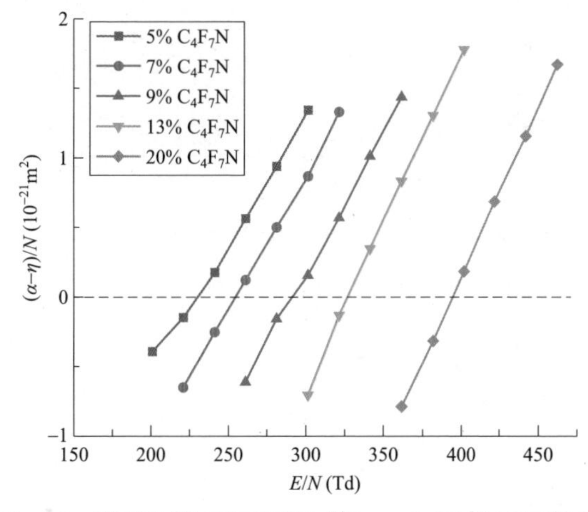

图 2－26　不同比例 C_4F_7N/CO_2 的 $(\alpha-\eta)/N$ 与 E/N 的关系

表 2－2　不同比例 C_4F_7N/CO_2 混合气体的临界约化场强

C_4F_7N 比例（%）	$(E/N)_{lim}$（Td）
0	90
5	227
7	255
9	294
13	328
20	395

C_4F_7N/CO_2 混合气体的混合比例为 0～20%时，混合气体的 $(E/N)_{lim}$ 与 C_4F_7N 比例的关系呈非线性关系，当 C_4F_7N 浓度由 0 上升到 5%时，混合气体的绝缘强度得到了巨大的提升，此时混合气体的 $(E/N)_{lim}$ 约为纯 CO_2 的 2.5 倍，每增加 1%的 C_4F_7N 使混合气体的 $(E/N)_{lim}$ 增加 27.4Td。随着 C_4F_7N 比例的进一步提高，混合气体的绝缘强度随 C_4F_7N 比例增加而增加的速度明显减小，比例为 20%时混合气体的绝缘强度为 5%的 1.78 倍，每增加 1%的 C_4F_7N 仅使 $(E/N)_{lim}$ 增加 11.2Td，这与 C_4F_7N 和 N_2 混合的结果类似。进一步对数据进行处理，得到不同比例 C_4F_7N/CO_2

气体在不同 E/N 下的 α/N 和 η/N 与 C_4F_7N 比例的关系如图 2-27 所示。

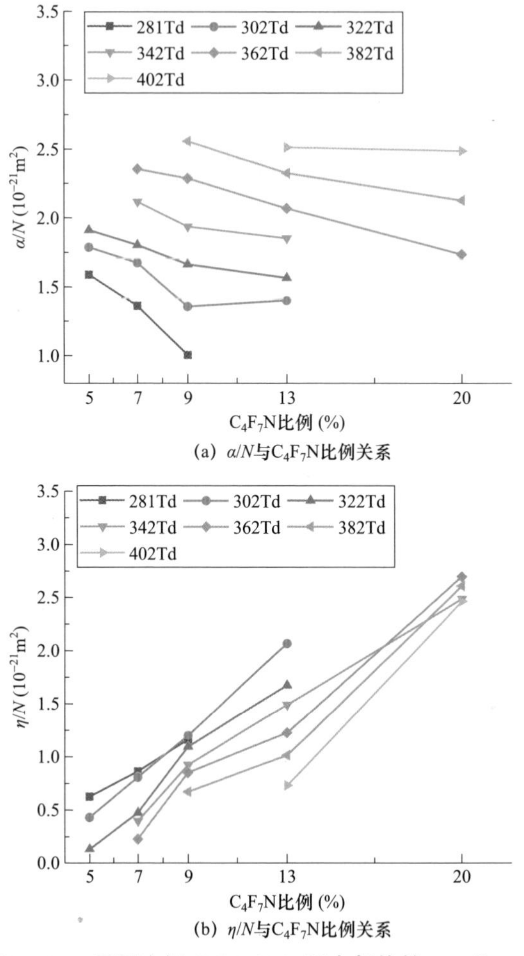

图 2-27　不同比例 C_4F_7N/CO_2 混合气体的 α/N 和 η/N

在 C_4F_7N 比例为 5%～20%的情况下，在同一个 E/N 下，α/N 随混合比例增加而略微减小，η/N 随混合比例增加而增大，且 η/N 增长速率大于 α/N 衰减速率，因此 C_4F_7N 与 CO_2 混合时主要通过提高混合气体的电负性来增强混合气体的绝缘强度。

4. C_4F_7N/空气混合气体

C_4F_7N/空气混合气体的 SST 试验结果如图 2-28 所示。与前两种混合气体类似，C_4F_7N/空气混合气体在不同比例下电流随距离增长呈现三种模式，且同一比例下 C_4F_7N/空气混合气体的测量范围与 C_4F_7N/N_2 的测量范围类似，表明它们的绝缘强度类似。

然而由于氧气的存在，使得 C_4F_7N/空气混合气体的绝缘强度与 C_4F_7N/N_2 略有差异，C_4F_7N/空气混合气体的 $(\alpha-\eta)/N$ 与 E/N 关系如图 2-29 所示。

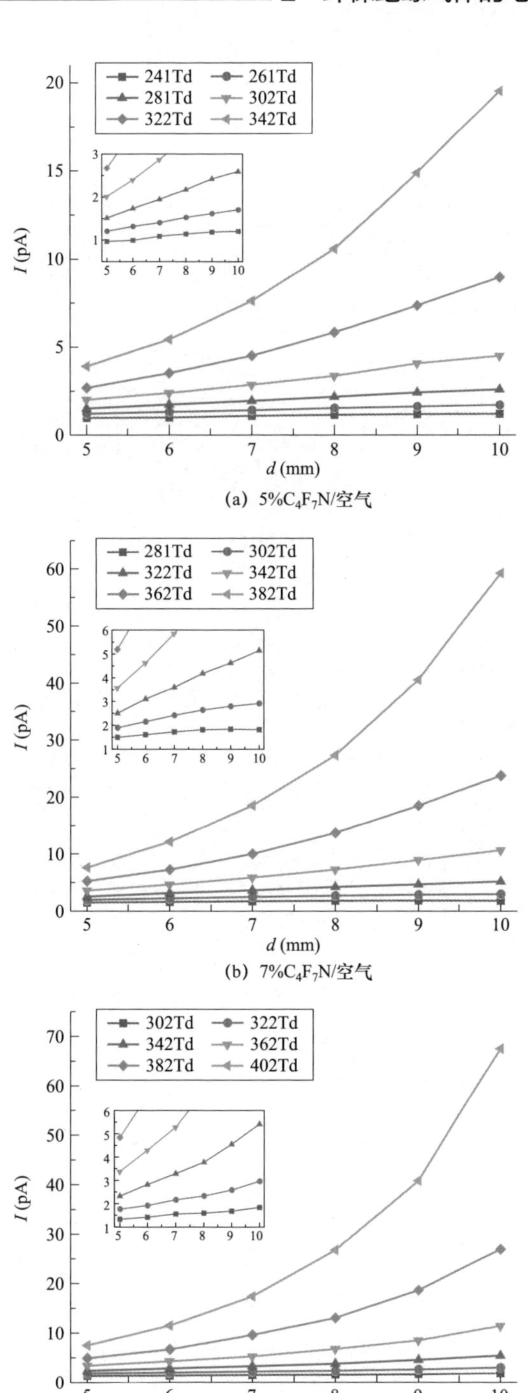

(a) 5%C_4F_7N/空气

(b) 7%C_4F_7N/空气

(c) 9%C_4F_7N/空气

图 2-28 C_4F_7N/空气混合气体的 SST 试验结果（一）

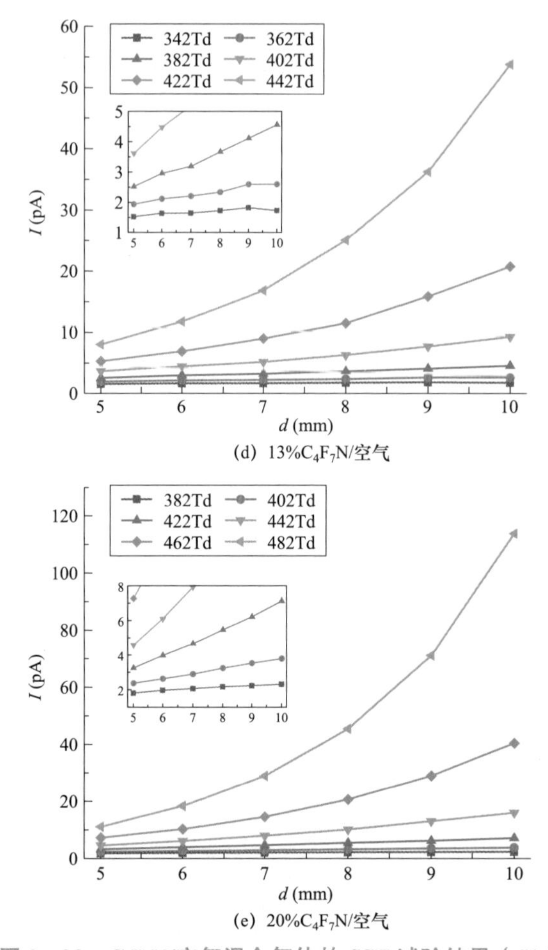

(d) 13%C_4F_7N/空气

(e) 20%C_4F_7N/空气

图 2－28　C_4F_7N/空气混合气体的 SST 试验结果（二）

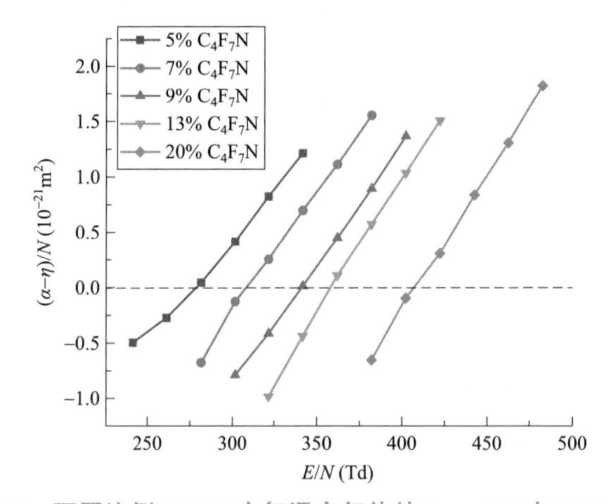

图 2－29　不同比例 C_4F_7N/空气混合气体的$(\alpha-\eta)/N$与E/N的关系

做出$(\alpha-\eta)/N=0$直线与不同C_4F_7N比例$(\alpha-\eta)/N$与E/N的曲线相交得到不同比例下C_4F_7N/空气的$(E/N)_{lim}$如表2－3所示，由于空气中存在电负性气体氧气，因此空气具有一定电负性，其$(E/N)_{lim}$约为120Td，高于CO_2，比例在5%～20%的C_4F_7N/空气混合气体的$(E/N)_{lim}$介于C_4F_7N/CO_2与C_4F_7N/N_2之间，表明O_2虽然提高了混合气体的电负性，但由于其电离过程强于N_2，因此O_2的加入并未使混合气体绝缘强度提高。与另外两种缓冲气体类似，当加入少量C_4F_7N时，混合气体的绝缘强度提高很多，混合气体中C_4F_7N比例由0增加到5%时，每增加1%的C_4F_7N，混合气体的$(E/N)_{lim}$提高31Td，而当混合气体中C_4F_7N比例进一步提高时，例如从13%提高到20%时，每增加1%的C_4F_7N，混合气体的$(E/N)_{lim}$仅提高6.9Td，相比于N_2和CO_2来说下降得更快，因此进一步提高C_4F_7N与空气混合气体中C_4F_7N的比例对提高混合气体的绝缘强度效果比较微弱。

表2－3　　不同比例C_4F_7N混合气体的临界约化场强$(E/N)_{lim}$

C_4F_7N比例（%）	C_4F_7N/空气（Td）	C_4F_7N/CO_2（Td）	C_4F_7N/N_2（Td）
0	120	90	180
5	275	227	277
7	310	255	306
9	340	294	336
13	360	328	369
20	408	395	427

进一步对数据进行处理，得到不同比例C_4F_7N/空气在不同E/N下的α/N、η/N如图2－30所示。空气中加入C_4F_7N也主要依靠提高混合气体的电负性来提高混合气体的绝缘强度。

2.2.2　$C_5F_{10}O$气体及其混合气体

1. $C_5F_{10}O$气体

$C_5F_{10}O$气体的绝缘强度约为SF_6气体的2倍，常压下其液化温度为26℃，因此采用加热气瓶的方式为腔体内充入$C_5F_{10}O$气体，在电极距离10mm、气压500Pa的实验条件下测量的电流与电压关系，如图2－31所示。

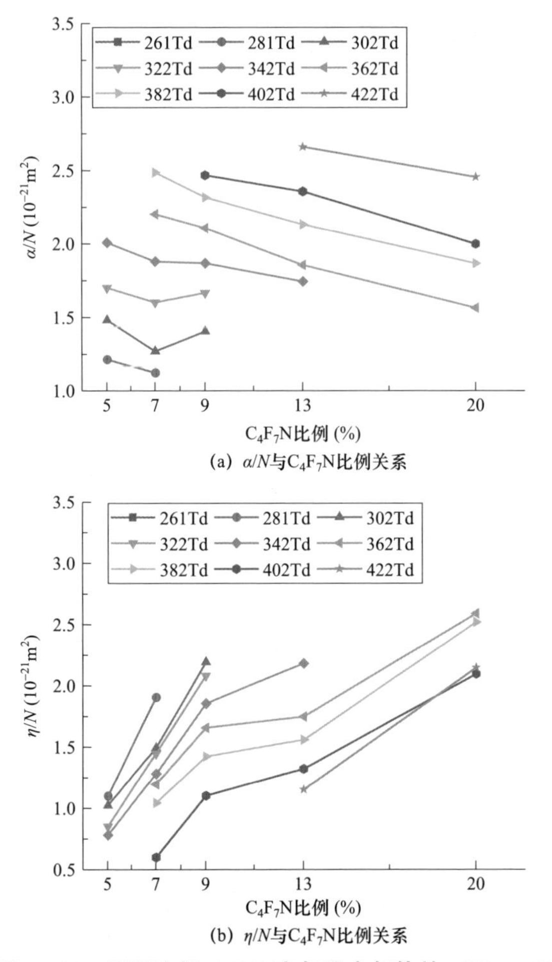

图 2-30　不同比例 C_4F_7N/空气混合气体的α/N、η/N

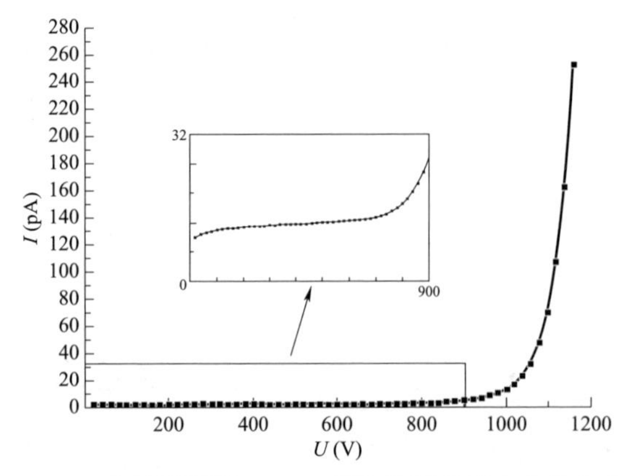

图 2-31　10mm 电极距离下 $C_5F_{10}O$ 气体的汤逊放电电流与电压的关系

对于 $C_5F_{10}O$ 气体，AB 段与 BC 段交界为 800～900V，因此选取 10mm 下的测量范围为 760～1160V，500Pa 下对应的约化电场强度为 625～955Td，改变间隙距离后得到不同约化电场强度下电流与间隙距离的关系如图 2－32 所示。

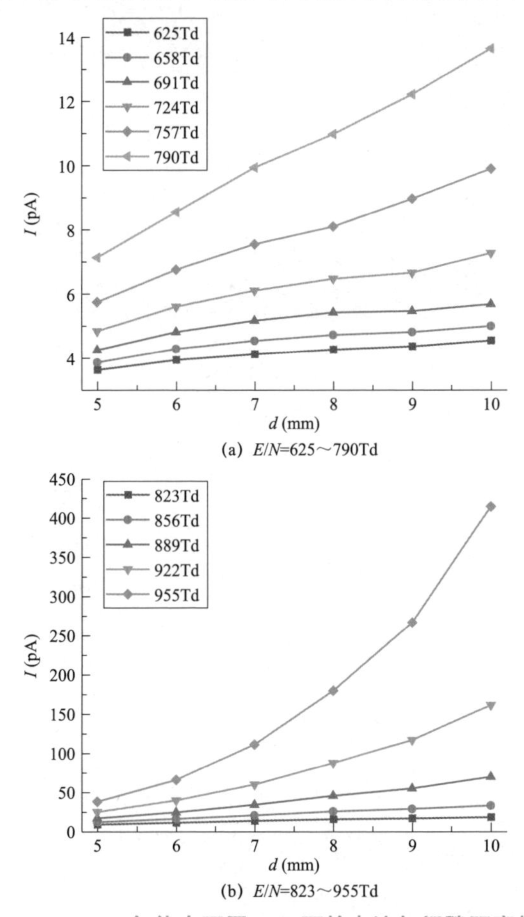

图 2－32　$C_5F_{10}O$ 气体在不同 E/N 下的电流与间隙距离的关系

将电流与间隙距离关系转化为相邻两个间隙距离下的电流关系，求得不同 E/N 下的 $(\alpha-\eta)/N$ 如图 2－33 所示，根据拟合得到 $(\alpha-\eta)/N$ 与 E/N 的关系为

$$(\alpha-\eta)/N = 0.01932\times E/N - 14.88 \tag{2-13}$$

由式（2－13）计算得 $C_5F_{10}O$ 气体的 $(E/N)_{lim}$ 约为 763Td，参考文献［54］采用脉冲汤逊法测得的 $C_5F_{10}O$ 气体的 $(E/N)_{lim}$ 为（770±10）Td，采用稳态汤逊法测得的 $C_5F_{10}O$ 气体的 $(E/N)_{lim}$ 在 750Td 左右，与本平台测试结果基本相符。进一步计算得到 $C_5F_{10}O$ 气体的 α/N 和 η/N，如图 2－34 和图 2－35 所示，$C_5F_{10}O$ 气体的 α/N 随 E/N 的增大而增大，但 η/N 随 E/N 增大却几乎不变，表明 $C_5F_{10}O$

气体的η / N随E/N变化不敏感。

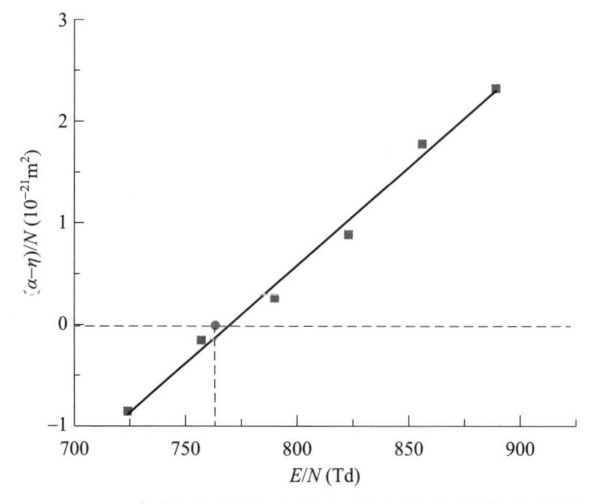

图 2-33　$C_5F_{10}O$气体的约化有效电离系数与约化电场强度关系

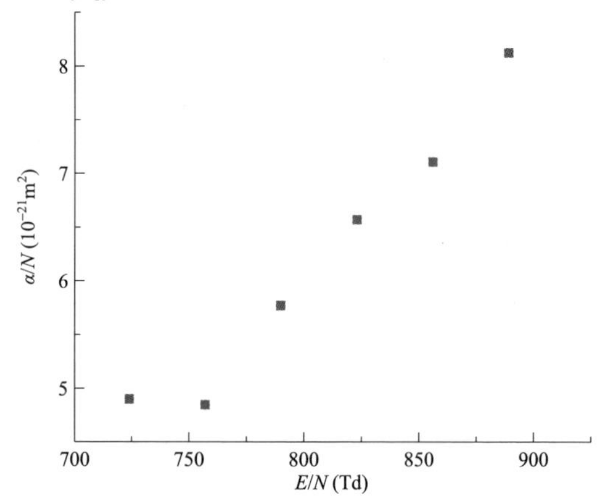

图 2-34　$C_5F_{10}O$气体的约化电离系数与约化电场强度关系

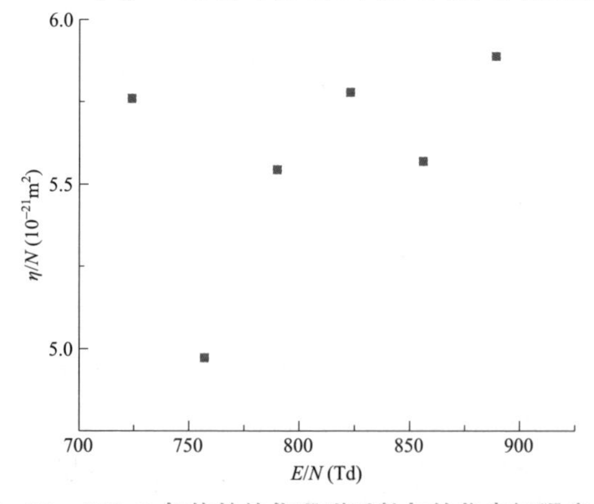

图 2-35　$C_5F_{10}O$气体的约化吸附系数与约化电场强度关系

2. $C_5F_{10}O/N_2$ 混合气体

$C_5F_{10}O/N_2$ 混合气体的 SST 试验结果如图 2－36 所示。与 C_4F_7N/N_2 混合气体相比，相同比例下 $C_5F_{10}O/N_2$ 混合气体测量的 E/N 范围更小，测得的电流范围也更小，这表明 $C_5F_{10}O/N_2$ 的绝缘强度弱于 C_4F_7N/N_2。

通过计算得到 $C_5F_{10}O/N_2$ 混合气体的 $(\alpha-\eta)/N$ 与 E/N 关系如图 2－37 所示，$(\alpha-\eta)/N=0$ 时对应的 $(E/N)_{\lim}$ 如表 2－4 所示。在混合比例为 5%～20% 时，$C_5F_{10}O/N_2$ 混合气体的 $(E/N)_{\lim}$ 与比例呈线性关系，每提高 1%的 $C_5F_{10}O$ 使 $(E/N)_{\lim}$ 增加约 6Td，说明增加混合气体中 $C_5F_{10}O$ 的比例可以等比例的提高混合气体的绝缘强度。

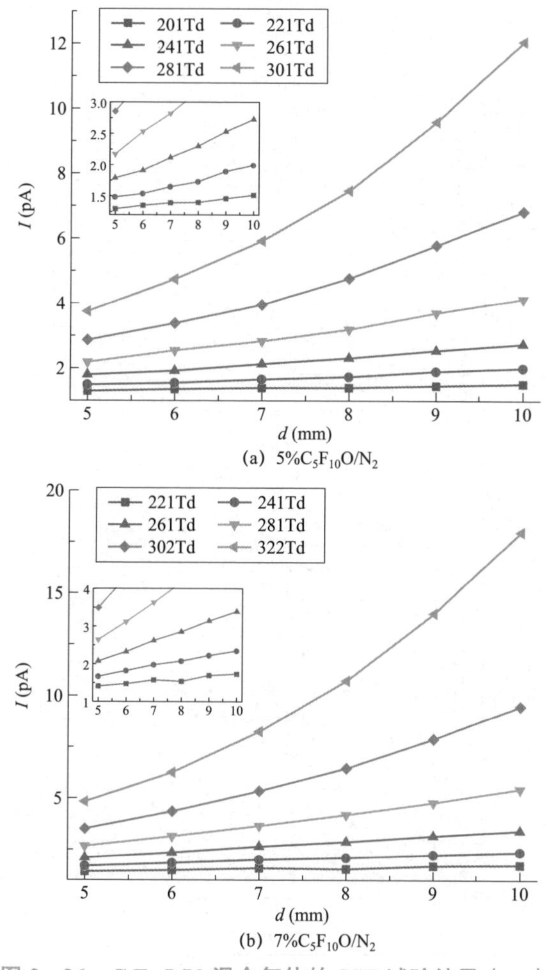

(a) $5\%C_5F_{10}O/N_2$

(b) $7\%C_5F_{10}O/N_2$

图 2－36 $C_5F_{10}O/N_2$ 混合气体的 SST 试验结果（一）

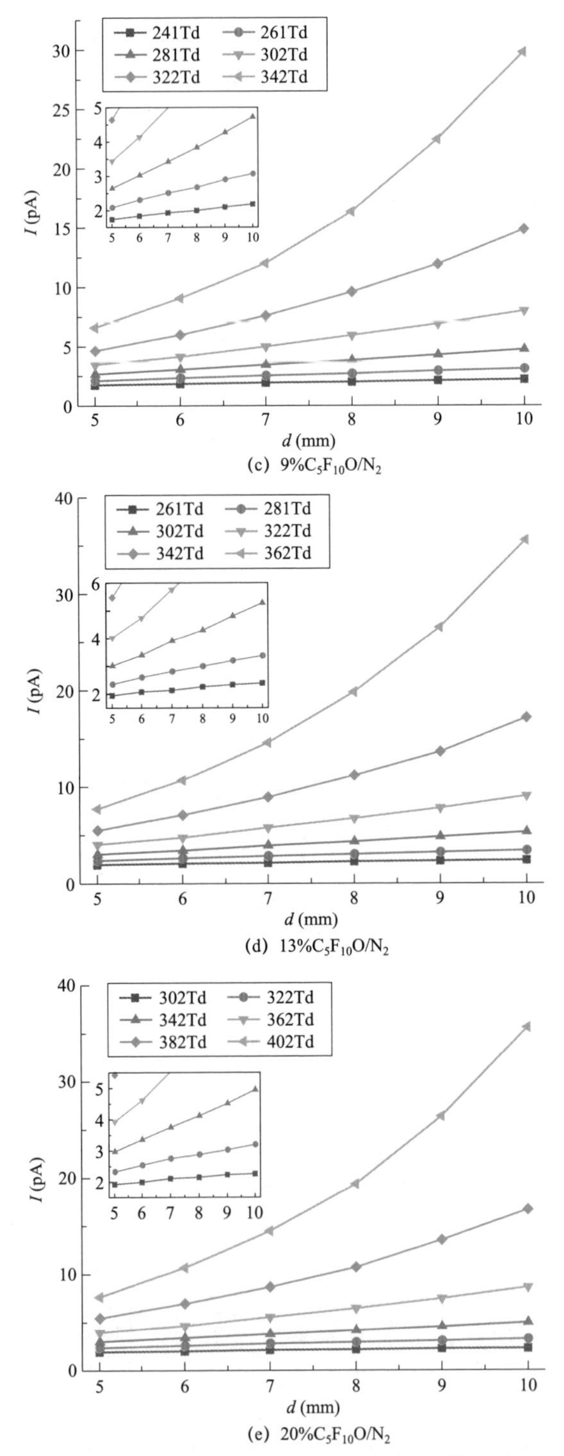

(c) 9%$C_5F_{10}O/N_2$

(d) 13%$C_5F_{10}O/N_2$

(e) 20%$C_5F_{10}O/N_2$

图 2-36　$C_5F_{10}O/N_2$ 混合气体的 SST 试验结果（二）

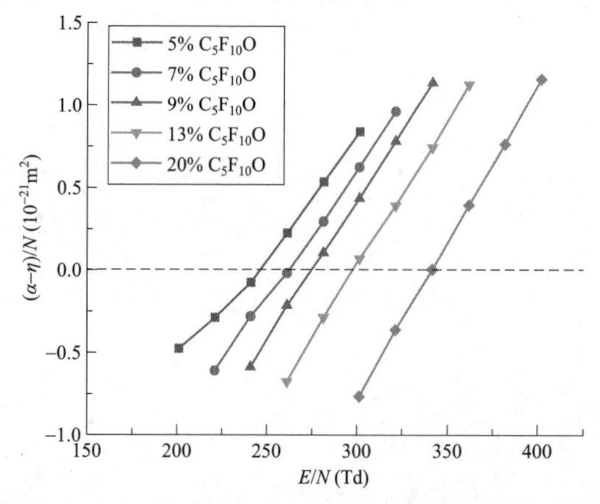

图 2-37 不同比例 $C_5F_{10}O/N_2$ 混合气体的$(\alpha-\eta)/N$

表 2-4 不同比例 $C_5F_{10}O/N_2$ 混合气体的临界约化场强

$C_5F_{10}O$ 比例（%）	$(E/N)_{lim}$（Td）
5	242
7	261
9	275
13	299
20	341

$C_5F_{10}O/N_2$ 混合气体的α/N和η/N随 E/N 变化如图 2-38 所示，随 $C_5F_{10}O$ 气体比例增加α/N呈减小趋势，在同一比例下，α/N随 E/N 增加而增加。但η/N的变化没有呈现一定规律，表明提高 $C_5F_{10}O$ 比例对混合气体的电负性提高不明显。

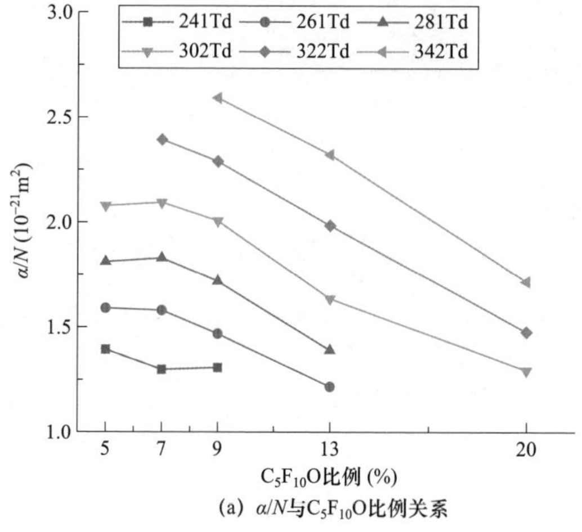

(a) α/N与$C_5F_{10}O$比例关系

图 2-38 不同比例 $C_5F_{10}O/N_2$ 混合气体的α/N和η/N与 $C_5F_{10}O$ 比例关系（一）

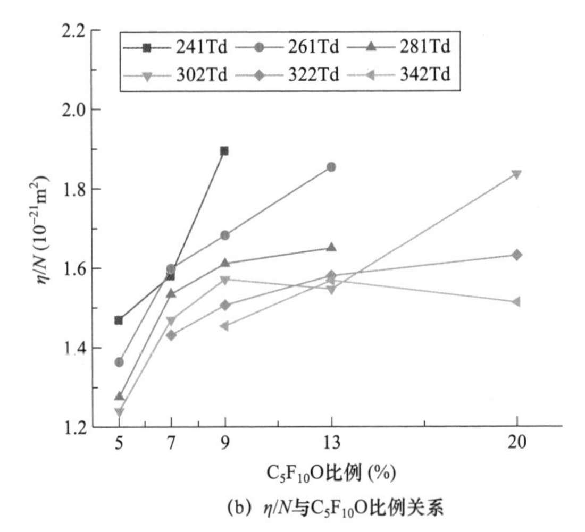

(b) η/N与$C_5F_{10}O$比例关系

图 2-38 不同比例 $C_5F_{10}O/N_2$ 混合气体的α/N和η/N与 $C_5F_{10}O$ 比例关系（二）

3. $C_5F_{10}O/CO_2$ 混合气体

$C_5F_{10}O/CO_2$ 混合气体的 SST 试验结果如图 2-39 所示。

对电流结果进行处理得到不同混合比例、不同 E/N 下的$(\alpha-\eta)/N$如图 2-40 所示，当混合比例为 5%时，$(\alpha-\eta)/N$ 与 E/N 在$(E/N)_{\rm lim}$附近呈现指数增长趋势，而混合比例在 7%～20%时呈线性关系。因此在混合比例为 5%时采用指数拟合，在混合比例为 7%～20%时采用线性拟合得到不同混合比例的$(E/N)_{\rm lim}$，如表 2-5 所示。

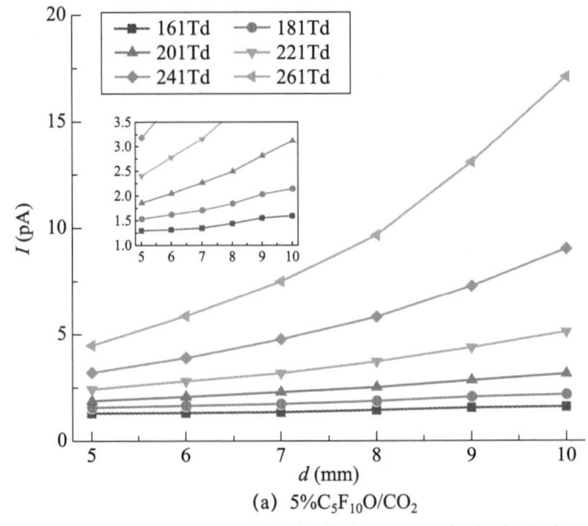

(a) $5\%C_5F_{10}O/CO_2$

图 2-39 $C_5F_{10}O/CO_2$ 混合气体的 SST 试验结果（一）

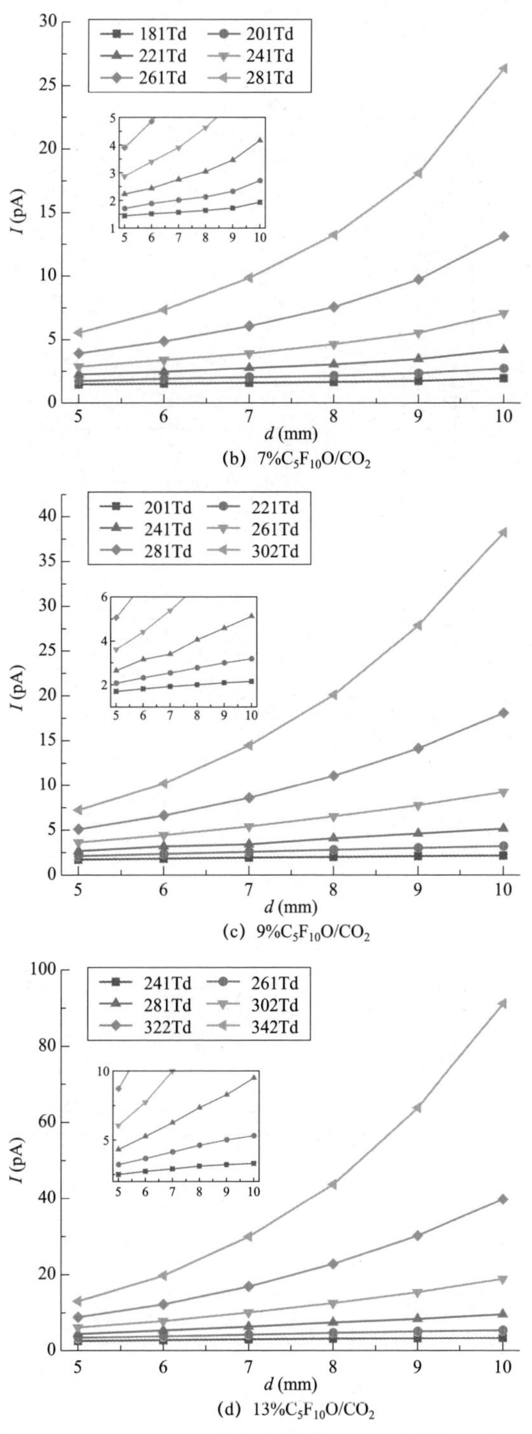

图 2-39 $C_5F_{10}O/CO_2$ 混合气体的 SST 试验结果（二）

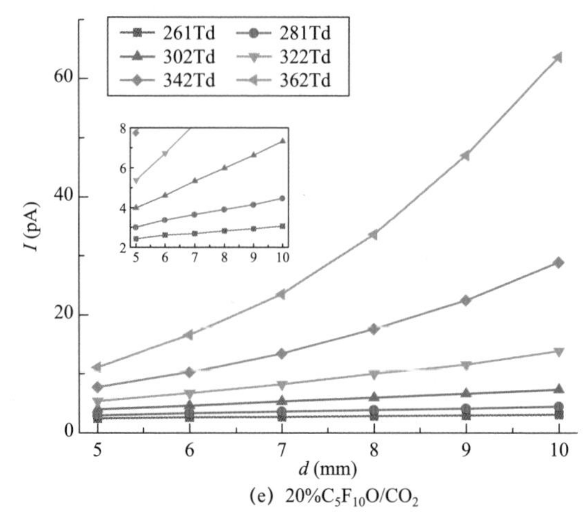

(e) 20%$C_5F_{10}O/CO_2$

图 2-39 $C_5F_{10}O/CO_2$ 混合气体的 SST 试验结果（三）

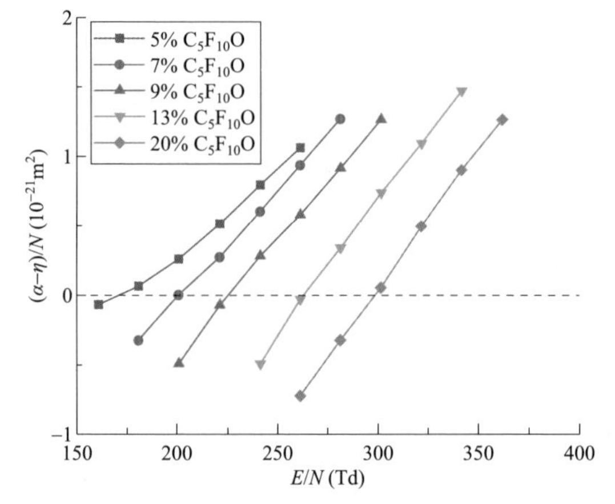

图 2-40 不同比例 $C_5F_{10}O/CO_2$ 混合气体的$(\alpha-\eta)/N$

表 2-5 不同比例 $C_5F_{10}O/CO_2$ 混合气体的临界约化场强

$C_5F_{10}O$ 比例（%）	E_{lim}/N（Td）
5	170
7	202
9	227
13	265
20	298

$C_5F_{10}O/CO_2$ 混合气体的 α/N 与 η/N 如图 2-41 所示。α/N 随 $C_5F_{10}O$ 比例增加几乎保持恒定，同时 η/N 随 E/N 增加而增加的幅度很大。

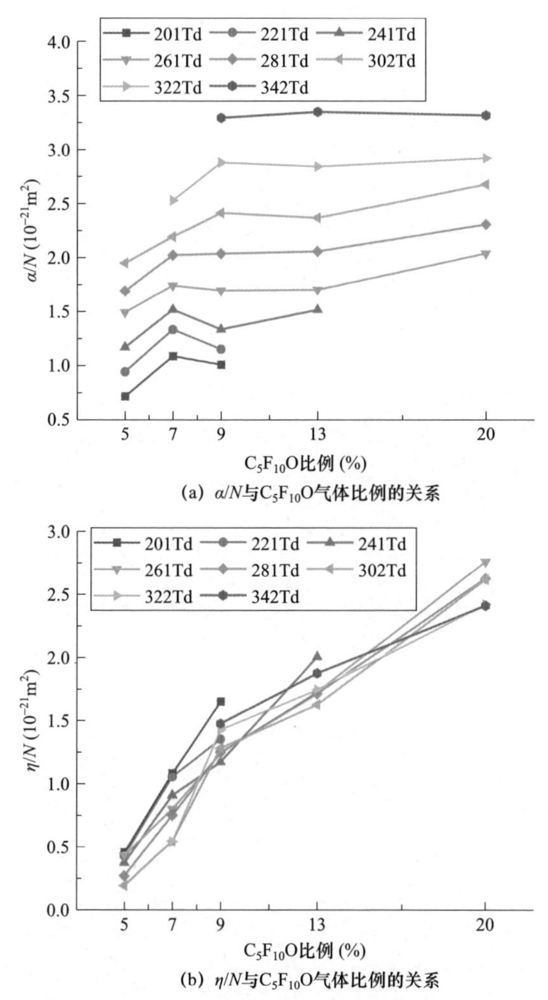

图 2-41 $C_5F_{10}O/CO_2$ 混合气体的 α/N 和 η/N 与 $C_5F_{10}O$ 气体比例的关系

4. $C_5F_{10}O$/空气混合气体

$C_5F_{10}O$/空气混合气体的 SST 试验结果如图 2-42 所示。

不同混合比例、不同 E/N 下 $C_5F_{10}O$/空气混合气体的 $(\alpha-\eta)/N$ 如图 2-43 所示，其临界约化场强 $(E/N)_{lim}$ 如表 2-6 所示。

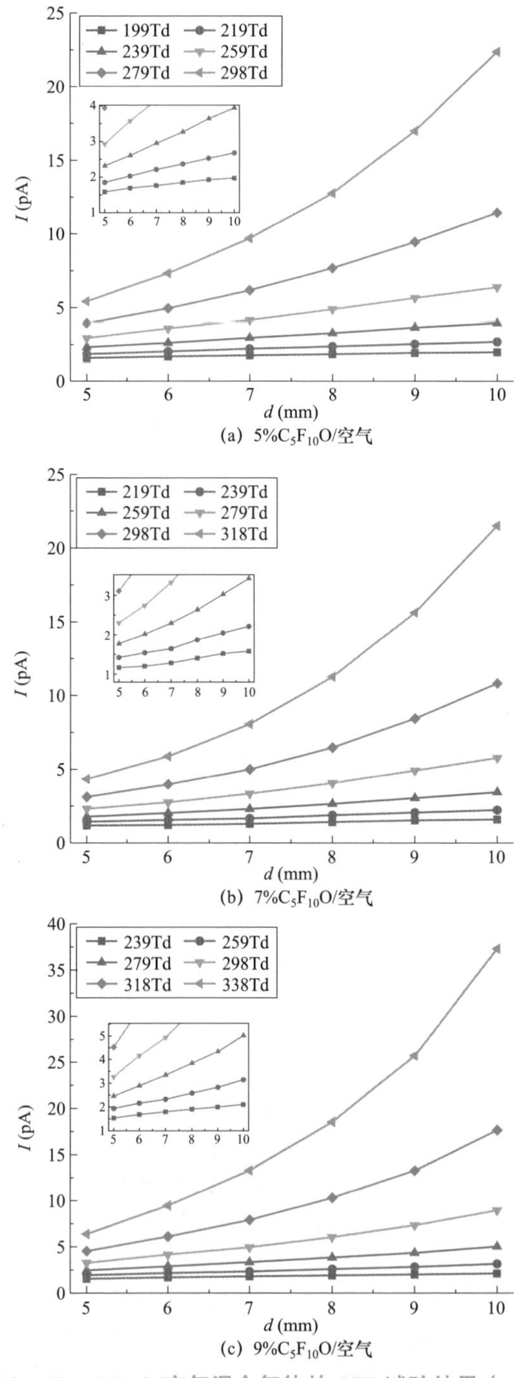

图 2-42 $C_5F_{10}O$/空气混合气体的 SST 试验结果（一）

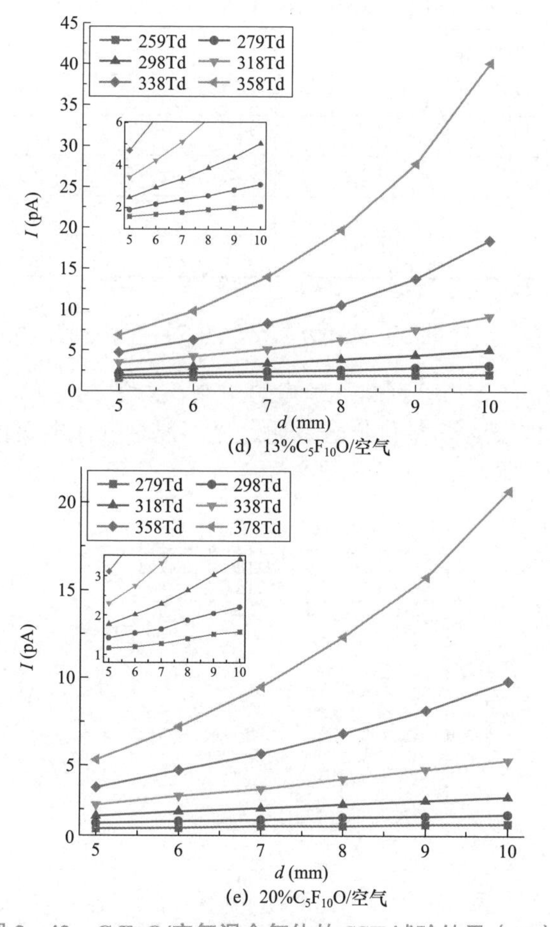

图 2-42　$C_5F_{10}O$/空气混合气体的 SST 试验结果（二）

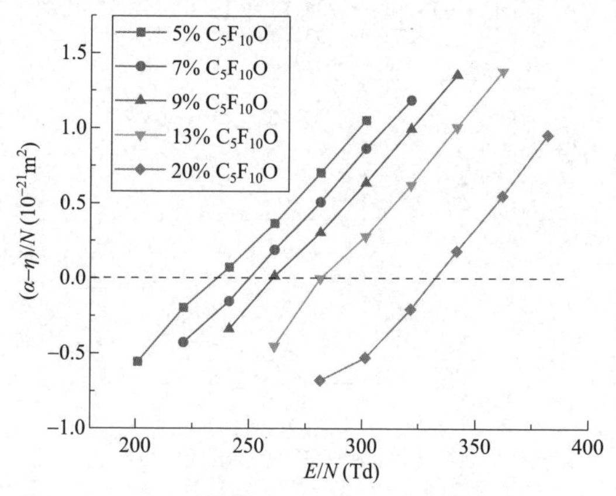

图 2-43　不同比例 $C_5F_{10}O$/空气混合气体的$(\alpha-\eta)/N$

表 2-6　　不同比例 $C_5F_{10}O$/空气混合气体的临界约化场强

$C_5F_{10}O$ 比例（%）	$(E/N)_{lim}$（Td）
5	227
7	235
9	260
13	279
20	322

$C_5F_{10}O$/空气混合气体的 α/N 和 η/N 如图 2-44 所示，可以发现 $C_5F_{10}O$ 气体与空气混合后 α/N 随 $C_5F_{10}O$ 气体比例提高变化较小，η/N 随比例提高变化较大，表明 $C_5F_{10}O$ 气体与空气混合是通过提高混合气体电负性来增强混合气体的绝缘强度的。

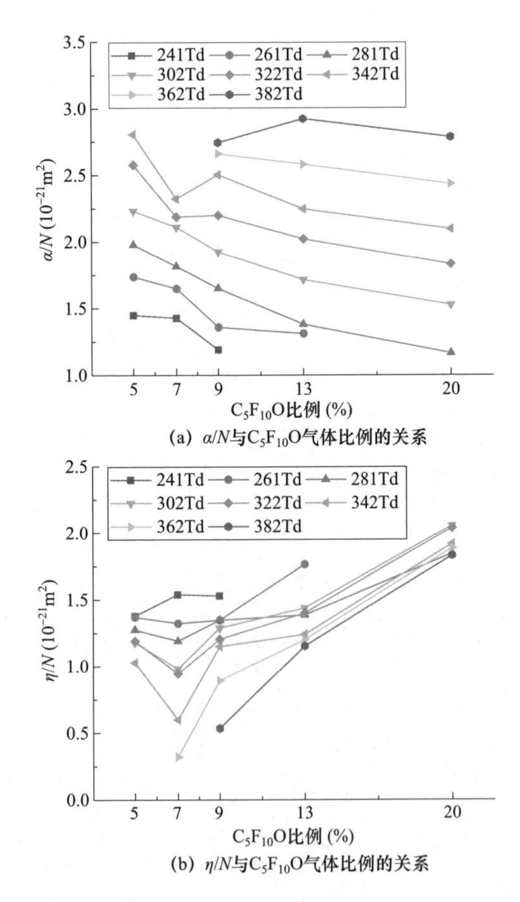

图 2-44　不同比例 $C_5F_{10}O$/空气混合气体的 α/N 和 η/N

2.3 环保绝缘混合气体的 SST 协同效应

混合气体的 SST 协同效应可由各组分纯气的临界约化场强计算得来，表 2-7 列出了不同类型纯气的临界约化场强相对值。在评估混合气体的 SST 协同效应时，还需要得到不同混合比例下的临界约化场强，下面以 C_4F_7N 混合气体和 $C_5F_{10}O$ 混合气体为例进行具体说明。根据试验测量得到的不同混合比例 C_4F_7N 混合气体和 $C_5F_{10}O$ 混合气体的临界约化场强，可以定量评估不同混合气体的协同效应，为优选合适的混合气体提供参考。

表 2-7　不同类型绝缘气体的临界约化场强相对值（以 SF_6 为参考）

气体名称	临界约化场强相对值	气体名称	临界约化场强相对值
SF_6	1.00	CO	0.46
Ar	0.10	C_3F_8	0.90
CHF_3	0.20	SO_2F_2	0.73
H_2	0.22	C_2F_6	0.76
C_2F_4	0.32	CH_3CN	0.80
O_2	0.33	CF_3I	1.21
N_2	0.38	c-C_4F_8	1.25
CO_2	0.40	CF_3SO_2F	1.45
CF_4	0.42	$C_5F_{10}O$	2.00
CH_4	0.43	C_4F_7N	2.20
N_2O	0.46		

2.3.1 C_4F_7N 混合气体

不同类型 C_4F_7N 混合气体的$(E/N)_{lim}$与 C_4F_7N 比例的关系如图 2-45 所示，由图可知，当 C_4F_7N 气体比例在 5%～20%时，C_4F_7N/N_2 混合气体与 C_4F_7N/空气混合气体的$(E/N)_{lim}$大于 C_4F_7N/CO_2 混合气体。当 C_4F_7N 气体比例在 5%～9%时，C_4F_7N/空气混合气体的$(E/N)_{lim}$ 略高于 C_4F_7N/N_2 混合气体，当比例进一步提高时，C_4F_7N/N_2 混合气体的$(E/N)_{lim}$ 大于 C_4F_7N/空气混合气体，且差距随比例增加而增大。

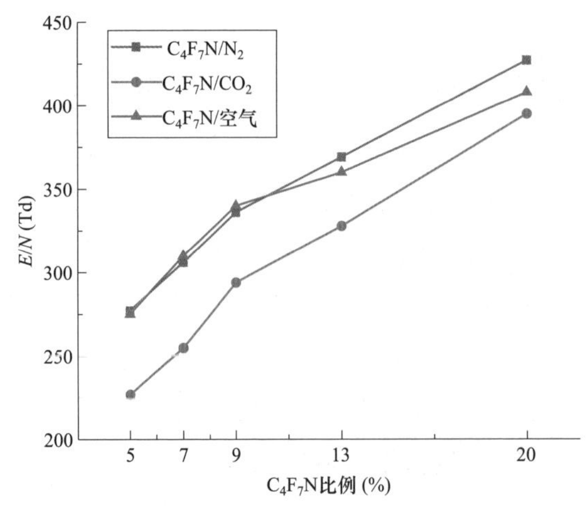

图 2-45　不同类型 C_4F_7N 混合气体的$(E/N)_{lim}$与 C_4F_7N 比例的关系

同时注意到，当 C_4F_7N 气体比例逐渐增大时，C_4F_7N 气体与三种缓冲气体混合后$(E/N)_{lim}$差异减小，为评估 C_4F_7N 气体与三种混合气体混合后的差异，用式（2-14）求取 C_4F_7N 气体与三种缓冲气体的协同效应系数 C，即

$$C=\frac{(E/N)_{\text{lim, mix}}}{k\bullet(E/N)_{\text{lim},C_4F_7N}+(1-k)\bullet(E/N)_{\text{lim},CO_2/N_2/空气}}-1 \qquad (2-14)$$

式中：$(E/N)_{\text{lim},C_4F_7N}$、$(E/N)_{\text{lim},CO_2/N_2/空气}$、$(E/N)_{\text{lim,mix}}$ 分别为 C_4F_7N 气体、$CO_2/N_2/$空气与混合气体的临界约化电场强度。

根据试验结果可知$(E/N)_{\text{lim},CO_2}=90\text{Td}$，$(E/N)_{\text{lim},空气}=120\text{Td}$，$(E/N)_{\text{lim},C_4F_7N}=960\text{Td}$。$N_2$ 虽然没有电负性，但在 E/N 较低时，其 α/N 较低，因此定义 N_2 的 α/N 等于 $1\times10^{-22}\,m^2$ 时对应的 E/N 作为其$(E/N)_{lim}$，可知其$(E/N)_{lim}\approx130\text{Td}$，不同混合气体的协同效应系数如表 2-8 所示。

表 2-8　　C_4F_7N 气体与三种缓冲气体的协同效应系数

C_4F_7N 比例	C_4F_7N/N_2	C_4F_7N/CO_2	C_4F_7N/空气
5%	0.62	0.70	0.70
7%	0.63	0.69	0.73
9%	0.64	0.75	0.74
13%	0.55	0.61	0.57
20%	0.44	0.50	0.42

协同效应系数 C 表征了 C_4F_7N 气体对缓冲气体电子能量分布的影响，假设

C_4F_7N 气体与缓冲气体具有同样的电子能量分布，那么电子与分子碰撞后发生电离或吸附的概率不变，单位距离内与某种分子碰撞的次数与该分子的密度成正比，因此根据电离系数与吸附系数的定义，混合气体的 α/N 和 η/N 等于两种气体 α/N 和 η/N 的线性叠加，此时协同效应系数 $C=0$，因此协同效应系数越大，表明两种气体的电子能量分布差异越大，混合后对彼此的影响越大。

根据试验结果，C_4F_7N 气体与三种气体混合后都呈现协同效应，因此相比于三种缓冲气体，C_4F_7N 气体中的低能量电子密度较低，加入缓冲气体后提高了低能量电子密度。对于三种混合气体，随着 C_4F_7N 气体比例的增加，协同效应系数先增大后减小，在混合比例为 9%时协同效应系数最大。原因在于当 C_4F_7N 气体比例较低时，缓冲气体中具有足够多的低能量电子，C_4F_7N 气体可以充分发挥电负性吸附电子，随着 C_4F_7N 气体比例的提高，低能量电子密度下降，C_4F_7N 气体的电负性不能完全展现，导致协同效应系数下降。

对于小分子电负性气体，如 CO_2 与 O_2，只有低能量电子与之碰撞后才可能发生吸附过程，形成阴离子，而对于大分子电负性气体，能量较高的电子与 C_4F_7N 气体碰撞后可能使 C_4F_7N 气体中的某些化学键断裂，分解成小分子，电子失去部分能量后可能吸附在小分子上。因此不同于 CO_2 与 O_2，C_4F_7N 气体与电子能量较高的电子碰撞时仍可能发生吸附过程。根据实验结果可知，所有比例下 C_4F_7N 气体与 CO_2 的协同效应都强于 C_4F_7N 气体与 N_2 的协同效应，在 CO_2 中电子能量处于 0～3eV 的电子比例低于 N_2，而电子能量处于 10～30eV 的电子比例高于 N_2，因此，电子能量在 0～30eV 的电子与 C_4F_7N 气体碰撞后都可能发生吸附过程，导致 C_4F_7N 气体与 CO_2 的协同效应更强。

此外，当混合比例在 5%～9%时 $(E/N)_{\lim}$ 随 C_4F_7N 比例增加的斜率高于 9%～20%时，这表明 C_4F_7N 气体与三种缓冲气体混合的最优比例在 9%附近，超过这个比例后再提高 C_4F_7N 的比例对混合气体绝缘强度的提升不明显。不论与何种缓冲气体混合，在相同 E/N 下，随着 C_4F_7N 比例的增加，混合气体的电离系数下降而吸附系数增加，几乎呈线性关系。根据测量结果推测 $(\alpha-\eta)/N$ 数与混合比例成对数关系，而与 E/N 成线性关系，因此建立 $(\alpha-\eta)/N$ 与混合比例 k、E/N 的关系

$$(\alpha-\eta)/N = A\times(E/N)+B\times\ln(k)+C \qquad (2-15)$$

式中：E/N 为约化电场强度，Td；k 为 C_4F_7N 所占比例，%。

式（2－15）中的参数 A 代表 $(\alpha-\eta)/N$ 随 E/N 增大而增大的速率 v，对于三

种气体混合，$v_{C_4F_7N/N_2} < v_{C_4F_7N/CO_2} < v_{C_4F_7N/空气}$。参数 B 表示随着混合气体中 C_4F_7N 比例的增大，$(\alpha-\eta)/N$ 随比例的对数下降的速率，由于它们之间为对数关系，因此当比例较低时，增加比例可以明显降低 $(\alpha-\eta)/N$，即明显地提高混合气体的绝缘强度。而随着比例增高，增大比例对 $(\alpha-\eta)/N$ 的影响也越来越小。C_4F_7N/CO_2 的参数 B 的绝对值最大，表明提高比例对 C_4F_7N/CO_2 绝缘强度的提高作用更明显。参数 C 为常数，与缓冲气体在 E/N 较低时的绝缘强度有关。

不同混合气体的参数及拟合优度如表 2－9 所示。

表 2－9　C_4F_7N 与三种缓冲气体混合后的约化有效电离系数拟合结果

混合气体种类	A	B	C	拟合优度
C_4F_7N/N_2	0.0187	－1.930	－2.074	0.9638
C_4F_7N/CO_2	0.02043	－2.351	－0.7840	0.9411
C_4F_7N/空气	0.02150	－1.906	－2.955	0.9656

综上所述，C_4F_7N 气体与三种缓冲气体混合后绝缘强度存在差异，且绝缘强度随 C_4F_7N 比例提高呈现饱和趋势，最合适的混合比例为 9%左右。同时，C_4F_7N 与 CO_2 的协同效应最强。

2.3.2　$C_5F_{10}O$ 混合气体

同 C_4F_7N 气体类似，$C_5F_{10}O$ 气体也具有较大的碰撞截面与较强的电负性，因此与缓冲气体混合时会增强电子的吸附过程，削弱电离过程，$C_5F_{10}O$ 气体与三种缓冲气体混合后的$(E/N)_{lim}$ 与混合比例的关系如图 2-46 所示。相同比例下，$C_5F_{10}O$ 气体与三种缓冲气体混合后的绝缘强度排序为 N_2＞空气＞CO_2，且差异比较明显。对于 N_2 和空气，$C_5F_{10}O$ 气体比例为 5%～20%时，$(E/N)_{lim}$ 随比例增加呈线性增长趋势，且同比例下与 N_2 混合后的绝缘强度约为与空气混合的 1.06 倍。

从电子能量分布来看，相同场强下 N_2 中电子能量在 0～3eV 的电子密度高于空气，$C_5F_{10}O$ 具有较强的电负性，容易吸附电子，虽然空气中的 O_2 也具有一定电负性，但它比 N_2 更容易电离，因此与 N_2 混合后的绝缘强度高于与空气混合，但随着比例提高与 N_2 混合或与空气混合的混合气体间绝缘强度差异维持在 20Td 左右。虽然随着 E/N 的增大，N_2、空气中电子能量位于 0～3eV 的电子密度下降，但由于 $C_5F_{10}O$ 具有电负性，因此仍有足够多的低能量电子被 $C_5F_{10}O$ 吸附，使

$(E/N)_{lim}$ 与 $C_5F_{10}O$ 比例呈线性关系。当缓冲气体为 CO_2 时，$C_5F_{10}O$ 比例为 5%～20%时，$(E/N)_{lim}$ 与 $C_5F_{10}O$ 比例呈对数关系，这与 C_4F_7N/CO_2 混合气体的规律相同，原因在于随着 E/N 的增大，CO_2 中电子能量位于 0～3eV 的电子密度下降，导致混合气体的吸附性提高不明显，因此$(E/N)_{lim}$ 与 $C_5F_{10}O$ 比例呈对数关系。为了进一步对比 $C_5F_{10}O$ 与三种缓冲气体混合后的差异，表 2－10 列出了不同混合气体在不同比例下的协同效应系数。

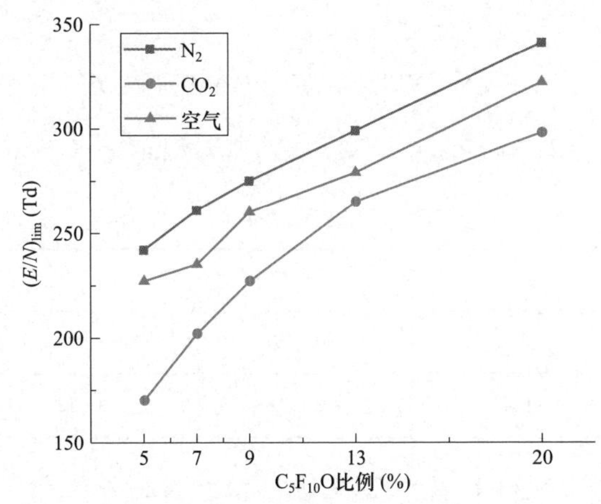

图 2－46　不同比例 $C_5F_{10}O$/空气的$(E/N)_{lim}$和 $C_5F_{10}O$ 比例关系

表 2－10　$C_5F_{10}O$ 与三种缓冲气体的协同效应系数

$C_5F_{10}O$ 比例	$C_5F_{10}O/N_2$	$C_5F_{10}O/CO_2$	$C_5F_{10}O$/空气
5%	0.50	0.38	0.49
7%	0.50	0.48	0.43
9%	0.47	0.51	0.46
13%	0.41	0.50	0.37
20%	0.33	0.33	0.30

与 C_4F_7N 气体类似，$C_5F_{10}O$ 气体与三种缓冲气体的协同效应系数都为正，表明缓冲气体中低能量电子密度也高于 $C_5F_{10}O$ 气体，在缓冲气体中加入少量 $C_5F_{10}O$ 气体后有足够多的低能量电子与之发生吸附碰撞过程，使得混合气体的绝缘强度大幅提高。与 C_4F_7N/CO_2 类似，$C_5F_{10}O/CO_2$ 的协同效应系数随 $C_5F_{10}O$ 气体比例增加先增加后减小，在比例为 9%存在最大值。在 $C_5F_{10}O$ 比例为 5%～20%时，随着 $C_5F_{10}O$ 气体比例增加，$C_5F_{10}O$ 气体与 N_2、空气的协同效应系数单调递

减，因此 $C_5F_{10}O$ 气体与 N_2、空气协同效应系数最大时对应的比例小于 5%。对于三种缓冲气体，$C_5F_{10}O$ 气体与三种缓冲气体的协同效应系数都小于 C_4F_7N 气体，说明 C_4F_7N 的电负性要强于 $C_5F_{10}O$ 气体。

根据实验结果建立 $(\alpha-\eta)/N$ 与 E/N、$C_5F_{10}O$ 比例 k 的关系，由于 $C_5F_{10}O$ 与空气、N_2 混合时约化有效电离系数与比例呈线性关系，因此采用式（2－16）进行拟合，而 $C_5F_{10}O$ 与 CO_2 用式（2－17）进行拟合，结果如表 2－11 与表 2－12 所示。即

$$(\alpha-\eta)/N = A_1\times(E/N)+B_1\times k+C_1 \qquad (2-16)$$

$$(\alpha-\eta)/N = A_2\times(E/N)+B_2\times \ln(k)+C_2 \qquad (2-17)$$

表 2－11　$C_5F_{10}O$ 与 N_2、空气混合气体的约化有效电离系数拟合结果

混合气体种类	A_1	B_1	C_1	拟合优度
$C_5F_{10}O/N_2$	0.01635	－0.1067	－3.530	0.9980
$C_5F_{10}O$/空气	0.01671	－0.1016	－3.452	0.9931

表 2－12　$C_5F_{10}O$ 与 CO_2 混合气体的约化有效电离系数拟合结果

混合气体种类	A_2	B_2	C_2	拟合优度
$C_5F_{10}O/CO_2$	0.01661	－1.358	－0.8116	0.9590

当 $(\alpha-\eta)/N=0$ 时对应的 E/N 即为 $(E/N)_{lim}$，计算采用 C_4F_7N、$C_5F_{10}O$ 与 N_2、CO_2、空气混合后作为绝缘气体时，不同比例下 C_4F_7N、$C_5F_{10}O$ 与三种缓冲气体混合的 $(E/N)_{lim}$，如表 2－13 所示。

表 2－13　C_4F_7N 与 $C_5F_{10}O$ 的 $(E/N)_{lim}$

混合比例（%）	C_4F_7N/N_2（Td）	C_4F_7N/CO_2（Td）	C_4F_7N/空气（Td）	$C_5F_{10}O/N_2$（Td）	$C_5F_{10}O/CO_2$（Td）	$C_5F_{10}O$/空气（Td）
5	277	227	275	242	170	227
7	306	255	310	261	202	235
9	336	294	340	275	227	260
13	369	328	360	299	265	279
20	427	395	408	341	298	322

由表 2－13 可知，C_4F_7N 与三种缓冲气体混合后的绝缘强度为同比例下

$C_5F_{10}O$ 混合气体的 1.1～1.3 倍，纯 SF_6 的$(E/N)_{lim}$ 约为 360Td。计算 C_4F_7N 与 N_2、CO_2、空气混合后临界约化场强为 360Td 时 C_4F_7N 比例分别为 11.3%、16.3%和 12.9%，$C_5F_{10}O$ 比例低于 20%时，与三种缓冲气体混合均达不到 SF_6 的绝缘强度，而且 $C_5F_{10}O$ 的液化温度较高，在混合气体中比例不能太高，因此 $C_5F_{10}O$ 混合气体适合用于中低压绝缘设备中。当 $C_5F_{10}O$ 比例较低时，以 CO_2 作为缓冲气体其绝缘强度较低，以 N_2 和空气作为缓冲气体绝缘强度接近，综合考虑气体成本，在 $C_5F_{10}O$ 中推荐以空气作为缓冲气体。

稳态汤逊试验是测量绝缘气体电离和吸附系数的有效方式，采用 SST 试验平台测量了 C_4F_7N、$C_5F_{10}O$ 气体及其不同类型混合气体的电离和吸附系数，获得了其临界约化电场，在此基础上评估了混合气体的协同效应。结果表明，对于电负性较强的气体，应采用提出的改进公式来求得约化有效电离系数；C_4F_7N 气体与 N_2、CO_2、空气混合后，相同比例下与 N_2 混合后的绝缘强度高于空气与 CO_2。C_4F_7N 气体与三种缓冲气体均存在协同效应，且协同效应强度随着比例升高先升高后下降，协同效应强度最大时的比例约为 9%，C_4F_7N 气体与 CO_2 气体的协同效应强于另两种缓冲气体。

$C_5F_{10}O$ 气体与 N_2、CO_2、空气混合后绝缘强度存在差异，相同比例下与 N_2 混合后的绝缘强度高于空气与 CO_2 气体。对于 N_2 和空气，$C_5F_{10}O$ 气体比例在 5%～20%时随着比例的提高，混合气体绝缘强度呈线性增长趋势，而对于 CO_2 呈饱和趋势。$C_5F_{10}O$ 气体与三种缓冲气体均存在协同效应，对于 N_2 和空气，协同效应随着比例而下降；对于 CO_2，协同效应随着比例升高先升高后下降，协同效应最大时对应的比例约为 9%，$C_5F_{10}O$ 气体与三种缓冲气体间协同效应差异较小。

C_4F_7N 气体与三种缓冲气体混合后的绝缘强度高于 $C_5F_{10}O$ 气体，达到 SF_6 气体绝缘强度时 C_4F_7N 气体与 N_2、CO_2、空气的混合比例分别为 11.3%，16.3%和 12.9%，而 $C_5F_{10}O$ 气体与 N_2、CO_2、空气混合时，$C_5F_{10}O$ 气体比例在 20%时仍无法达到 SF_6 气体的绝缘强度。

3　C_4F_7N 及其混合气体的工频放电特性

C_4F_7N 气体的工频绝缘强度高，但由于其液化温度也高，必须将 C_4F_7N 气体与某种缓冲气体混合，以降低液化温度，达到设备使用的允许温度。目前常用的手段是与液化温度较低的 CO_2、N_2、空气等缓冲气体混合来解决上述问题。C_4F_7N 气体加入缓冲气体后，其工频绝缘特性需要通过试验得出，并提出合适的缓冲气体种类和比例参数，使得 C_4F_7N 混合气体的工频绝缘强度接近或达到 SF_6 气体。

3.1　工频放电试验方法

采用工频电压发生器输出试验所需电压，利用自主设计的不同容量、能满足各种试验和测试要求的高气压试验罐，以及试验相关附件，组成混合气体工频放电试验装置。

放电试验回路的设计可参考 GB/T 16927.1—2011《高电压试验技术　第 1 部分：一般定义及试验要求》，对于高电压输出部分，目前已有相当成熟的产品供科研人员采购和搭建。因此，混合气体的工频放电试验平台的难点在于试验腔体及其配气回路的设计和制造。本节分别从试验装置、气路系统、试验腔体、电极结构和试验预处理方法 5 个方面介绍整套混合气体的工频放电试验平台的技术难点和解决方案。

3.1.1　工频放电试验装置与气路系统

环保绝缘气体的工频放电试验回路的原理如图 3－1 所示，图中主要包括工频试验变压器、电压测量回路以及试验腔体，试验腔体外部连接气路系统。

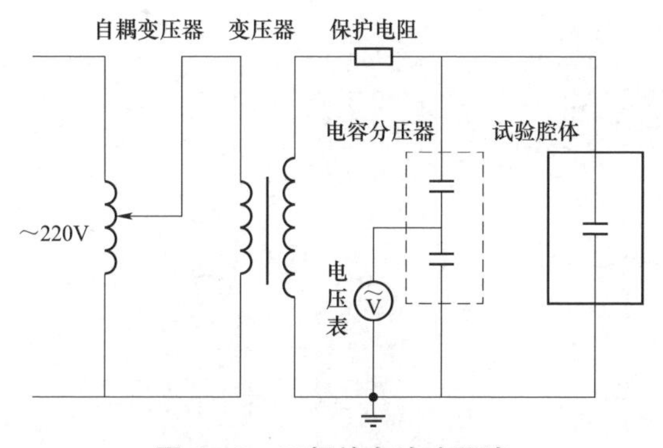

图 3－1　工频放电试验回路

为满足放电试验要求，工频试验变压器额定电压分别为 50、100、250kV。图 3－2（a）所示为 50kV 试验平台，图中包括工频试验变压器、宝塔形试验腔体和平板布置的气路系统；图 3－2（b）所示为 250kV 试验平台，包括 250kV 工频试验变压器、管道形试验腔体以及内部带试验腔体的高低温试验箱。这个高低温试验箱的温度调节范围－50～100℃，内部试验腔体所需的工频电压通过高低温试验箱上部的高电压套管输入。

(a) 50kV 试验平台

(b) 250kV 试验平台

图 3－2　工频试验平台

试验腔体的气路系统中，相关各设备连接关系如图 3－3（a）所示，气路系统各实物图如图 3－3（b）和图 3－3（c）所示。

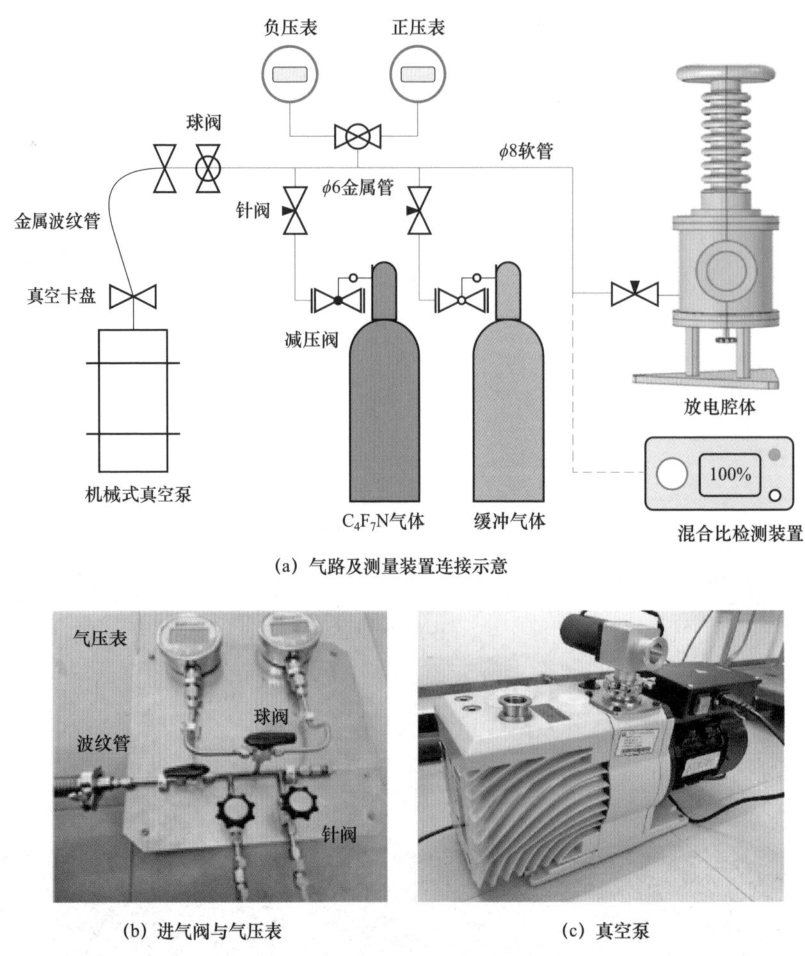

(a) 气路及测量装置连接示意

(b) 进气阀与气压表

(c) 真空泵

图 3-3 工频试验平台的气路系统

其中机械式真空泵型号为 TRP-24，额定转速 1450r/min，抽气速率为 6L/s，极限真空度为 4×10^{-2}Pa。负压表量程为 -0.1～0MPa，正压表量程为 0～1MPa，两个气压表精度均为 0.05 级。充气完成后，采用环保绝缘气体混合比检测装置对 C_4F_7N 混合气体中的混合比例进行检测，并对充气方法进行验证。该装置经中国计量院校准，校准结果显示其响应时间为 60s，混合比例（C_4F_7N 气体占比）检测误差小于 1.2%。

3.1.2 放电试验腔体与电极结构

由于试验腔体在充气后及试验过程中，都要承受高气压，腔体的气密性和多次拆装后的可靠性是腔体设计的两个重要因素。如图 3-4 所示为满足不同试验条件而设计的不同尺寸的试验腔体。

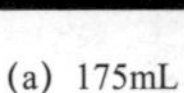
(a) 175mL

(b) 10L

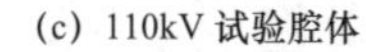
(c) 110kV 试验腔体

(d) 温控箱试验腔体

图 3-4　各种不同尺寸和结构的试验腔体

图 3-4（a）所示为宝塔型小尺寸试验腔体，容积参数为 175mL，专门用于不同气体的甄选。最高允许工作电压 100kV，采用尼龙套管绝缘。放电间隙可调范围 1～10mm，电极最大直径 20mm，可使用平板、半圆球和针电极。放电部分的密封罩采用圆筒形紫外光玻璃，厚度 5mm，最大可承载 0.6MPa 高气压。底座金属罩有试验腔体的支撑作用，内部设置了放电间隙的调整机构以及充放气的气路，该气路经底座下部的连接气管与外部的气路系统相连，实现充放气工作。

图 3-4（b）所示为全绝缘材料构建的直筒型腔体，该腔体中部采用壁厚 10mm 的环氧树脂筒，上下为环氧树脂圆盘密封。为确保腔体能承受高气压，采用直径 20mm 的实心环氧树脂棒用螺纹连接上下两圆盘。由于整个腔体均采用绝缘材料制作，故腔体不再设置高压套管，整个腔体的最高允许工作电压 150kV，最高允许充气压 0.6MPa。电极调整和充放气方式与宝塔型小尺寸试验腔体基本一致。

图 3-4（c）所示是按照 110kV GIL 全尺寸设计的试验腔体，最高允许工作电压 200kV。与实际 GIL 不同的是，为了观测腔体内的放电现象，在管壁一侧加装了有紫外玻璃的观测窗，通过该窗口可以观测放电间隙中的放电全过程。管壁的另一侧加装了两路气体接口，供充放气使用。

图 3-4（d）所示是带高低温可调试验箱的试验腔体，该腔体为 110kV GIL

尺寸的一段。试验箱通过制冷和加热装置工作，温度可以在－50～100℃范围内调节。温度可控试验腔体的允许最高试验电压为250kV，最高允许充气压为0.7MPa。

为了满足多样性试验，新设计的多功能试验腔体外部结构及剖面如图 3－5 所示。

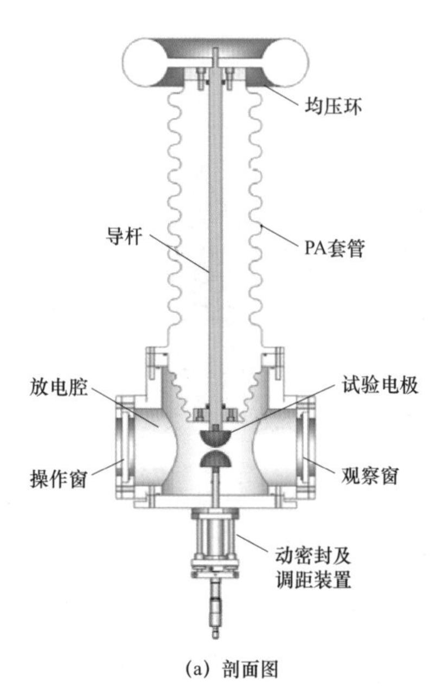

(a) 剖面图

(b) 试验腔体外形

图 3－5　多功能试验腔体

多功能试验腔体套管内采用充 SF_6 气体结构，充气压力 0.4MPa，顶部为金属高压端，底部为金属法兰盘，套管采用尼龙材料车削而成，三者形成全密封结构，最大允许承受气压 0.6MPa，套管顶部留有充放气的接口。下部的试验腔体保留有观测窗和操作窗以及气路系统。由于试验腔体的尺寸较大，内部可安放最大为 80mm 直径的电极供试验用。该试验腔体参数如表 3－1 所示。

表 3－1　试验腔体参数

指标类型	参数
腔体尺寸	内径 170mm，高 200mm，容积约 4.6L
腔体材质	304 不锈钢，壁厚 20mm
套管尺寸	总高 550mm，外径 150mm
套管材质	聚酰胺 PA
电极调节距离	0～40mm，精度 0.01mm，带气压调距
电压等级	最高允许工作电压（有效值）200kV

续表

指标类型	参数
腔体充气压力	－0.1～0.7MPa
漏气率	＜50Pa/ 24h
观察窗/操作窗	内径 90mm，石英玻璃（观测窗）、有机玻璃（操作窗）
电极安装方式	可拆卸式
局部放电量	＜5pC

多功能试验腔体内的电极采用螺旋测微仪调节间距，调距精度可达 0.01mm。试验所用电极类型为板－板、球－球、球－板、尖－板，分别模拟均匀、稍不均匀、极不均匀电场。图 3－6（a）所示为半球形电极实物图，球直径 50mm。图 3－6（b）所示是球电极尺寸参数。当间距为 2.5mm 时，电场不均匀度 f= 1.21，图 3－6（c）所示为电场仿真结果，可以看出间隙中的电场分布基本均匀。为减小多次放电后电极表面因烧蚀产生缺陷，电极材料选用钨铜合金，在流注放电条件下，电极材料不会造成球表面烧蚀而影响放电电压。

(a) 球–球电极实物图

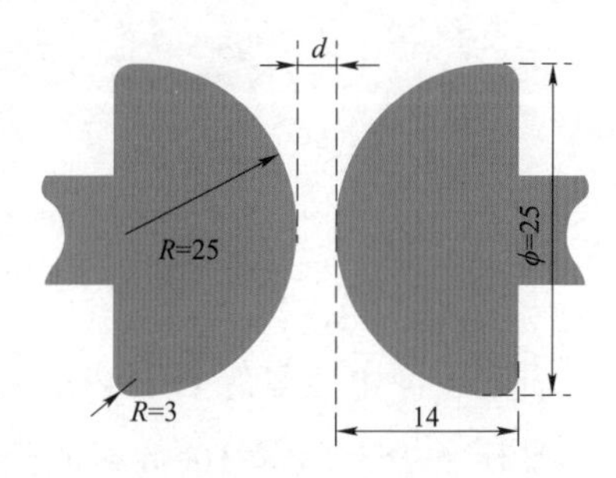

(b) 球–球电极尺寸

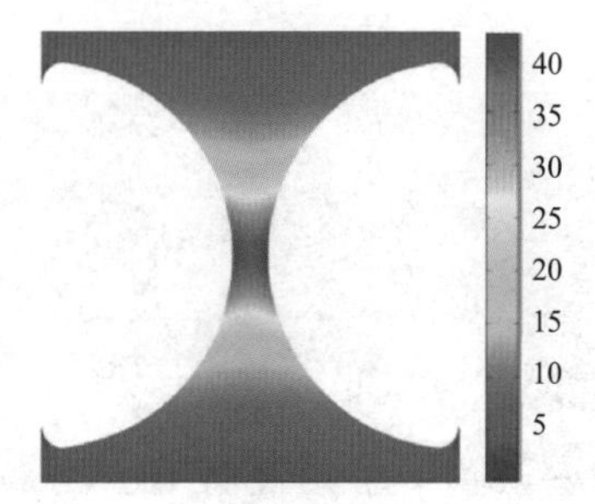

(c) 电场仿真结果

图 3－6　试验电极参数与仿真结果

其他电极尺寸如图 3－7 所示。板电极直径为 50mm，厚度 10mm，球电极直径为 3mm，尖电极头部半径 0.4mm。板－板、球－板间距为 2.5mm，尖－板电极间距在 1～10mm 之间可调。为减少板电极边角效应，其四角都做了倒角处理。

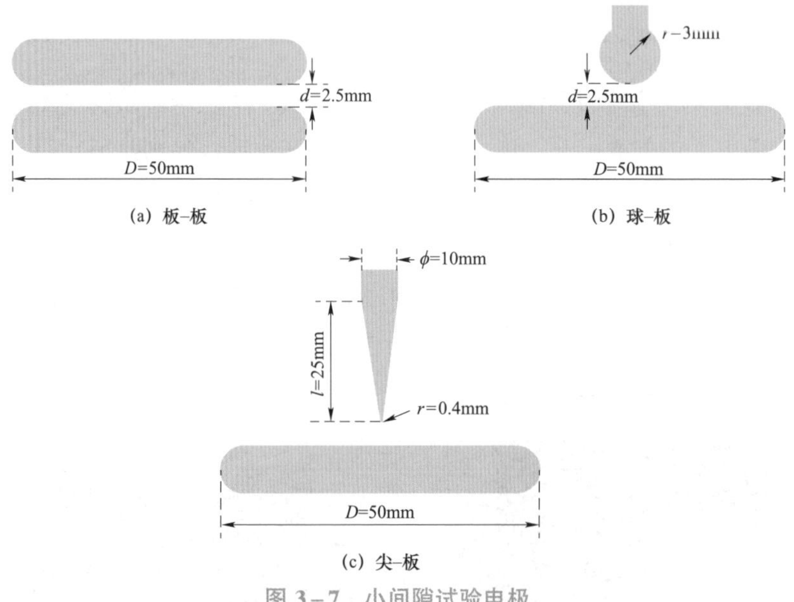

(a) 板–板　(b) 球–板　(c) 尖–板

图 3－7　小间隙试验电极

为了研究不同电压等级 GIL 内的工频放电特性，可采用同轴电极进行测试。本书作者设计了 1cm 级和 10cm 级间隙的同轴试验电极，以满足不同电压等级和缩比尺寸的需求，如图 3－8 所示。

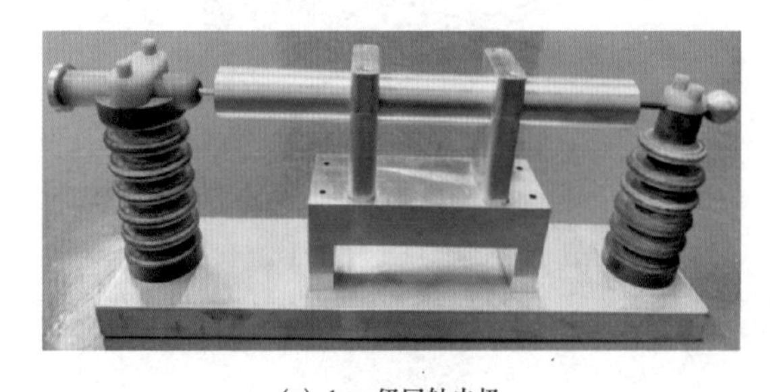

(a) 1cm 级同轴电极

图 3－8　同轴试验电极（一）

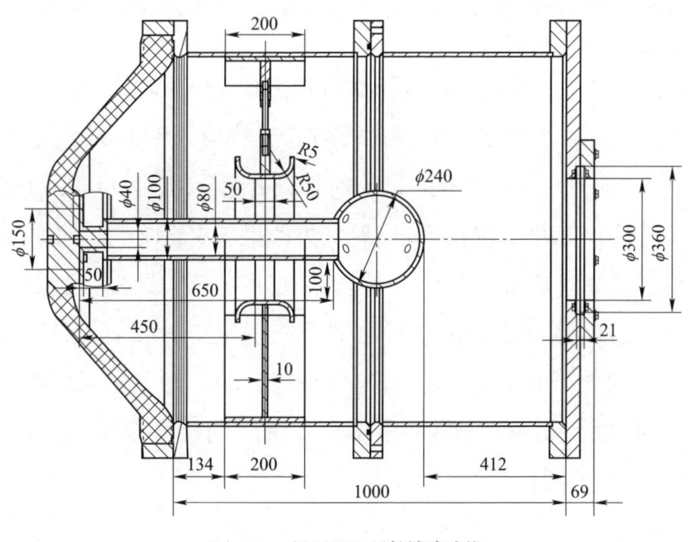

(b) 10cm 级 220kV 同轴试验腔体

图 3－8　同轴试验电极（二）

3.1.3　试验前的预处理

放电试验前的准备工作：

（1）对试验腔体内部和试验电极进行预处理。首先对通过高目数（5000 目及以上）研磨剂对放电电极进行打磨，以保证电极表面的平整度。打磨后用无水酒精擦拭电极及试验腔体内壁，确保试验环境的洁净干燥。擦拭和安装电极时，尽量避免对电极的二次污染。

（2）检查试验腔体的正压、负压气密性。使用真空泵对试验腔体抽真空，当达到真空极限后，继续抽真空 30min，排除空气、水分等对试验结果的影响。之后，保持腔体密闭并检测气压变化，记录气压变化速率。根据试验时长和充气压力判断其对充气及试验的影响。之后，向试验腔体中充入试验用缓冲气体，并检查其高气压下的密封性。过程与负压气密性检测相同。气密性检测通过后，继续对腔体抽真空和充缓冲气体，重复上述过程 3 次以上，已达到清洗腔体、排除试验腔体中残留的水分及其他气体杂质的目的。

（3）充气。根据道尔顿分压定律（Dalton’s law of partial pressures），向试验腔体中充入混合气体。先充入质量大且含量少的 C_4F_7N 气体至计算分压值，再充入质量较小的缓冲气体至目标气压值。静置混合气体 2h 及以上后再开展工频放电试验，以保证气体混合均匀。

（4）工频放电试验。采用快速升压法进行工频放电试验，首先进行一次放电试验得到放电电压值 U_{b0}，后续试验以 U_{b0} 为基准，先快速升压至 $0.75U_{b0}$，然后以 2%～3% U_{b0}/s 的速率升压直至间隙放电，记录此时放电电压值，并取 10 组有效数据计算平均值。考虑到混合气体的绝缘恢复需要，每两组放电试验的时间间隔为 1min。

（5）工频放电试验造成的气体分解量不大，为节约成本，可采用由高气压逐次放气至低气压的试验方法，例如起始试验气压为 0.7MPa，可逐次降低气压至 0.1MPa；完成一次循环试验后，取出电极进行打磨，为下一组放电试验做准备。开启上述电击穿试验前，确认测量系统在有资质的校准单位给出的校准有效期内，采用校准后的分压比计算击穿电压。

根据道尔顿分压定律配置气体是目前混合气体放电试验研究中最常用的配气方法。道尔顿分压定律认为理想气体混合物的压强等于各组分的分压之总和。对于二元混合气体，有

$$p_{\text{total}} = p_1 + p_2 \tag{3-1}$$

在温度 T 和试验腔体容积 V 一定的情况下，根据理想气体状态方程可知

$$p_{\text{M}} = n_{\text{M}} RT / V \tag{3-2}$$

$$p_{\text{m}} = n_{\text{m}} RT / V \tag{3-3}$$

式中：p_{M} 和 n_{M} 分别代表混合气体中起主要绝缘作用的 C_4F_7N 的分压力和物质的量；p_{m} 和 n_{m} 分别为二元混合气体的压力和物质的量，则有

$$\frac{p_{\text{M}}}{p_{\text{m}}} = \frac{n_{\text{M}}}{n_{\text{m}}} = k \tag{3-4}$$

式中：k 为 C_4F_7N 气体在混合气体中的摩尔分数、体积分数或分压比。

根据道尔顿分压定律，如需配置 0.2MPa，20%C_4F_7N/CO_2 混合气体，充配气过程为：对气密性合格的放电腔体进行抽真空，负压表示数降为 −0.1MPa 后，继续抽气约 5min，然后用 CO_2 进行 3 次洗气，消除腔体内残留的其他气体的杂质或水分的影响。洗气操作完成后，对腔体再次抽真空并保持 30min，接着充入质量较大，占比较小的 C_4F_7N 气体至表压为 −0.06MPa。静置 3min，待示数稳定，关闭连接腔体的阀门，并将管道抽真空。完成该操作后，向腔体中充入 CO_2 至气压表示数为 0.1MPa，静置 3min，待示数稳定。

为检验分压法配置 C_4F_7N 混合气体比例的准确性以及确定混合气体混合均

匀所需时间，将配置好的 C_4F_7N/CO_2 混合气体用环保绝缘气体混合比检测装置进行检测。检测结果表明，采用分压法配气时与检测装置的测量结果有一定差异，但变化范围在 0.5%以内，说明分压法用于混合气体配置合适。图 3－9 所示为采用分压法配置 0.7MPa 9%C_4F_7N/CO_2 混合气体时，混合比例随时间的变化规律。

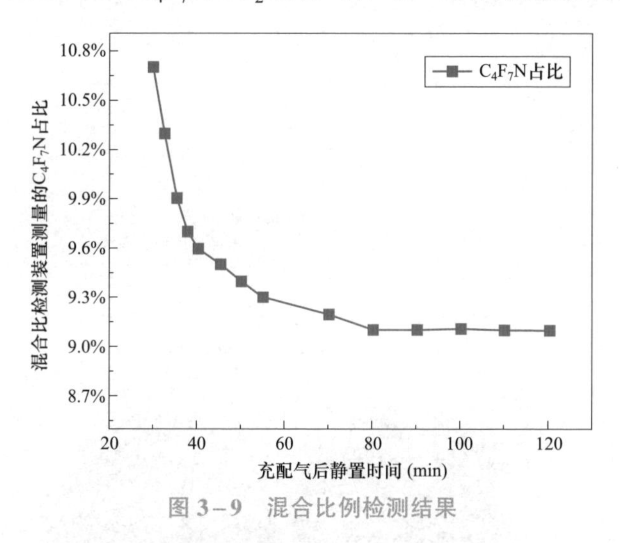

图 3－9　混合比例检测结果

混合气体静置 30min 后开始连续检测，流量为 300mL/min。前 30min 测的混合比例较高，且时间增长后混合比例呈极速下降的趋势。因流量较小，40min 时的混合比例降为 9.6%，80min 之后，混合比例基本稳定在 9.1%，此后再测定混合比例均保持不变。测试结果表明，C_4F_7N 混合气体约静置 80min 后混合均匀。为确保任一比例下的混合气体都均匀混合，实际充配气完成后的静置时间不小于 2h。

由于 C_4F_7N 气体的含碳量较高，缓冲气体中除了 CO_2 气体外，均没有抑制碳单质生成的氧元素，因此对纯 C_4F_7N 气体在 0.2MPa 下开展了多次放电试验，以求得气体放电次数与放电电压稳定度的关系。试验前气体静置时间为 2h，设定每两次放电时间间隔为 5min，试验结果如图 3－10（a）所示。

放电 x 次后的纯 C_4F_7N 气体的工频放电电压有下降趋势，拟合曲线为

$$U_b = -0.104x + 78.84 \qquad (3-5)$$

若将放电电压分散性控制在 3%以内，则由拟合曲线分析纯气的试验次数在 35 次以内可满足要求。但从图 3－10（a）所示的试验结果可知，前 20 次分散性较大，放电分散性为 3.9%，不满足要求。考虑电极表面可能的毛刺影响，多次放电后该影响被消除，电压才趋于稳定，但随着放电次数增加，放电后的碳析出

增多，如图 3－10（b）所示，这种现象又会造成放电电压的下降。

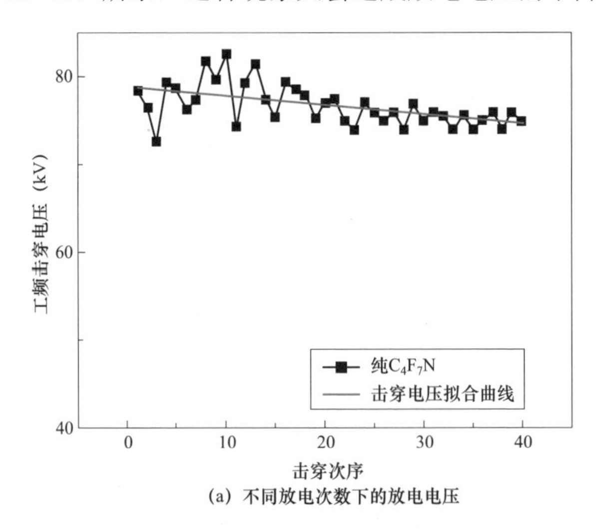

(a) 不同放电次数下的放电电压

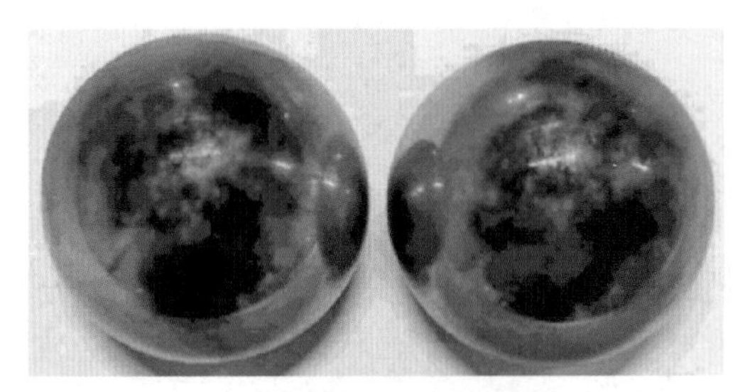

(b) 试验后电极表面吸附碳

图 3－10　C_4F_7N 多次放电后的结果

电极老炼可以消除放电电压分散性的影响，为消除电极上肉眼不可见的细小微粒、毛刺或附着的尘埃等，应在正式试验前对电极进行老炼处理。由于试验所用为球－球电极，须采用直接放电击穿的方式对试验电极进行老炼。SF_6 气体对电场不均匀度敏感性较高，利用这一特性且在多次放电后不会产生明显固体附着物的特性，对电极进行老炼。老炼完成的判断标准为至少连续 5 组放电试验数据的分散性小于 3%。图 3－11 所示是使用 SF_6 气体进行老炼处理后，C_4F_7N 气体工频放电试验结果。与电极未老炼的试验结果进行对比，电极老炼后的前 10～20 次放电电压分散性降低，且平均放电电压有所提升，分散性小于 3%的放电次数提升为 50 次。击穿电压 U_b 与放电次数 x 的拟合曲线为式（3－6），即

$$U_b = -0.0045x + 75.6 \tag{3-6}$$

因此，著者设计了环保绝缘气体的工频放电试验流程，如图 3－12 所示。

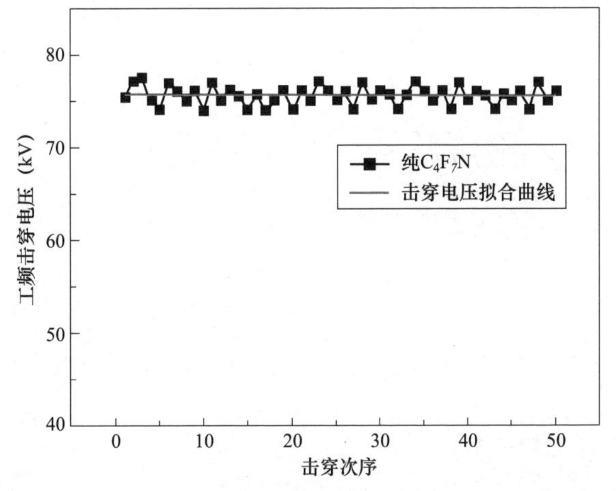

图 3-11 C_4F_7N 多次放电后的结果（电极先进行老炼处理）

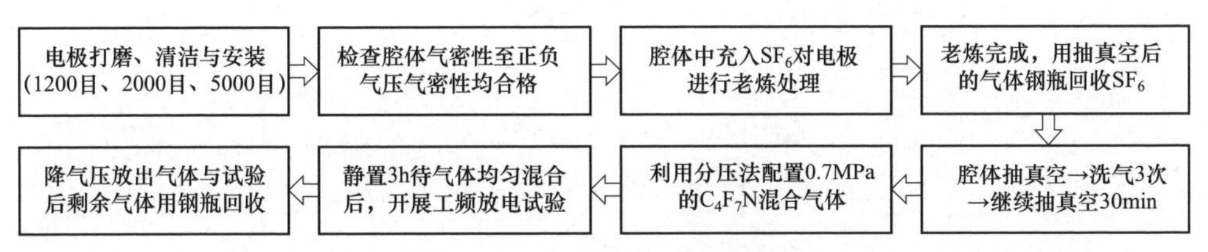

图 3-12 工频放电试验流程图

由于 C_4F_7N 气体在标准工况下的饱和蒸气压为 252kPa，试验时为避免 C_4F_7N 气体液化，以及需要研究 0～100%比例范围内 C_4F_7N 混合气体的工频放电规律，设定 C_4F_7N 纯气及其混合气体的最高试验气压为 0.7MPa。气体间隙的工频放电试验遵循 IEC 60243－1:2003 *Electric strength of insulating materials-Test methods—Part 1: Tests at power frequencies* 及 GB/T 16927.1—2011《高电压试验技术 第 1 部分：一般定义及试验要求》附录 A.1.3 规定的方法开展。具体流程为：

（1）预估放电电压 U_{b0}，在（0～75%）U_{b0} 区间内以 5% U_{b0}/s 的速率缓慢连续升压，然后以（2%～3%）U_{b0}/s 速率升压直至间隙放电，记录放电电压值 U_{b1}，并取 10 次有效数据的算术平均值作为工频放电电压 U_b；为确保气隙放电后绝缘强度得到充分恢复，两次放电时间间隔为 5min。

（2）考虑充分利用试验时间和提高试验效率，试验气压按 0.7MPa→0.6MPa…→0.1MPa 逐次放气的方式开展下一组试验。各组气压下的放电试验完成后，即使是含碳量最高的 C_4F_7N 纯气的放电电压分散性也可满足要求，表明降气压试验方式可行。

（3）完成一种 C_4F_7N 混合气体试验后，需要对试验腔体和电极进行重新洗气处理，并按图 3－12 所示流程开展后续相关操作及试验。

3.1.4　不同类型纯气的工频放电试验

采用不同类型纯气在室温 20℃下开展了不同气压下的工频击穿放电试验，试验电极采用平行板－板电极，间距为 5mm，得到不同类型绝缘气体的工频击穿

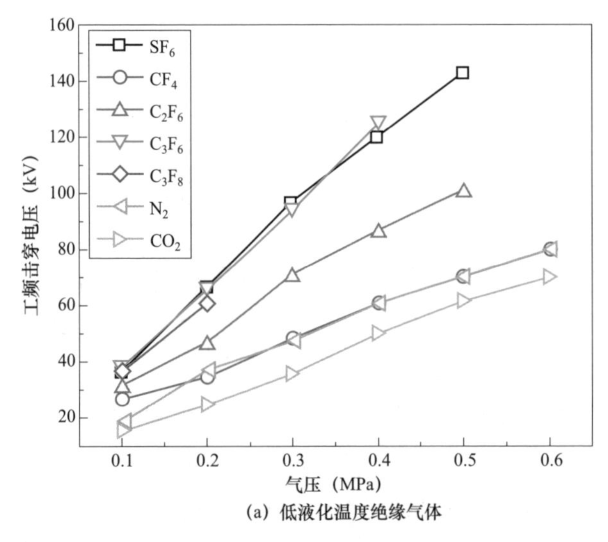

(a) 低液化温度绝缘气体

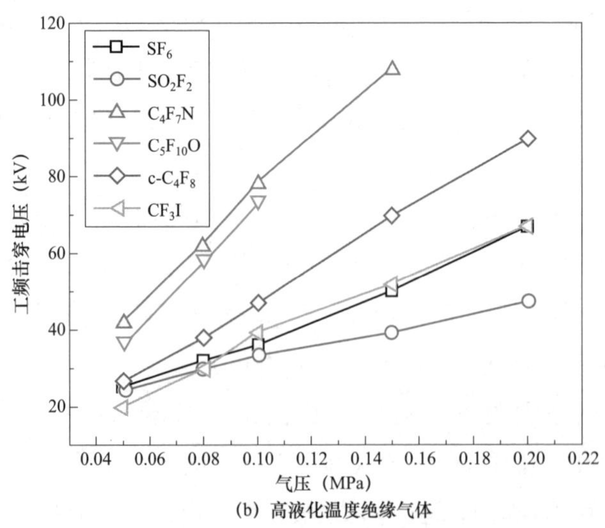

(b) 高液化温度绝缘气体

图 3－13　不同类型绝缘气体的工频击穿特性

特性如图 3－13 所示。由于不同气体的饱和蒸气压有区别，因此不同类型气体的试验气压范围有区别，对于液化温度较低的绝缘气体，如 N_2、CO_2、CF_4 等，其饱和蒸气压较高，因此可在更高气压下进行试验；而对于液化温度较高的绝缘气体，如 C_4F_7N、$C_5F_{10}O$、c-C_4F_8 等，其饱和蒸气压较低，因此只能在相对较低气压下进行试验。从图 3－13 可以看出，通常击穿电压高于 SF_6 的气体，其液化温度也较高，无法在较高气压下使用，从而限制了其绝缘强度，因此需要与液化温度较低的缓冲气体混合使用。

表 3－2 列出了气压在 0.1MPa 时不同绝缘气体的工频击穿场强，可以看出，CF_3SO_2F、C_4F_7N 和 $C_5F_{10}O$ 等气体的绝缘性能显著高于 SF_6，其与 CO_2、N_2 等气体混合将具有相对较高的绝缘性能，且液化温度可满足实际应用需要。下面将具体阐述 C_4F_7N 和 $C_5F_{10}O$ 两种气体分别与 CO_2、N_2 和干燥空气混合后的放电特性。

表 3－2　　不同类型绝缘气体在 0.1MPa 下的工频击穿场强

气体种类	击穿场强（kV/mm）	气体种类	击穿场强（kV/mm）
SF_6	7.2	C_3F_6	7.6
O_2	2.6	CF_3I	7.4
N_2	3.8	SO_2F_2	6.7
CO_2	3.0	c-C_4F_8	9.4
CF_4	5.4	CF_3SO_2F	12.5
N_2O	3.4	$C_5F_{10}O$	14.7
C_2F_6	6.0	C_4F_7N	15.5
C_3F_8	7.0		

3.2　不同混合气体的工频放电特性

C_4F_7N 气体在 0.1MPa 气压下的液化温度为－4.7℃，如作为工程应用介质是无法满足温度使用条件的。将 C_4F_7N 气体与液化温度低得多的 CO_2、N_2 或空气等混合后，混合气体的温度应用条件将得到很大的改善，其工频绝缘特性必须通过工频放电试验来确定。

3.2.1 C_4F_7N/CO_2混合气体

图3–14所示为板–板电极，极间距离2.5mm时，不同混合比例的C_4F_7N/CO_2混合气体和SF_6气体的工频放电电压随气压变化的规律。试验气压范围为0.1～0.7MPa，且每隔0.1MPa取一个试验点。

由图3–14可知：采用板–板电极时，不同混合比例的C_4F_7N/CO_2混合气体和SF_6气体的工频放电电压随气压的升高近似线性增大；相同条件下，C_4F_7N气体占比越高的C_4F_7N/CO_2混合气体，工频放电电压越高；20%C_4F_7N气体占比的绝缘性能略高于SF_6气体。如0.4MPa的SF_6气体放电电压约为58.8kV，而同气压下的20%C_4F_7N气体占比的放电电压约为60.1kV。当气压为0.5MPa时，两者分别为70.8kV和74.4kV。

实际上，SF_6气体绝缘GIL中常用的气压范围为0.4～0.5MPa。将图3–14中SF_6气体曲线去除，分别画出0.4、0.5MPa气压下SF_6气体的放电电压参考线，如图3–15中的红1虚线所示。参考线包裹C_4F_7N/CO_2混合气体放电电压的各交点说明：对于某一混合比例的C_4F_7N/CO_2混合气体在该气压下的放电电压应位于两参考线之间。

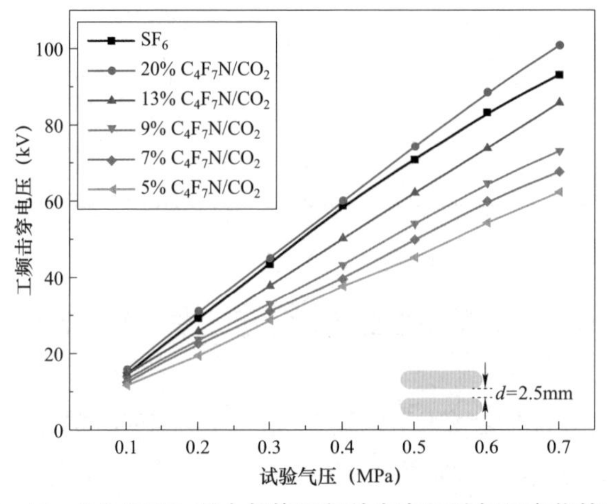

图3–14　C_4F_7N/CO_2混合气体工频放电电压随气压变化的关系

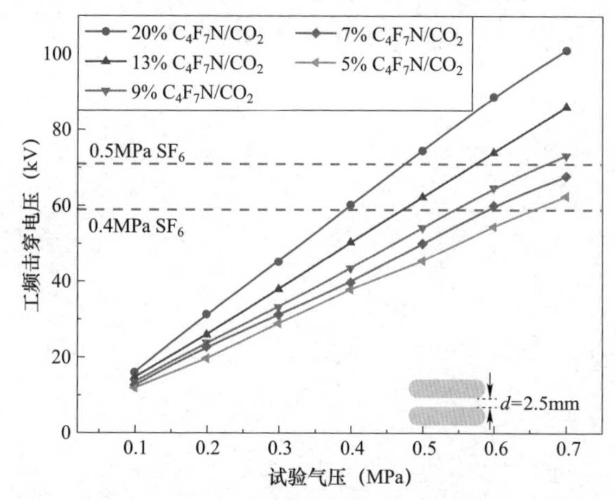

图 3－15　C_4F_7N/CO_2 混合气体工频放电电压及 SF_6 气体参考线

表 3－3 中的 p_1 和 p_2 值分别表示对应的 0.4 和 0.5MPa 气压下，C_4F_7N/CO_2 混合气体的放电电压与 SF_6 气体相等时的压力值，表中的“—”表示图 3－16 中未出现放电交点。

表 3－3　　放电电压相等时的 C_4F_7N/CO_2 混合气体气压的变化

条件	p_1（MPa）	p_2（MPa）
5%C_4F_7N/CO_2	0.66	—
7%C_4F_7N/CO_2	0.60	—
9%C_4F_7N/CO_2	0.55	0.67
13%C_4F_7N/CO_2	0.48	0.57
20%C_4F_7N/CO_2	0.40	0.47

由表 3－3 中数据可知：在相同的放电电压下，混合比例越高，C_4F_7N/CO_2 混合气体所对应的气压要求越低。如在 0.4MPa 下，5%C_4F_7N/CO_2 混合气体的放电电压要达到 SF_6 气体时，所需的压力值为 0.66MPa，而对于 20%C_4F_7N/CO_2 气体仅需 0.40MPa 即可；SF_6 气体的放电电压越高，混合气体所需气压越大。

表 3－3 的变化规律如图 3－16 所示。随着 C_4F_7N 气体的混合比例增加，曲线 p_1 的下降速率减缓，即在 C_4F_7N/CO_2 混合气体中，C_4F_7N 气体的比例增大后，在相同的放电电压下，所需的气体压力并不是线性下降，其原因主要是高气压对提高绝缘性能的作用更明显。反之当气体压力增高后，在相同的放电电压下，C_4F_7N 气体占比减少量低于线性比例。可见在该试验的气体混合比例和气体压力

范围，气压的升高是提高气体放电电压的主因。

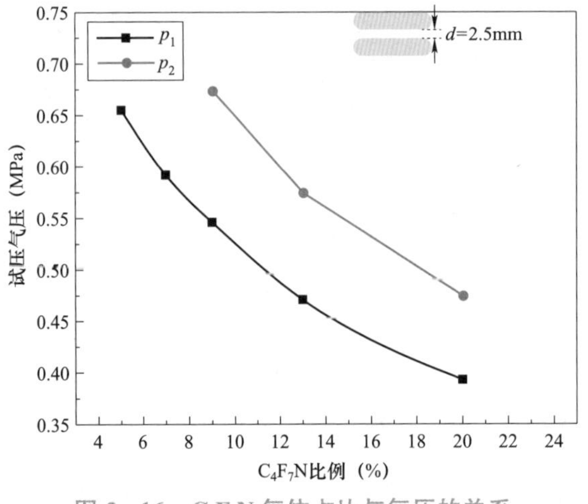

图 3-16　C_4F_7N 气体占比与气压的关系

将相同试验条件下 C_4F_7N 混合气体的放电电压与 SF_6 气体放电电压的比值称为 C_4F_7N 气体的相对绝缘强度，如图 3-17 所示为相对绝缘强度与气压的关系曲线。该曲线呈现 U 形变化规律，当气压增高后，相对绝缘强度呈现先下降后上升的趋势，但总体变化相对稳定。

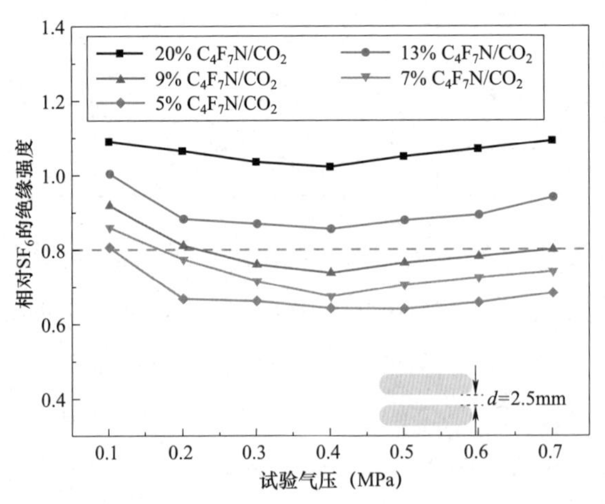

图 3-17　C_4F_7N/CO_2 混合气体比 SF_6 气体的相对绝缘强度

如 20%C_4F_7N/CO_2 混合气体相对于 SF_6 气体的绝缘强度基本维持在 1.0～1.1，这说明在相对较均匀电场中，在 0.1～0.7MPa 气压范围内，20%C_4F_7N/CO_2 混合气体的绝缘强度基本维持在相同条件下 SF_6 气体的 1.02～1.09 倍；对于 C_4F_7N 占比

为 13%、9%、7%以及 5%的 C_4F_7N/CO_2 混合气体来说，这一倍数范围分别为 0.86～1.00、0.74～0.91、0.67～0.86 以及 0.64～0.80。一般在实际应用中，混合气体的压力都高于 0.1MPa，这一气压范围内的混合气体相对绝缘强度较为稳定。

实际应用中，如果要求保持 GIL 设备内原设计 SF_6 气体的压力值，SF_6 替代气体的绝缘强度高于 SF_6 气体的 80%时，从均匀电场数据来看：在常见的 0.4、0.5MPa 气压下，对于 C_4F_7N/CO_2 混合气体来说，C_4F_7N 气体占比应当略高于 9%。在气体压力为 0.6、0.7MPa 时，9%C_4F_7N/CO_2 混合气体的放电电压也能达到相同气压下 SF_6 气体的 80%。同样，从图 3－16 也可以看出，对于不同压力下的 C_4F_7N/CO_2 混合气体来说，其相对于 SF_6 气体的绝缘强度略有差异，如要分析不同混合比例下 C_4F_7N/CO_2 混合气体的相对绝缘性能，则必须把压力考虑在内。

图 3－18 为球－板电极下，电极距离为 2.5mm 时，不同混合比例的 C_4F_7N/CO_2 混合气体和 SF_6 气体的工频放电电压随气压变化的情况，试验气压范围为 0.1～0.7MPa，每隔 0.1MPa 取一个试验点。由图 3－18 可以看出球－板电极下的工频放电电压随气压的升高而基本呈线性增大；相同条件下，C_4F_7N 气体占比越高的 C_4F_7N/CO_2 混合气体，其工频放电电压越高；20%C_4F_7N/CO_2 混合气体的绝缘性能与 SF_6 气体几乎一致。而在板－板电极下，20%C_4F_7N/CO_2 混合气体的绝缘性能略高于 SF_6 气体。这说明当电场变为稍不均匀时，C_4F_7N/CO_2 混合气体对电场不均匀度的敏感性略高于 SF_6 气体。

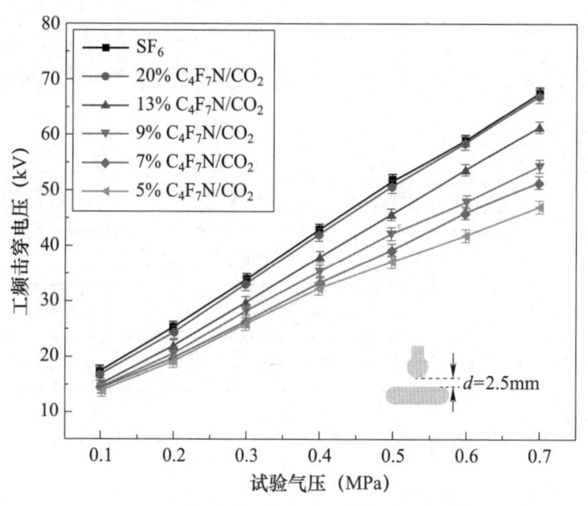

图 3－18　C_4F_7N/CO_2 混合气体工频放电电压随气压变化的关系

将图 3－18 中 SF_6 气体曲线去除，分别画出 0.4、0.5MPa 气压下 SF_6 气体的放电电压参考线，如图 3－19 所示。图中不同混合比例下的 C_4F_7N/CO_2 混合气体放电电压与 0.4MPa 气压下 SF_6 气体的放电电压参考线均有交点，与 0.5MPa 气压下 SF_6 气体的放电电压参考线有四个交点。即在气压不高于 0.7MPa 情况下，C_4F_7N 气体占比为 5%～20%的混合气体均能达到 0.4MPa 下 SF_6 气体的放电电压。考虑 0.5MPa 下 SF_6 气体的放电电压，如要求气压不高于 0.7MPa 时，则 C_4F_7N 气体占比应大于 7%。

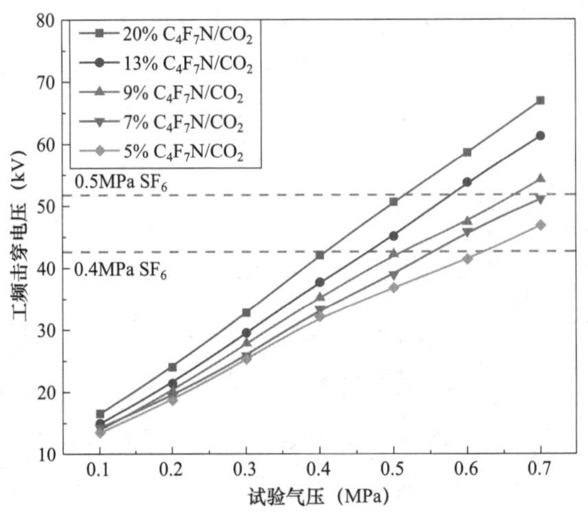

图 3－19　C_4F_7N/CO_2 混合气体工频放电电压及 SF_6 参考值

表 3－4 中列出了球－板电极下，不同混合比例的 C_4F_7N/CO_2 混合气体放电电压与 SF_6 气体放电电压相同时的混合气体压力值。其中 p_1 和 p_2 分别表示 SF_6 对应的 0.4MPa 和 0.5MPa 下的气压值，单位为 MPa；“—”表示图 3－19 中曲线与参考线未出现放电交点。

表 3－4　　放电电压相等时的 C_4F_7N/CO_2 混合气体气压值

条件	p_1（MPa）	p_2（MPa）
$5\%C_4F_7N/CO_2$	0.62	—
$7\%C_4F_7N/CO_2$	0.55	0.70
$9\%C_4F_7N/CO_2$	0.51	0.66
$13\%C_4F_7N/CO_2$	0.47	0.58
$20\%C_4F_7N/CO_2$	0.41	0.51

由表 3－4 中数据可知：稍不均匀电场下，要达到 SF_6 气体的放电电压，混合比例越高的 C_4F_7N/CO_2 混合气体所需要的气压越低。对于 5%C_4F_7N/CO_2 混合气体，要达到 SF_6 气体在 0.4MPa 下的放电电压所需的压力值为 0.62MPa。随着混合比例的升高，当 C_4F_7N 占比为 7%、9%、13%、20%时，相应压力值依次降低至 0.55、0.51、0.47、0.41MPa。对于要达到 SF_6 气体在 0.5MPa 下的放电电压，混合比例越高，所需要的气压越低；为了达到更高气压下 SF_6 气体的放电电压，所需混合气体的压力也需要增大。

图 3－20 所示为 C_4F_7N/CO_2 混合气体相对于 SF_6 气体的绝缘强度与气压的关系曲线。不同混合比例的 C_4F_7N/CO_2 混合气体相对 SF_6 气体绝缘强度随气压变化整体稳定在某一范围内。数值范围分别为 0.95～1.01、0.85～0.92、0.79～0.82、0.75～0.81 以及 0.71～0.78。图 3－20 中给出一条纵坐标为 0.8 的参考线，不同气压下要达到 SF_6 气体绝缘强度的 80%，C_4F_7N 占比约为 9%即可满足条件。与板－板电极相比，其相对绝缘强度略高。

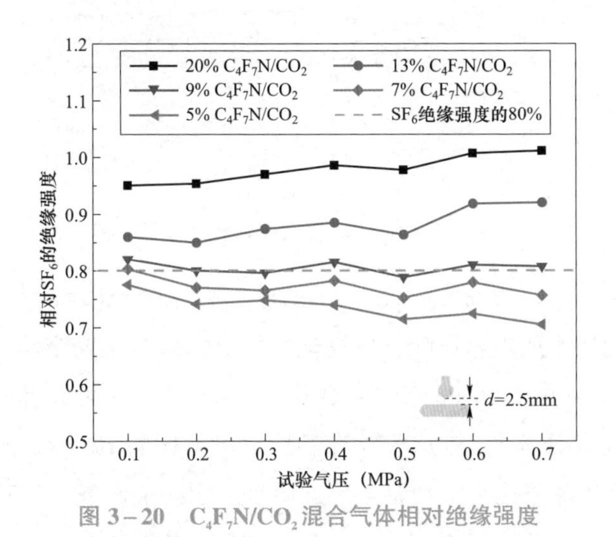

图 3－20　C_4F_7N/CO_2 混合气体相对绝缘强度

3.2.2　C_4F_7N/N_2 混合气体

将 C_4F_7N/N_2 混合气体相对于 SF_6 气体的绝缘强度与气压的关系曲线画出，如图 3－21 所示，绝缘强度比值随气压变化呈现先下降后趋于稳定的趋势。如随着气压的升高，绝缘强度比值由最初的 1.1 倍降低至 0.82 倍，并且随着气压的进一步升高，这一倍数基本稳定在 0.82 附近。对于 C_4F_7N 占比为 13%、9%、7%以及 5%的 C_4F_7N/N_2 混合气体来说，这一稳定的倍数值分别为 0.72、0.66、0.63、0.59。如果将上述倍数值与 C_4F_7N/CO_2 混合气体相比，可以发现 C_4F_7N/N_2 混合气体相对 SF_6 气体的绝缘强度明显偏低。要达到相对绝缘强度的 80%，在气压为 0.1MPa 时，7%C_4F_7N/N_2 混合气体即可满足条件，当气压升高到 0.2MPa 时，需将 C_4F_7N 占比提高到 9%，而气压继续升高到 0.3MPa 时，需将 C_4F_7N 占比提高到 13%，在气压不低于 0.4MPa 时，C_4F_7N 的占比需接近 20%。

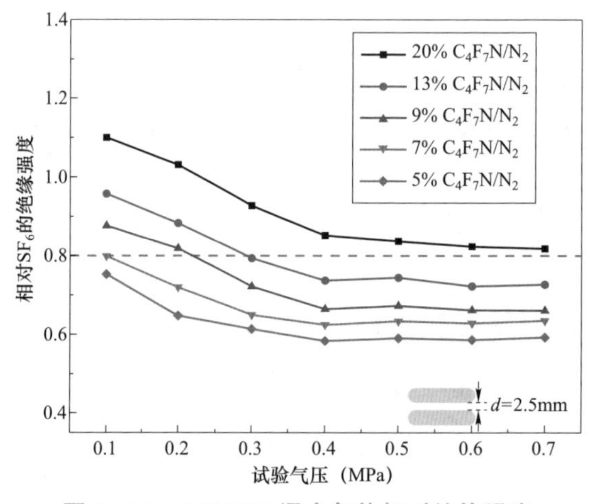

图 3－21　C_4F_7N/N_2 混合气体相对绝缘强度

在球－板电极下，极间距离为 2.5mm 时，不同混合比例的 C_4F_7N/N_2 混合气体和 SF_6 气体的工频放电电压随气压变化的情况如图 3－22 所示。试验气压范围为 0.1～0.7MPa，每隔 0.1MPa 取一个试验点。从图 3－22 可以看出，不同混合比例 C_4F_7N/N_2 混合气体和 SF_6 气体的工频放电电压随气压的升高而增大，与 C_4F_7N/CO_2 混合气体相比，饱和趋势更加明显。相同条件下，C_4F_7N 占比越高，气体放电电压越高；但 C_4F_7N 占比为 5%～20%时混合气体放电电压均明显低于纯 SF_6 气体。与板－板电极相比，C_4F_7N/N_2 混合气体放电电压降低的幅度较 SF_6 气体降低的更加明显，这可能是因为在电场开始不均匀后，C_4F_7N/N_2 混合气体对电场不均匀度的敏感性较 SF_6 气体高。且随着气压的升高，工频放电电压升高速率明显低于 SF_6 气体的工频放电电压的变化。

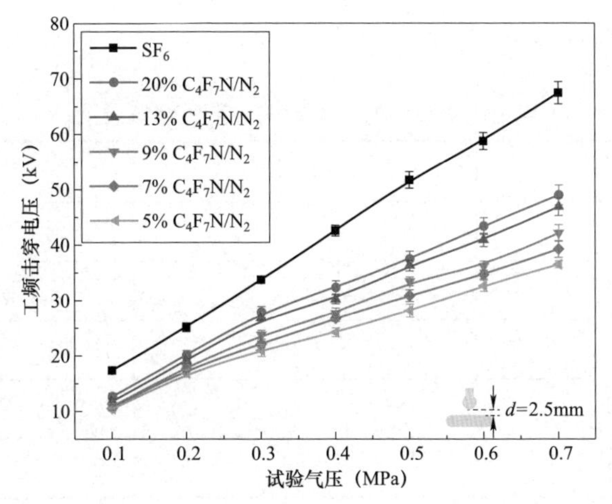

图 3-22　C_4F_7N/N_2 混合气体工频放电电压随气压变化的关系

将图 3-22 中的 SF_6 气体放电曲线去除，分别画出 0.4、0.5MPa 气压下 SF_6 气体的放电电压参考线，如图 3-23 所示。C_4F_7N/N_2 混合气体仅与 0.4MPa 气压下 SF_6 气体的放电电压参考线有交点，且对于 9%C_4F_7N/N_2 混合气体，需将气压升至 0.7MPa 才会出现交汇。

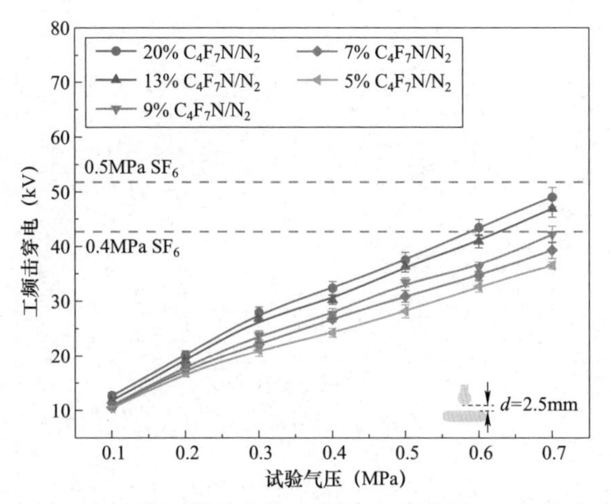

图 3-23　C_4F_7N/N_2 混合气体工频放电电压及 SF_6 气体参考值

表 3－5 中列出了不同混合比例的 C_4F_7N/N_2 混合气体放电电压分别与 0.4、0.5MPa 气压下 SF_6 气体的放电电压相同时的混合气体压力值，单位为 MPa；“—”表示图 3－23 中曲线与参考线未出现交点。

表 3－5　放电电压相等时的 C_4F_7N/N_2 混合气体气压大小

条件	p_1（MPa）	p_2（MPa）
$5\%C_4F_7N/N_2$	—	—
$7\%C_4F_7N/N_2$	—	—
$9\%C_4F_7N/N_2$	0.7	—
$13\%C_4F_7N/N_2$	0.63	—
$20\%C_4F_7N/N_2$	0.59	—

同样，要达到某一特性气压下 SF_6 气体的放电电压大小，C_4F_7N 气体的混合比例越高，所需要的气压越低。如图 3－24 所示，要达到某一气压下的 SF_6 气体放电电压，随 C_4F_7N 比例的升高，所需气压呈现非线性下降趋势，且逐渐变缓，该现象较板－板电极下更明显。

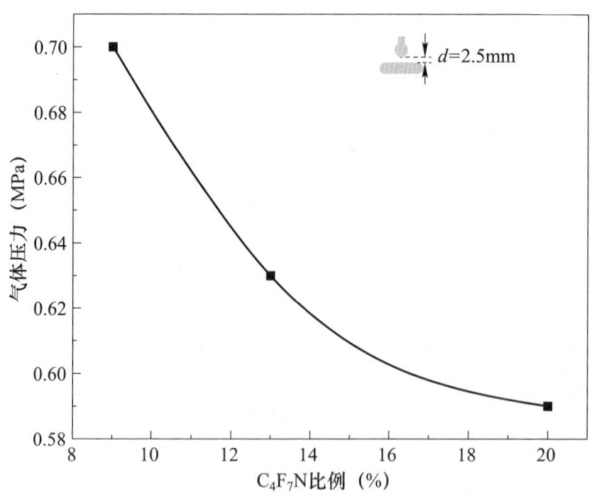

图 3－24　C_4F_7N/N_2 混合气体 p_1 与混合比例的关系

图 3－25 所示为 C_4F_7N/N_2 混合气体相对于 SF_6 气体的绝缘强度与气压的关系曲线，从图中可以看出，相对绝缘强度随气压的增加呈现先增大后减小，且最后与板－板电极下的变化趋势相同，并趋于稳定。

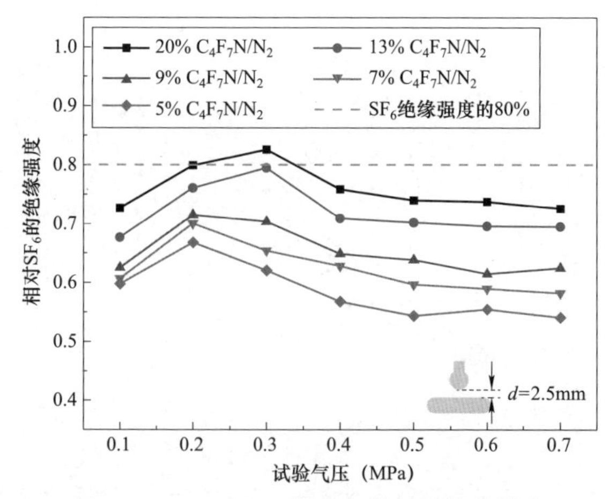

图 3-25　C_4F_7N/N_2 混合气体相对绝缘强度

如随着气压的升高，20%C_4F_7N/N_2 混合气体相对于 SF_6 气体的绝缘强度由最初的 0.73 倍升高至 0.83 倍，随气压的升高最终稳定至 0.73。对于 C_4F_7N 占比为 13%、9%、7%以及 5%的混合气体来说，这一稳定的倍数值分别为：0.69、0.62、0.58、0.54。要达到 SF_6 气体绝缘强度的 80%，仅有 0.3MPa 下的 13%C_4F_7N/N_2 混合气体和 0.2MPa 至略高于 0.3MPa 的 20%C_4F_7N/N_2 混合气体满足条件。

3.2.3　C_4F_7N/空气混合气体

图 3-26 为板-板电极，极间距离为 2.5mm 时，不同混合比例的 C_4F_7N/空气混合气体和 SF_6 气体的工频放电电压随气压的变化情况，试验气压范围为 0.1～0.7MPa，每隔 0.1MPa 取一个试验点。从图 3-26 中可以看出：C_4F_7N/空气混合气体和 SF_6 气体的工频放电电压随气压的升高近似线性增大；C_4F_7N 占比越高，其放电电压越高。当 C_4F_7N 占比为 20%时，放电电压均大于纯 SF_6 气体的放电电压。在气压较高时，甚至 13%C_4F_7N/空气混合气体的放电电压将与 SF_6 气体的相当。如 0.4MPa 下，13%C_4F_7N/空气混合气体与 SF_6 气体的工频放电电压分别为 53.6kV 和 58.8kV，前者为后者的 0.91 倍；当气压升高到 0.7MPa 时，两者的工频放电电压分别为 90.7kV 和 93.1kV，前者为后者的 0.97 倍，即气压升高后两者的工频放电电压更加接近。

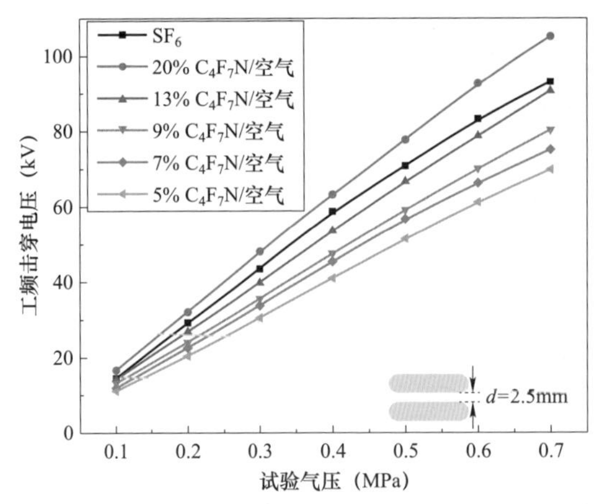

图 3-26　C_4F_7N/空气混合气体工频放电电压与气压的关系

如图3-27所示为C_4F_7N/空气混合气体与SF_6气体的相对绝缘强度随气压的变化关系曲线。其相对绝缘强度随气压变化总体呈现先下降后略微回升的趋势，但整体稳定在某一范围内，变化趋势与C_4F_7N/CO_2相似。对于C_4F_7N占比为20%、13%、9%、7%以及5%的C_4F_7N/空气混合气体来说，这一稳定的数值范围分别为1.08～1.15、0.91～0.99、0.81～0.91、0.77～0.82、0.70～0.76。要达到SF_6气体绝缘强度的80%，C_4F_7N占比高于9%即可满足条件。即使在气压不低于0.5MPa时，7%C_4F_7N/空气混合气体的绝缘强度也可达到纯SF_6气体的80%绝缘强度。

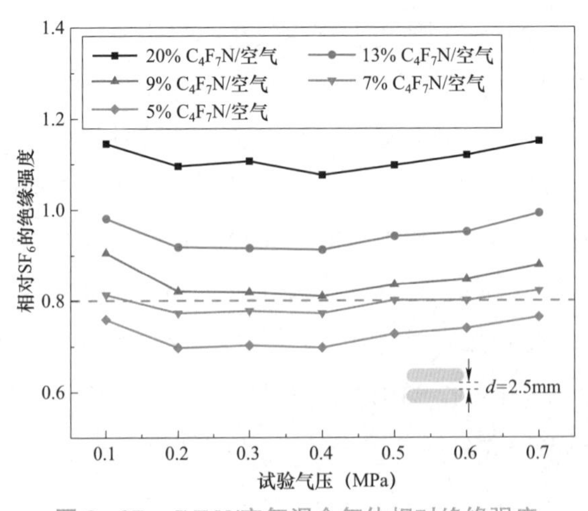

图 3-27　C_4F_7N/空气混合气体相对绝缘强度

如图 3－28 所示为 C_4F_7N/空气混合气体相当于 SF_6 气体的绝缘强度随气压的关系曲线。不同混合比例的 C_4F_7N/空气混合气体相对于 SF_6 气体绝缘强度随气压变化总体呈现上升趋势，气压升高达 0.6MPa 后基本趋于稳定。对于 C_4F_7N 占比为 20%、13%、9%、7%、5%的 C_4F_7N/空气混合气体来说，变化区间分别为 0.86～1.09、0.80～0.97、0.79～0.88、0.69～0.82、0.67～0.77。气压高于 0.6MPa 后，其相对绝缘强度基本维持在上述区间的上限值。可以看出，球－板电极下，C_4F_7N/空气混合气体相对于 SF_6 气体的绝缘强度略有降低。

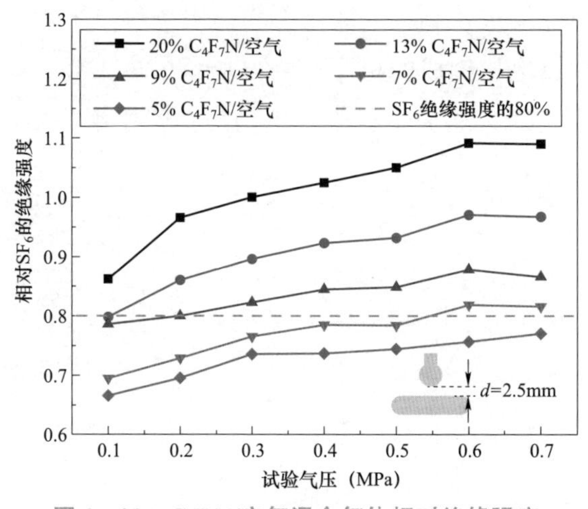

图 3－28　C_4F_7N/空气混合气体相对绝缘强度

此外，C_4F_7N/空气混合气体要达到 SF_6 绝缘强度的 80%，C_4F_7N 占比高于 9%即可满足条件。而且，在气压不低于 0.55MPa 左右时，7%C_4F_7N/空气混合气体的绝缘强度也可达到 SF_6 气体的 80%绝缘强度，这与板－板电极下的结论类似。

3.3　工频放电特性的影响因素

C_4F_7N 气体与不同的缓冲气体混合后，其绝缘特性差异很大，而造成这种差异的影响因素也是多方面的。主要影响因数包括电场的不均匀度、C_4F_7N 气体与缓冲气体的混合比例、工作气压、温度以及缓冲气体种类等。

3.3.1 电场不均匀度的影响

图 3-29 所示为间隙距离 2.5mm，压力 0.2～0.7MPa 下，9%C_4F_7N/CO_2 混合气体工频放电电压随电场不均匀系数的变化曲线。不同气压下混合气体的工频放电电压随电场不均匀系数的增大而减小。电场越不均匀，相同电压下高压电极表面场强越大，所需放电电压减小。

图 3-30 所示为板-板、球-板、尖-板间距下，即不均匀系数为 1.07～15.18，9%C_4F_7N/CO_2 混合气体的平均工频放电场强与不均匀度的关系。在 0.1～0.3MPa 时，由板-板均匀电场过渡到尖-板极不均匀电场时，平均放电场强降低的速度较快，但在尖-板电极构成的极不均匀电场范围内，当间距（不均匀度）增大时，由于空间电荷对高压尖电极附近电场的畸变作用，平均放电场强下降趋势变缓。

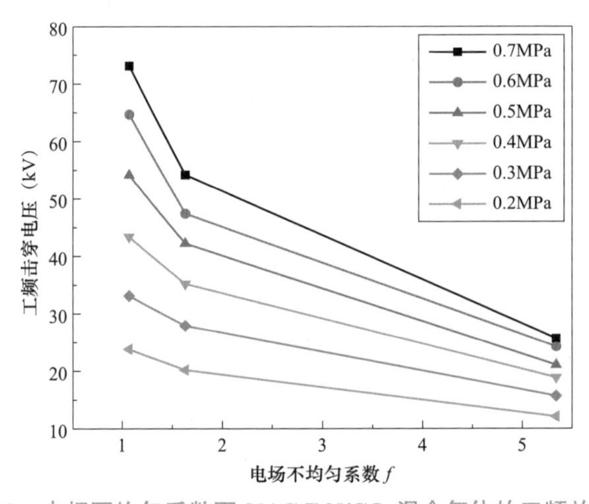

图 3-29　电场不均匀系数下 9%C_4F_7N/CO_2 混合气体的工频放电电压

对比美国明尼苏达矿业及机器制造公司（简称美国 3M 公司）和黎明化工研究设计院有限责任公司（简称黎明化工）及北京宇极科技有限公司制备出的 C_4F_7N 与 CO_2 混合后 9% C_4F_7N/CO_2 混合气体的绝缘性能，由试验结果可知，三种不同来源的 C_4F_7N 混合气体的绝缘性能大致相等。0.1～0.7MPa 时，C_4F_7N/CO_2 和 C_4F_7N/空气混合气体在 5%～20%混合比例下的工频放电电压随气压升高呈线性增长，而 C_4F_7N/N_2 混合气体工频放电电压在 0.1～0.3MPa 时呈线性增长，但随气压升高后饱和趋势增强。

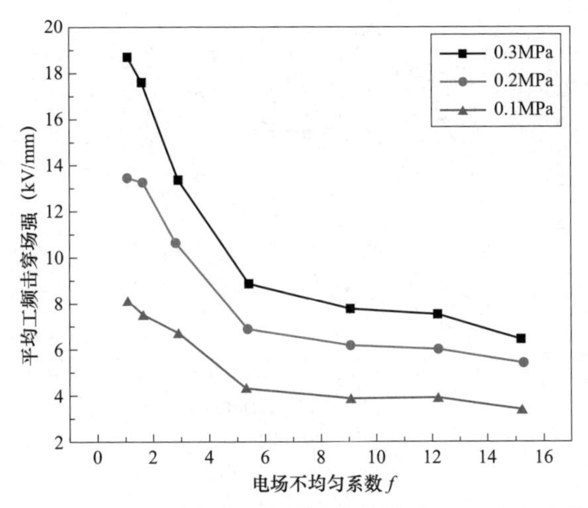

图 3－30　C_4F_7N/CO_2 气体工频放电场强与电场不均匀度的关系

C_4F_7N 占比为 20%的 C_4F_7N/CO_2 和 C_4F_7N/空气混合气体的绝缘强度与 SF_6 气体相当或稍高，但 C_4F_7N 占比为 20%的 C_4F_7N/N_2 混合气体绝缘强度明显低于 SF_6 气体，因此 C_4F_7N/N_2 混合气体对电场不均匀度的敏感性大于 SF_6 气体。与均匀电场下的试验结果相似，在较高气压范围内，相同 C_4F_7N 占比下的 C_4F_7N/空气混合气体的工频放电电压大于 C_4F_7N/CO_2 混合气体。

0.6～0.7MPa 时，C_4F_7N 占比为 9%及以上的 C_4F_7N/CO_2 和 C_4F_7N/空气混合气体的绝缘强度大于相同气压下 SF_6 气体的 80%；C_4F_7N/N_2 混合气体因在高气压时存在较强的饱和趋势，仅气压在 0.2～0.3MPa 且 C_4F_7N 占比在 13%以上时才能达到相同压力下 SF_6 气体的 80%。

根据上述研究结果可知，N_2 气体并非是 C_4F_7N 气体合适的缓冲气体，而 C_4F_7N/CO_2 和 C_4F_7N/空气混合气体是较具潜力的环保气体绝缘介质。

在极不均匀电场下，如尖－板电极，电极间距 2.5、7.5mm，混合气体中 C_4F_7N 的占比为 9%，试验充气气压 0.1～0.7MPa 时的试验结果如图 3－31 所示。

在尖－板电极下，SF_6 气体和 C_4F_7N/CO_2 混合气体的工频放电电压随气压变化时，都出现了驼峰现象。由于空间电荷的作用，电场越不均匀，“驼峰”越明显，且“驼峰”区间随电极间距的增大而增大。SF_6 气体和 C_4F_7N/CO_2 混合气体的起晕电压则大致呈线性变化，且 SF_6 气体起晕电压大于 C_4F_7N/CO_2 混合气体。

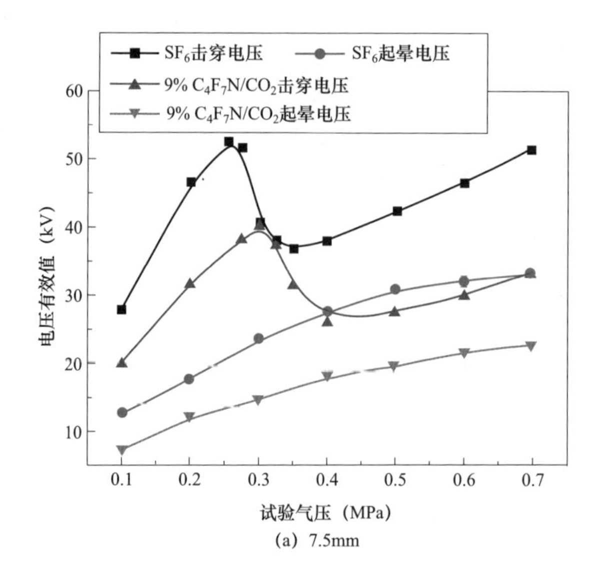

(a) 7.5mm

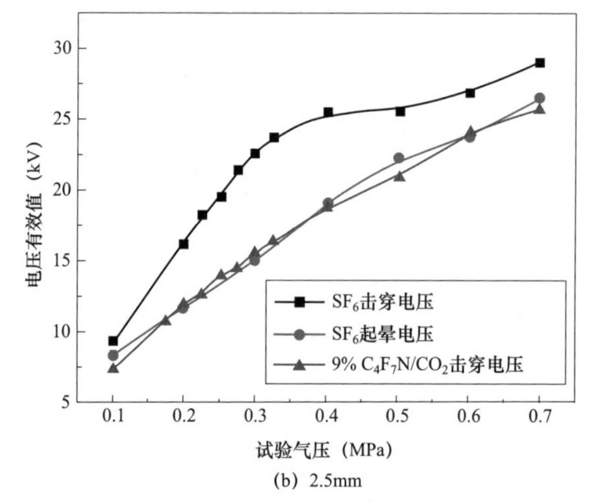

(b) 2.5mm

图 3-31　不同间距下 C_4F_7N/CO_2 混合气体绝缘强度随气压的变化

9%C_4F_7N/CO_2 混合气体在 0.3MPa 附近取得驼峰峰值，驼峰区域大小随 C_4F_7N 占比的增大而增加，且驼峰峰值有向气压低的方向移动的趋势。但 C_4F_7N/CO_2 混合气体在 0.4MPa 附近可能出现极小值，因此实际工程应用时尽量避免充气气压为 0.4MPa。而选取气压为 0.6～0.7MPa 可以避开“驼峰”的下降区间。此外，随着尖－板电极间距的增大，即电场不均匀度的增加，9%C_4F_7N/CO_2 混合气体气压为 0.6～0.7MPa 时，绝缘强度可能低于 SF_6 的 80%，因此在 GIL 设备中应尽量避免局部场强过于集中的情况。

3.3.2 混合比例的影响

C_4F_7N 的 3 种混合气体与 SF_6 气体在均匀电场下的工频放电电压随气压的变化曲线如图 3－32 所示。图中的黑色和红色虚线分别为 0.1MPa 和 0.2MPa 下 C_4F_7N 和缓冲气体放电电压的加权平均值。

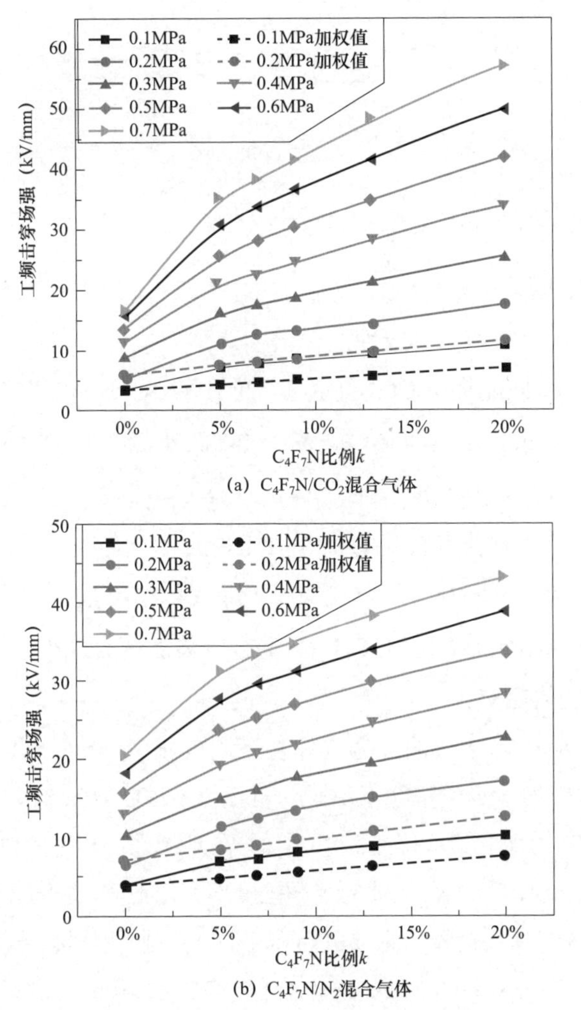

图 3－32 不同混合比例的 C_4F_7N 混合气体绝缘强度（一）

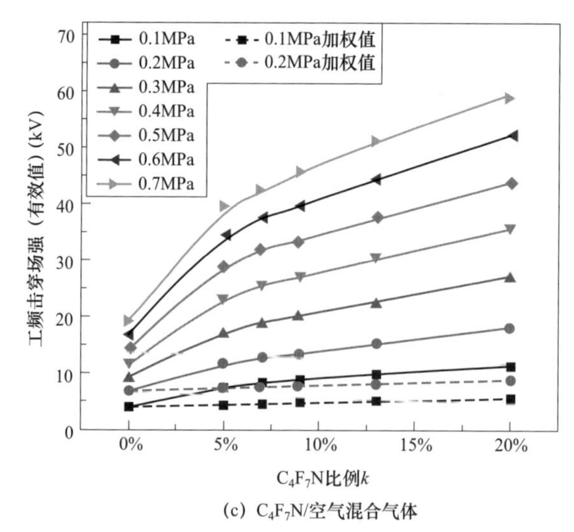

(c) C_4F_7N/空气混合气体

图 3-32　不同混合比例的 C_4F_7N 混合气体绝缘强度（二）

0.1～0.7MPa 时，C_4F_7N/CO_2、C_4F_7N/N_2 和 C_4F_7N/空气混合气体的工频放电电压均随混合比例 k 的增加呈线性规律增大。

虽然 N_2 的绝缘性能优于 CO_2 和空气，但在 CO_2、N_2 和空气中分别加入相同比例的 C_4F_7N 气体成为混合气体时，5%～20%C_4F_7N/空气或 CO_2 混合气体的工频放电电压值都高于 C_4F_7N/N_2 混合气体。选择 CO_2 和空气作 C_4F_7N 的缓冲气体可在 C_4F_7N 含量较低时获得较高的绝缘性能。

为分析 C_4F_7N 的不同混合气体相对于 SF_6 气体绝缘强度的特征，图 3-33 分别给出了 0.1～0.7MPa 时，3 种 C_4F_7N 混合气体随混合比例 k 变化时，相对于 SF_6 绝缘强度的变化趋势。

C_4F_7N 占比为 5%～20%的混合气体在不同气压下，相对于 SF_6 气体的绝缘强度随混合比例的增加，大致呈线性增长。气压 0.1～0.2MPa 时内，3 种 C_4F_7N 混合气体相对于 SF_6 气体的绝缘强度相差不大。在 CO_2、N_2 和空气中添加少量 C_4F_7N（混合比例为 5%）气体后，混合气体的绝缘强度均大幅上升，提升幅度分别约为 89%、52%和 67%。缓冲气体的计算工频放电场强值的大小排序为 $E_{N_2} > E_{空气} > E_{CO_2}$，但混合比例 k=5%～13%的 C_4F_7N/CO_2 混合气体在 0.1MPa 时的工频绝缘强度大于 C_4F_7N/N_2 和 C_4F_7N/空气混合气体，表明 C_4F_7N/CO_2 混合气体在低气压下有较强的协同特性。在 0.3～0.7MPa 气压范围内 C_4F_7N 混合气体的工频放电场强值的大小排序为 $E_{C_4F_7N/空气} > E_{C_4F_7N/CO_2} > E_{C_4F_7N/N_2}$，由此可得 C_4F_7N/CO_2 和 C_4F_7N/

空气混合气体的协同效应强于 C_4F_7N/N_2 混合气体，在相同混合比例下，考虑工程应用条件时，将 CO_2 或空气作为 C_4F_7N 的缓冲气体，其绝缘强度更优。

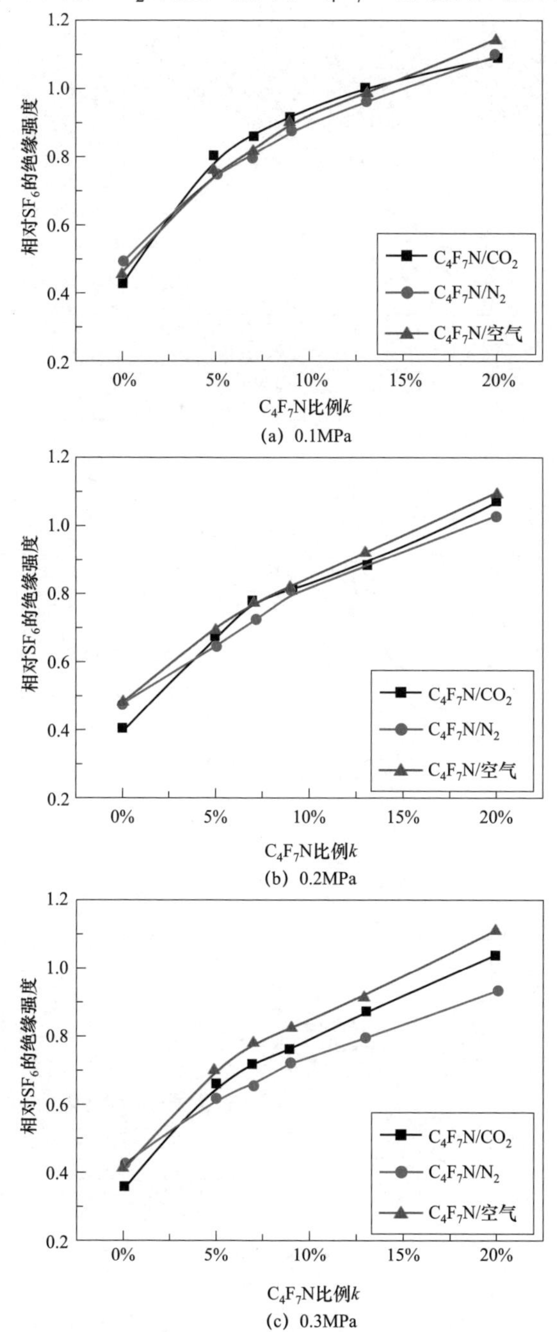

图 3－33　不同 C_4F_7N 混合气体相对于 SF_6 的绝缘强度（一）

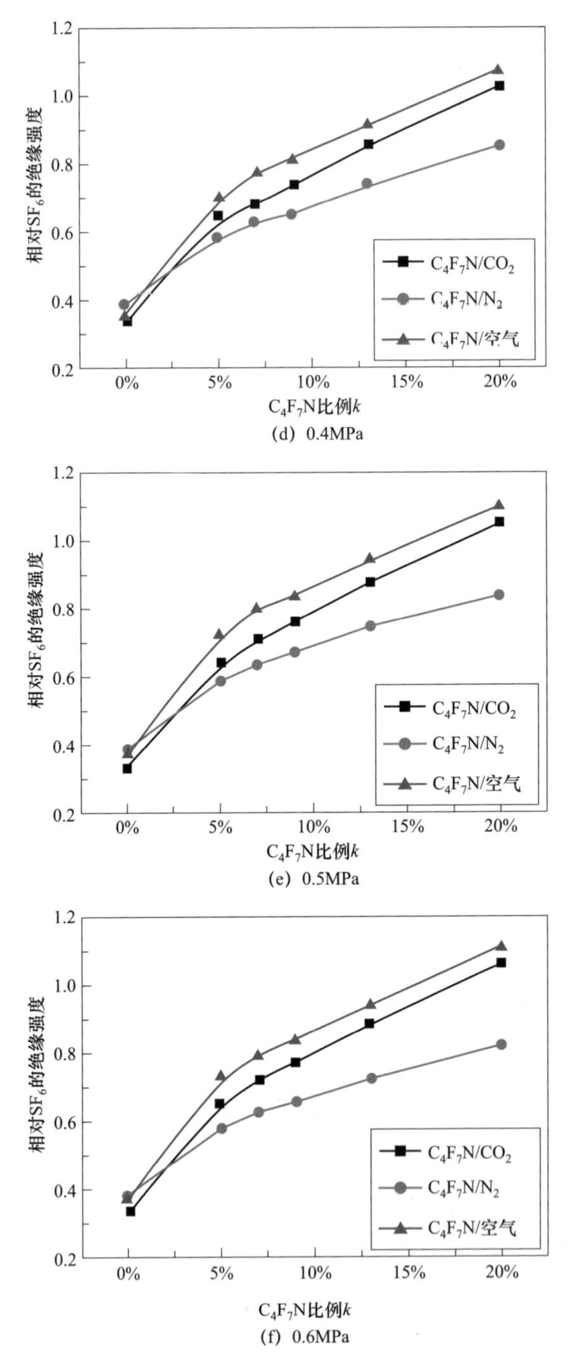

(d) 0.4MPa

(e) 0.5MPa

(f) 0.6MPa

图 3-33 不同 C_4F_7N 混合气体相对于 SF_6 的绝缘强度（二）

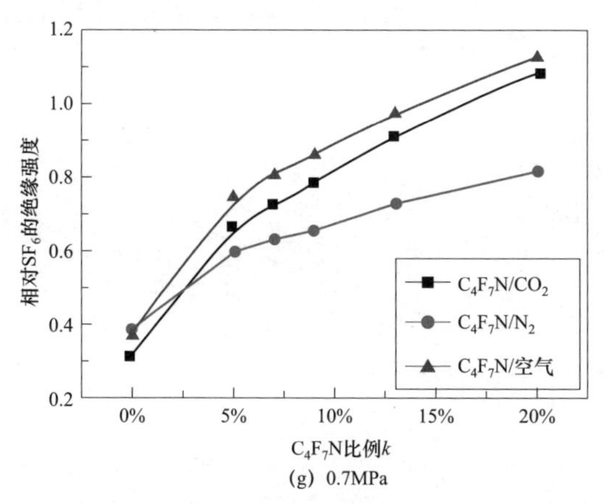

(g) 0.7MPa

图 3－33 不同 C_4F_7N 混合气体相对于 SF_6 的绝缘强度（三）

气压增大后，C_4F_7N/N_2 混合气体的放电场强与其他两种混合气体的差距逐渐拉大。在 0.1MPa 时，C_4F_7N/N_2 混合气体的放电场强分别为 C_4F_7N/CO_2、C_4F_7N/空气混合气体的 1.01 倍和 0.96 倍，但在 0.7MPa 时仅分别为 0.76 倍和 0.72 倍。该试验结果表明，提高气压对 C_4F_7N/N_2 混合气体绝缘强度的提升最小。

3.3.3 气压的影响

在均匀电场下，三种混合气体与 SF_6 气体的工频放电电压随气压变化的规律如图 3－34 所示。0.1～0.7MPa 时，C_4F_7N/CO_2 和 C_4F_7N/空气混合气体的工频放电电压随气压升高呈线性增长，而 C_4F_7N/N_2 混合气体和 SF_6 气体的工频放电电压在气压较低时也呈线性增长，但在气压较高时则呈现出微弱的饱和趋势。

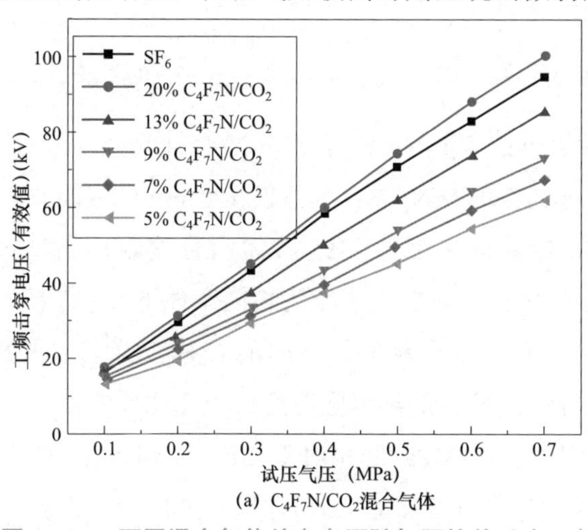

(a) C_4F_7N/CO_2混合气体

图 3－34 不同混合气体放电电压随气压的关系（一）

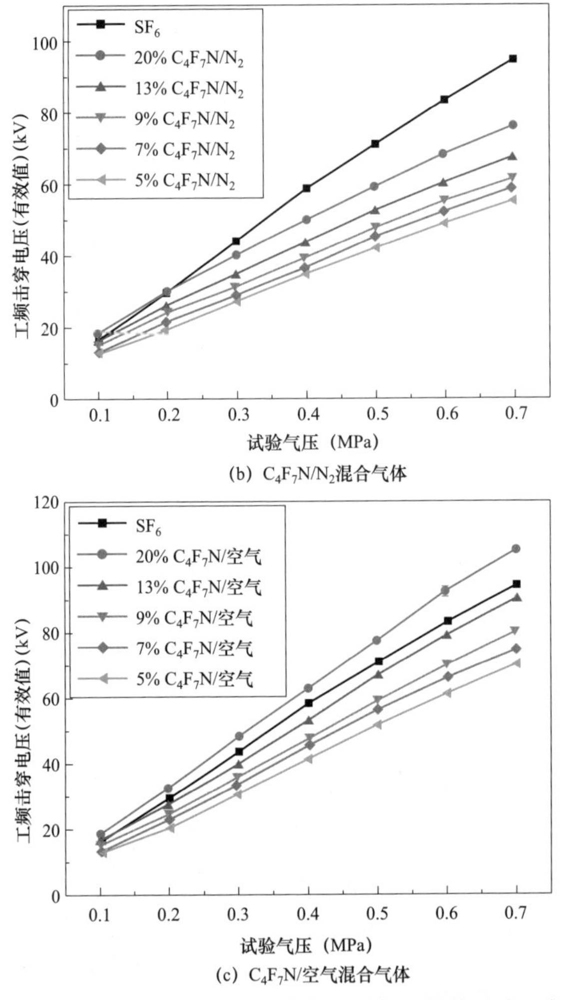

(b) C_4F_7N/N_2混合气体

(c) C_4F_7N/空气混合气体

图 3-34　不同混合气体放电电压随气压的关系（二）

C_4F_7N 占比为20%的 C_4F_7N/CO_2 和 C_4F_7N/空气混合气体的绝缘强度高于 SF_6 气体，但占比为 20%的 C_4F_7N/N_2 混合气体仅在 0.1～0.2MPa 时与 SF_6 绝缘强度相当。随气压增大，绝缘强度低于 SF_6 气体，且差距逐渐增大。0.7MPa 时，20%C_4F_7N/N_2 混合气体的工频放电电压为相同条件下 SF_6 气体的 81.9%。

均匀电场下的 C_4F_7N 占比为 5%～20%的 C_4F_7N/CO_2、C_4F_7N/N_2、C_4F_7N/空气 3 种混合气体相对于 SF_6 气体的绝缘强度随气压变化曲线如图 3-35 所示。

3 种混合气体均为 0.1MPa 时相对于 SF_6 气体的绝缘强度达到最大值，以 C_4F_7N 占比为 9%的 C_4F_7N/CO_2、C_4F_7N/N_2 和 C_4F_7N/空气混合气体为例，0.1MPa

时相对于 SF_6 气体的绝缘强度比 0.4MPa 下相对 SF_6 气体的绝缘强度分别提升了 24.6%、34.4%、11.8%。

气压为 0.1～0.4MPa 时，SF_6 气体与 3 种 C_4F_7N 占比为 9%混合气体的工频放电电压呈线性增长，但 SF_6 气体的增长速率较快，因此 3 种 C_4F_7N 混合气体相对于 SF_6 气体的绝缘强度为下降趋势。随着气压的升高，由于 SF_6 气体对局部电场畸变较敏感，受电极表面粗糙度等的影响较大，较高压力下的放电电压出现了饱和现象。而 C_4F_7N/CO_2 和 C_4F_7N/空气混合气体放电电压随气压升高仍能保持线性

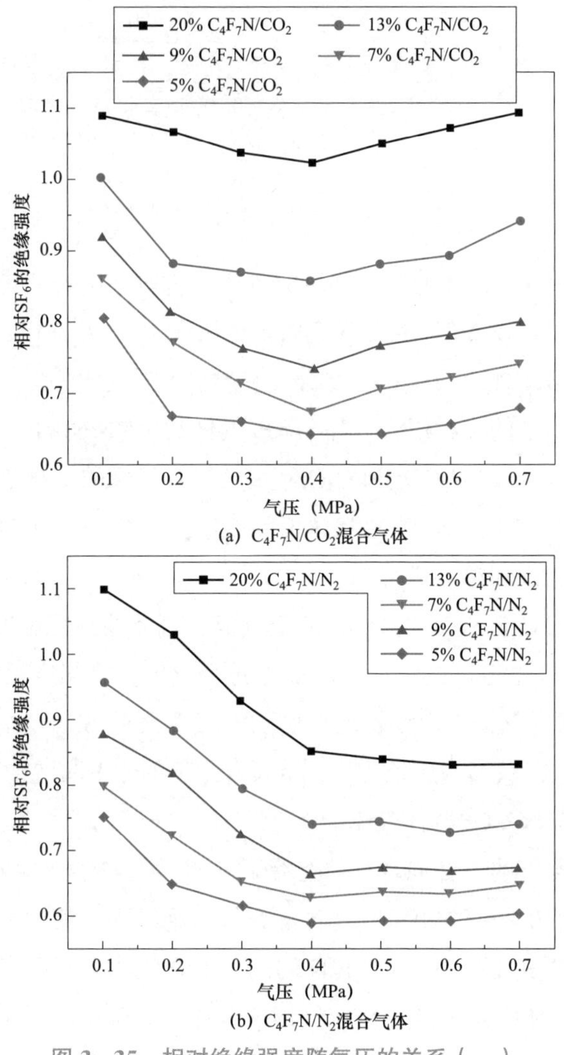

图 3-35 相对绝缘强度随气压的关系（一）

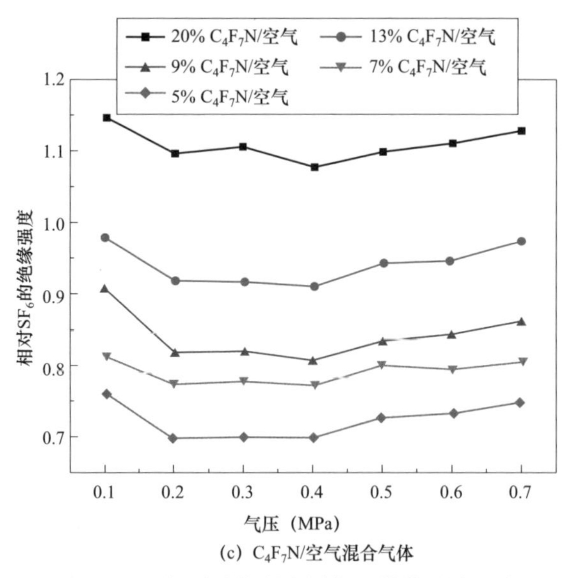

(c) C_4F_7N/空气混合气体

图 3-35　相对绝缘强度随气压的关系（二）

增长，因此相对于 SF_6 气体的绝缘强度随气压增大时下降速率进一步减小，而后出现上升趋势。但 C_4F_7N/N_2 混合气体放电电压在 0.5～0.7MPa 时也出现了饱和趋势，因此 C_4F_7N/N_2 混合气体的绝缘强度相对于 SF_6 气体而言，下降速率减小。

稍不均匀电场下的三种混合气体与 SF_6 气体的工频放电电压随气压的变化曲线如图 3-36 所示。C_4F_7N/CO_2 和 C_4F_7N/空气混合气体的工频放电电压随气压升高呈线性增长，而 C_4F_7N/N_2 混合气体工频放电电压在 0.1～0.3MPa 时呈线性增长，但随气压升高饱和趋势增强。

占比为 20%的 C_4F_7N/CO_2 和 C_4F_7N/空气混合气体的绝缘强度与 SF_6 气体相当或高于 SF_6 气体，但占比为 20%的 C_4F_7N/N_2 混合气体绝缘强度明显低于 SF_6 气体，因此 C_4F_7N/N_2 混合气体对电场不均匀度的敏感性大于 SF_6 气体。与均匀电场下的试验结果相似，在较高气压范围内，相同占比下的 C_4F_7N/空气混合气体的工频放电电压大于 C_4F_7N/CO_2 混合气体。

稍不均匀电场下的三种混合气体绝缘强度相对于 SF_6 气体随气压变化的曲线如图 3-37 所示。0.1～0.7MPa 时，各混合气体绝缘强度相对于 SF_6 气体随气压升高呈现出不同的变化趋势，但 C_4F_7N 的同一混合气体在不同混合比例下有相似的变化趋势。C_4F_7N/CO_2 和 C_4F_7N/空气混合气体绝缘强度相对于 SF_6 气体变化幅度较小；C_4F_7N/N_2 混合气体变化幅度较大，并呈先增加后减小的趋势。

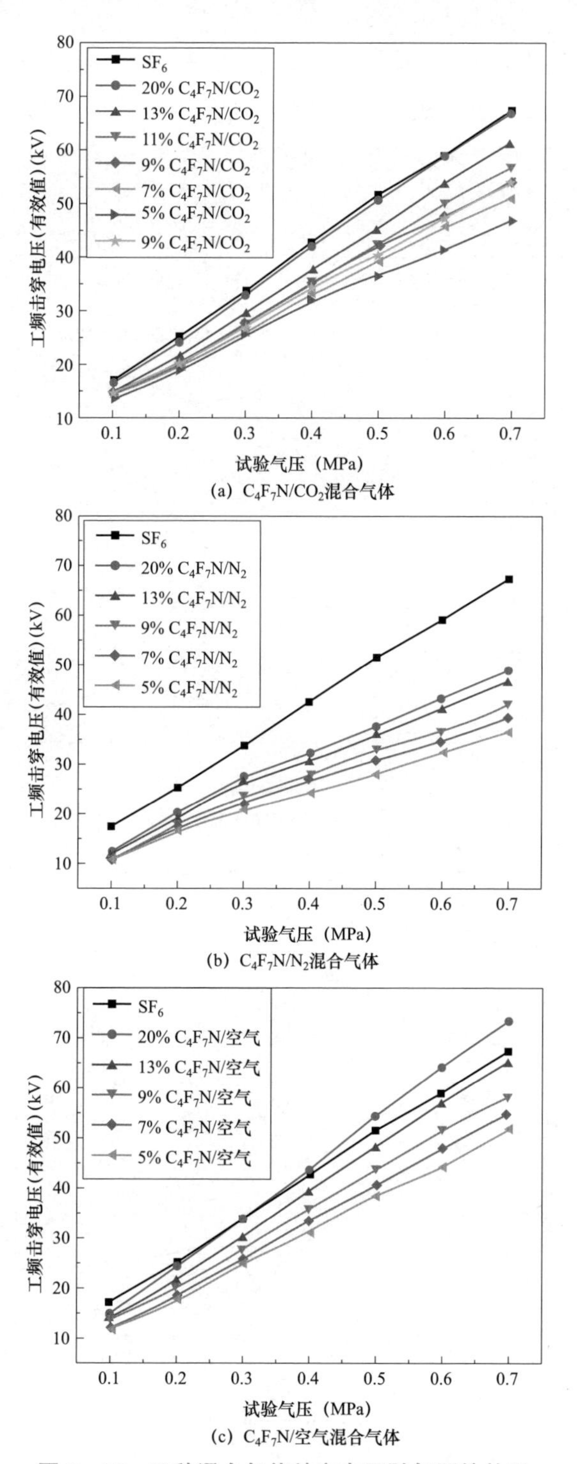

图 3-36　三种混合气体放电电压随气压的关系

气压 0.6～0.7MPa 时，占比为 9%及以上的 C_4F_7N/CO_2 和 C_4F_7N/空气混合气体绝缘强度大于相同气压下 SF_6 气体的 80%。C_4F_7N/N_2 混合气体仅在 0.2～0.3MPa 附近且占比 13%以上时，才能达到相同压力下 SF_6 气体的 80%，高气压下存在较强的饱和趋势。

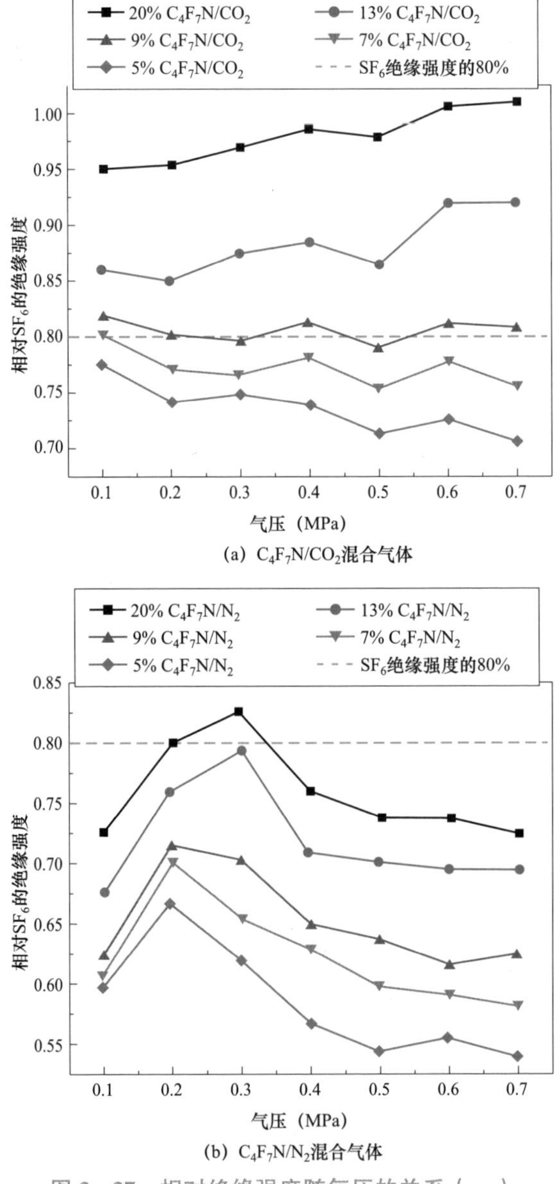

(a) C_4F_7N/CO_2混合气体

(b) C_4F_7N/N_2混合气体

图 3-37　相对绝缘强度随气压的关系（一）

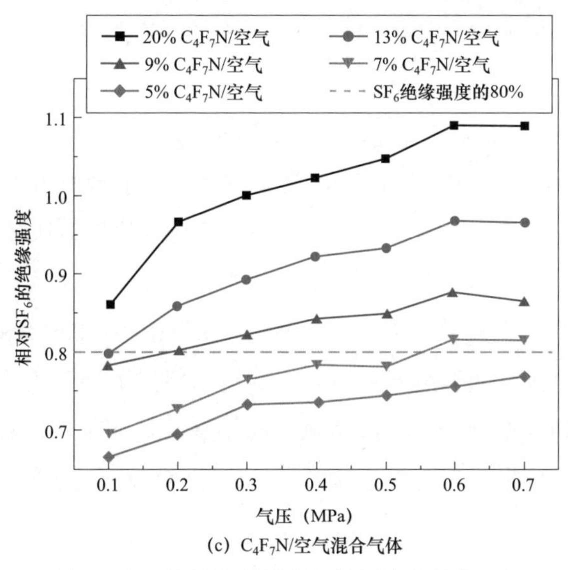

(c) C_4F_7N/空气混合气体

图 3－37　相对绝缘强度随气压的关系（二）

3.3.4　温度的影响

为节约试验用气量，对高低温控制箱内部进行了改造，将单个腔室改成内外两腔体结构，两个腔体之间充入 SF_6 气体作为绝缘介质，内试验腔体中充入待测 C_4F_7N 混合气体。内腔体中装有热电偶，其阻值变化范围对应内腔体温度的变化。

初始充气压力 0.7MPa 时采用的温度点为 20、5、－15、－20、－25℃；初始充气压力 0.6MPa 时采用的温度点为 20、－15、－20、－25、－30、－35℃。

试验流程如下：

（1）将试验用球－板电极设置好之后，封闭腔体，试验腔体及充气管路抽真空至气压降低到 100Pa 以下。

（2）在室内温度 20℃情况下，先充入绝对压力 0.063MPa 的 C_4F_7N 气体，等气压数值稳定后，再充入 CO_2 气体至混合气体总压力为 0.7MPa。

（3）按 GB/T 16927.1—2011《高电压试验技术　第 1 部分：一般定义及试验要求》中规定的工频放电电压试验程序升高电压至放电，记录放电电压值。

（4）完成某一温度下的试验后，降低温度，测量热电偶电阻值，直至气体温度稳定后再开展另一温度下的试验。

（5）完成初始压力 0.7MPa 下所有温度的试验后，缓慢降低气压至 0.6MPa，重复步骤（3）、（4）的试验流程。

由于测量得到热电偶电阻值 R_z 与温度 t 存在线性关系，前后两次测量热电偶差值小于 0.2Ω 时说明温度已稳定，误差为 0.5℃。

在每个温度点下均进行了 10～20 次放电，得到工频放电电压有效值的散点图如图 3－38 所示，从图中看出，C_4F_7N/CO_2 混合气体在多次放电时未发现放电电压出现明显下降，说明其具有较好的绝缘自恢复能力。

放电电压与温度的关系如图 3－39 所示。0.7MPa 和 0.6MPa 下，C_4F_7N/CO_2 混合气体的放电电压均随温度降低时，初始基本保持不变，然后迅速降低。非液化情况下 C_4F_7N/CO_2 混合气体的放电电压随温度降低而基本保持不变，这符合气体放电理论的预测结果；在发生液化时，C_4F_7N/CO_2 混合气体的放电电压随温度

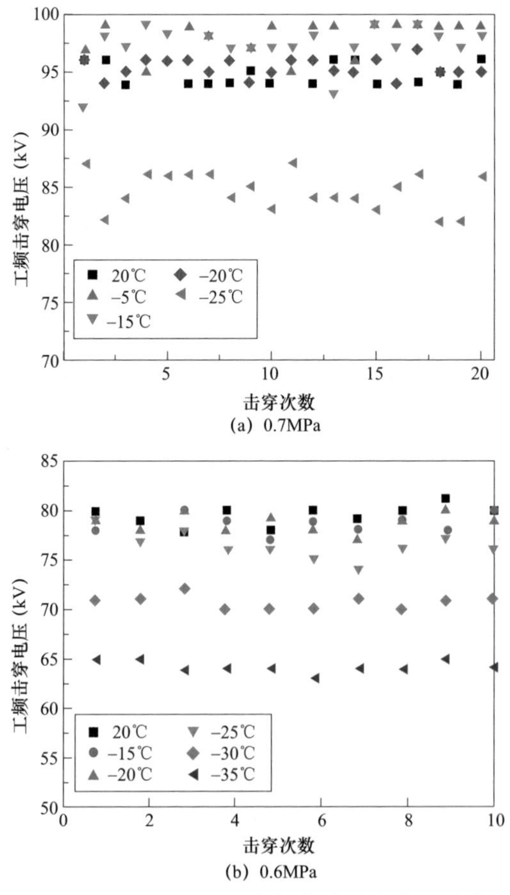

图 3－38 C_4F_7N/CO_2 混合气体的放电电压散点图

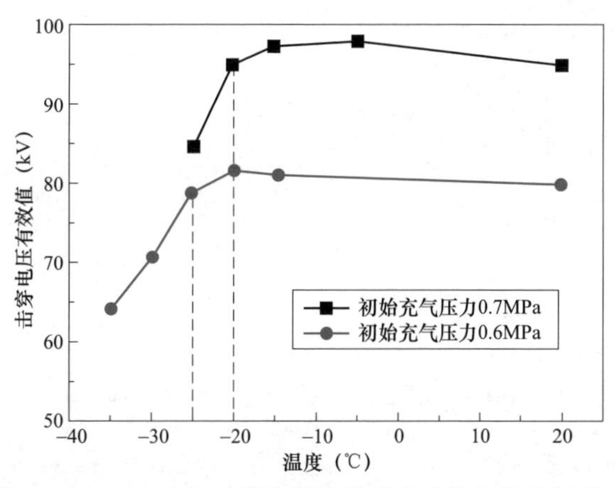

图 3－39　C_4F_7N/CO_2 混合气体的放电电压与温度的关系

降低而降低。当放电电压开始出现下降时的温度即为液化温度，由此得到混合比例 9%、初始充气压力 0.7MPa 的 C_4F_7N/CO_2 混合气体的液化温度约为－20℃；混合比例 9%、初始充气压力 0.6MPa 的 C_4F_7N/CO_2 混合气体的液化温度约为－25℃。

采用模型计算不同初始充气压力和不同混合比例下 C_4F_7N/CO_2 混合气体的工频放电场强。在 5%～20%范围进行工频放电场强计算如图 3－40 所示，其中充气压力分别为 0.6MPa 和 0.7MPa。还开展了 0.1MPa 下 C_4F_7N/CO_2 和 C_4F_7N/空气混合气体在不同温度条件下的绝缘性能试验，C_4F_7N 的占比为 9%，温度范围为－30～40℃，试验结果如图 3－41 所示。在试验的温度范围内，C_4F_7N 混合气体在不发生液化的情况下，绝缘性能保持不变，其绝缘性能受温度的影响小于 SF_6 气体。

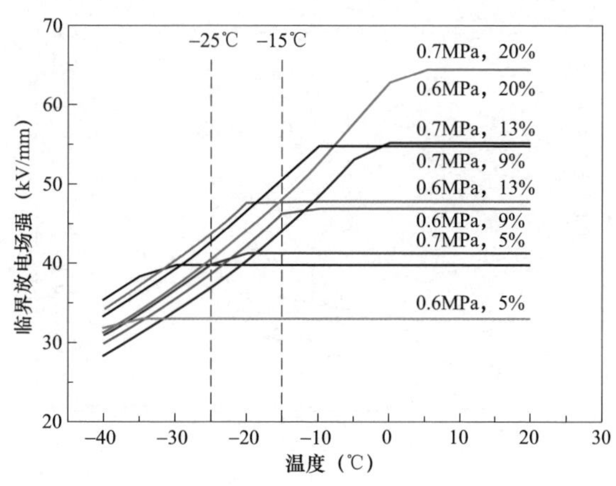

图 3－40　C_4F_7N/CO_2 混合气体的工频放电场强随温度的关系

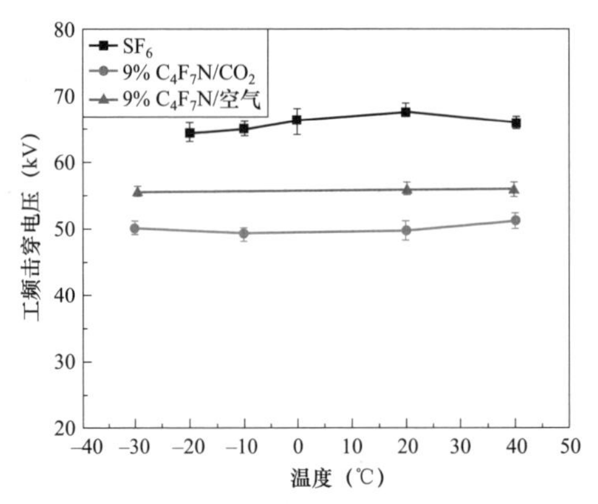

图 3－41　不同温度下 C_4F_7N 混合气体绝缘强度（球－板 10mm）

3.3.5　缓冲气体种类的影响

在缓冲气体特别是稀有气体中添加少量 C_4F_7N（如 5%），混合气体的工频放电电压产生了较大的提升，甚至是成倍增加；但 C_4F_7N 占比以 5%等间隔增加时，混合气体的放电电压增加缓慢，其放电电压变化斜率也逐渐增大至与 C_4F_7N 纯气相近。由此可以看出 C_4F_7N 占比越大，主导作用增强，C_4F_7N 混合气体放电特性与 C_4F_7N 纯气越接近。图 3－42 给出了 8 种缓冲气体和 C_4F_7N 混合气体的放电电压与气压变化规律。在 He、Ne、Ar 等缓冲气体中，添加相同占比的 C_4F_7N 气体时，C_4F_7N/Ne 混合气体的工频放电电压提升量最小；5%C_4F_7N/Ar 和 5%C_4F_7N/CO_2 混合气体工频放电电压与缓冲气体纯气相比，斜率差和提升幅度均较大。

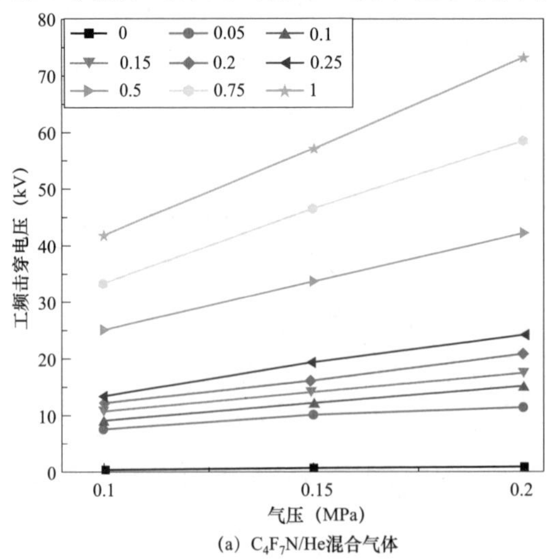

图 3－42　八种混合气体工频放电电压与气压的关系（一）

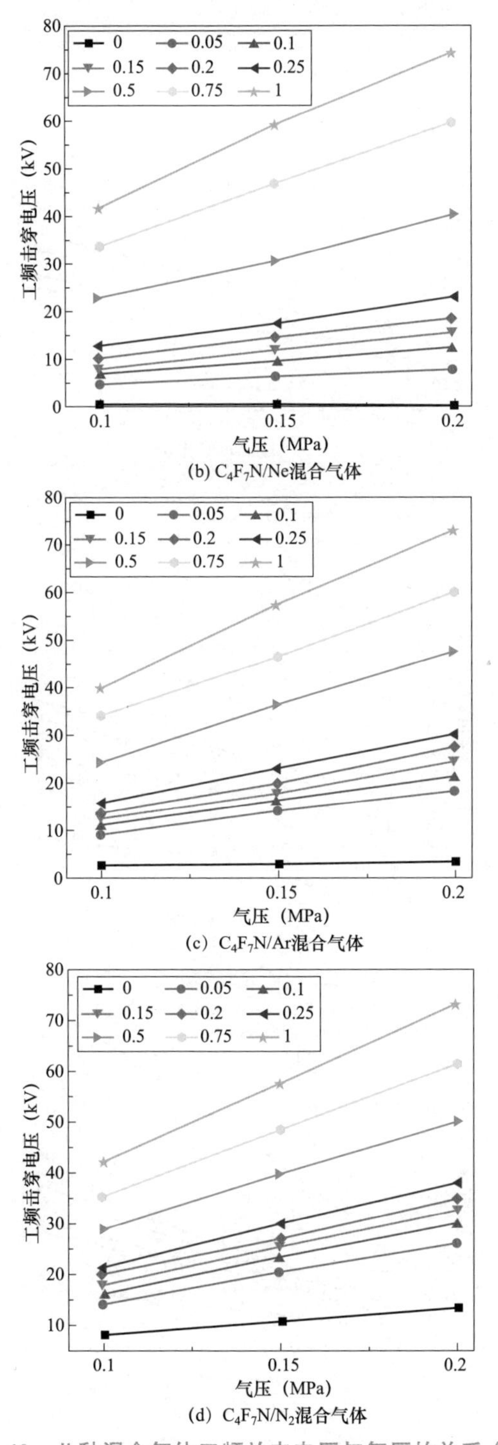

图 3－42　八种混合气体工频放电电压与气压的关系（二）

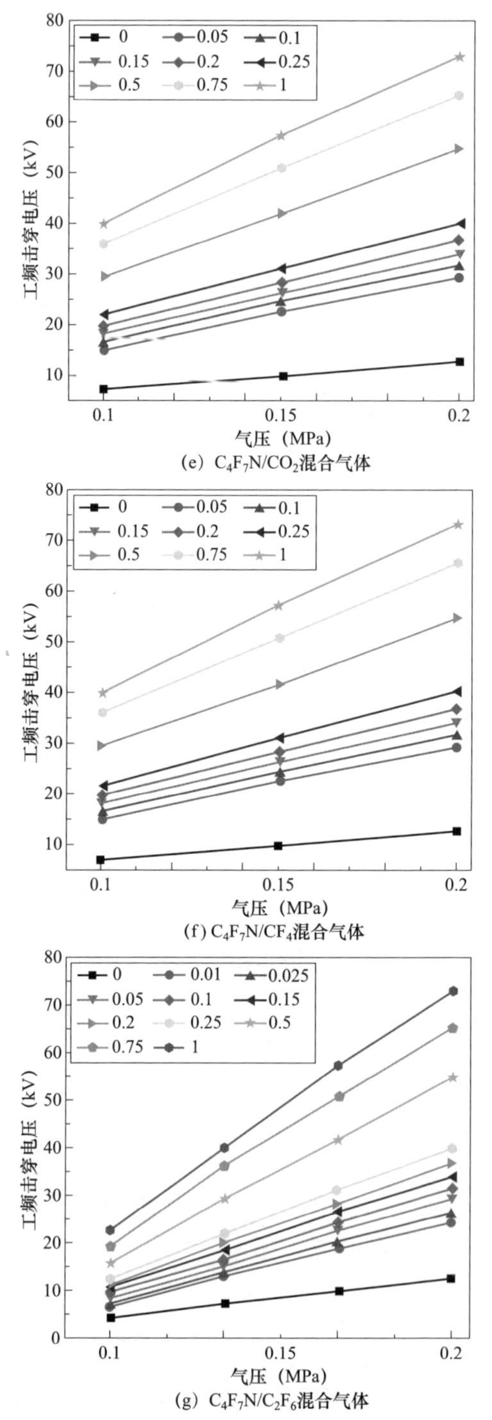

(e) C_4F_7N/CO_2混合气体

(f) C_4F_7N/CF_4混合气体

(g) C_4F_7N/C_2F_6混合气体

图 3-42　八种混合气体工频放电电压与气压的关系（三）

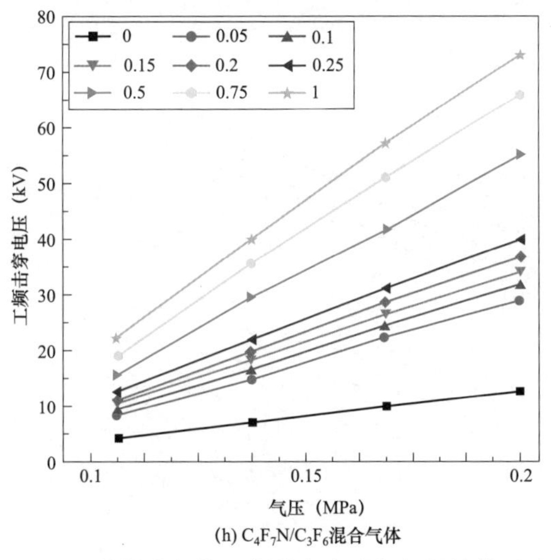

(h) C_4F_7N/C_3F_6混合气体

图 3－42 八种混合气体工频放电电压与气压的关系（四）

图 3－43 给出了 C_4F_7N 占比为 5%、10%、25%和 75%时，在不同缓冲气体类型下，C_4F_7N 混合气体工频放电电压随气压的关系。C_4F_7N 占比较低时，工频放电电压因受不同缓冲气体特性的影响，分离程度较高；当 C_4F_7N 占比较高（如 75%）时，工频放电电压较为聚集。由纯气的试验结果可知，缓冲气体绝缘强度大小为 $He<Ne<Ar<CO_2<N_2<CF_4<C_2F_6<C_3F_6<C_3F_8$，但混入相同占比的 C_4F_7N 气体后，相应的 C_4F_7N 混合气体工频放电电压并未遵循这一大小排序，其中 5%C_4F_7N/CO_2 混合气体工频放电电压随气压增大时，与其他混合气体发生了向上交叉，相对绝缘水平较高；C_4F_7N/Ne 的相对绝缘水平最低。

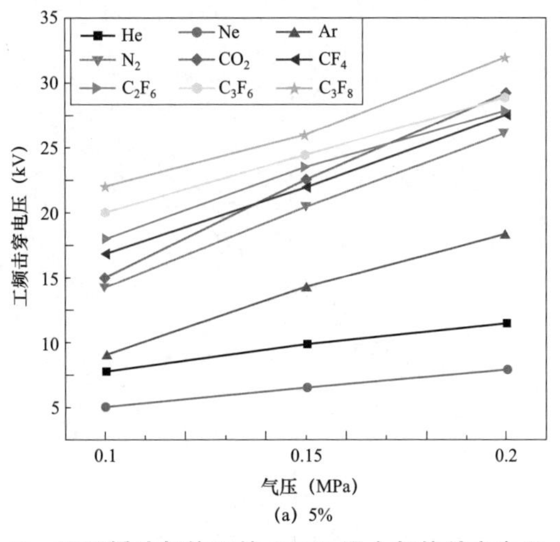

(a) 5%

图 3－43 不同缓冲气体下的 C_4F_7N 混合气体放电电压（一）

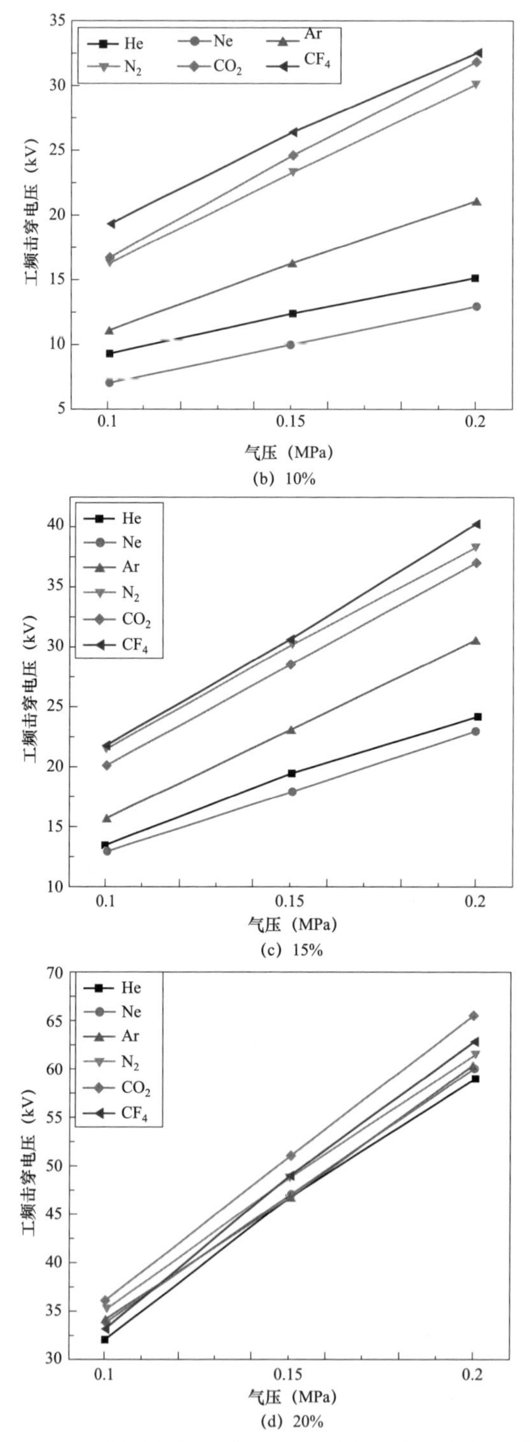

图 3-43　不同缓冲气体下的 C_4F_7N 混合气体放电电压（二）

3.4 真型电极下 C_4F_7N/CO_2 混合气体的工频放电

由3.2和3.3的分析可知：对于 C_4F_7N/CO_2 混合气体的绝缘强度要达到0.5MPa气压下的 SF_6 气体，应同时满足 C_4F_7N 占比应不低于9%，且气压高于0.67MPa气压的两个条件。为了验证上述结论的可行性，在一个真型1000kV的GIL试验段中设计了一个220kV的GIL试验段进行试验。试验段模型的三维图和设计图如图3-44所示，其中图3-44（a）中有金黄色部分的圆筒状为模拟GIL外筒，中间的内导体100mm，外筒内径300mm，内导体与外筒间距100mm；图3-44（b）标注了各参数尺寸值。

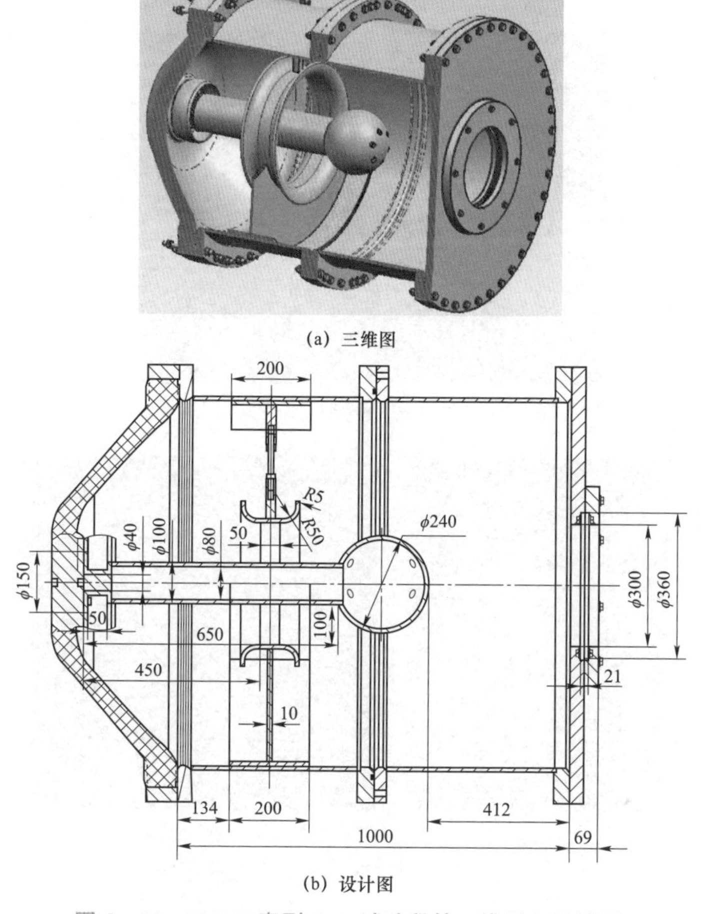

（a）三维图

（b）设计图

图3-44　220kV真型GIL试验段的三维图和设计图

试验中，9%C_4F_7N/CO_2 混合气体压力高于 0.67MPa 时，考虑到取一定余量且实际应用中压力值取整数较为方便，试验时向该罐体内部充入 0.7MPa 的 9%C_4F_7N/CO_2 混合气体进行试验。试验共进行了三次，第一次试验的工频放电电压为 984kV，且在 960kV 处耐压 1min 以上，未发生放电现象。第一次试验结束后，静置 1h 后进行第二次试验。此时的工频放电电压为 1016kV，同样在 960kV 处耐压 1min 以上，未发生放电现象。接着再静置 1h，第三次试验的工频放电电压为 1035kV，同样在 960kV 处耐压 1min 以上，未发生放电现象。

三次试验结束后将罐体拆解，开盖检查放电痕迹，同轴导体上未发现明显放电点，但在 1000kV 盆式绝缘子上发现沿面放电痕迹，如图 3－45 所示。发现两处放电点，均位于 1000kV 盆式绝缘子上屏蔽罩处。实际上，因为内导体并非 1000kV 标准导杆，本次使用的屏蔽罩也并非 1000kV 屏蔽罩的标准尺寸，从试验结果来看，

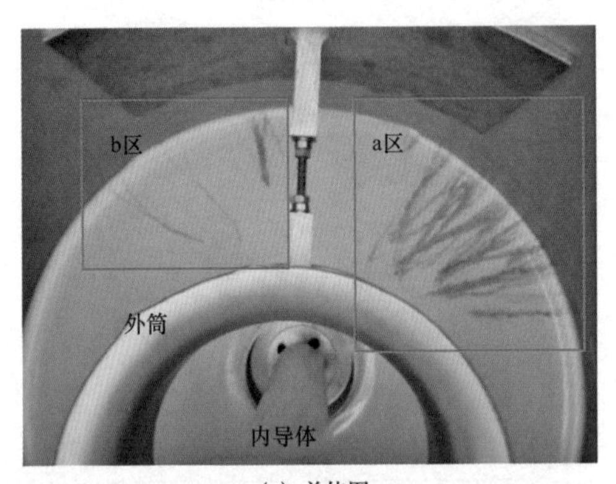

(a) 总体图

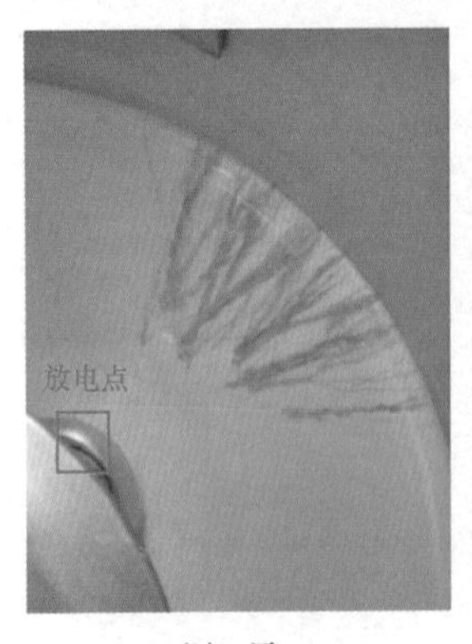

(b) a区

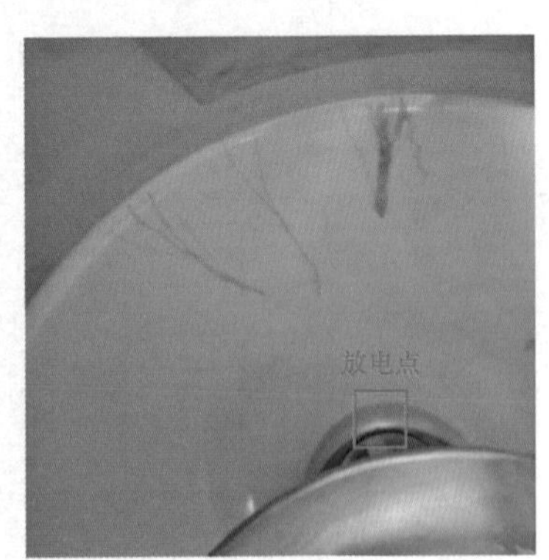

(c) b区

图 3－45 盆式绝缘子上放电痕迹图

设计的专用屏蔽罩无法保证 1000kV 盆子具备相应的耐压水平。但试验结果却能说明：充入 0.7MPa 的 9%C_4F_7N/CO_2 混合气体时，在施加工频电压 1000kV 左右时，220kV 的 GIL 试验段气隙部分未发生放电现象，且在 960kV 点成功耐压 1min 以上。

上述试验可以看出：在使用 0.7MPa 的 9%C_4F_7N/CO_2 混合气体替代 0.5MPa 下的 SF_6 气体使用时，间隙放电电压值为设备额定耐受电压的 2 倍以上。

4 C_4F_7N/CO_2混合气体的冲击放电特性

针对新型环保绝缘气体C_4F_7N的专用GIL，其投运前的型式试验和出厂试验，均须经过冲击耐压试验，内部高压导电杆电场强度设计值也必须考虑冲击电压下气体间隙的绝缘性能。此外，气体绝缘设备可能面临不同波形的陡波冲击电压，包括波前时间0.1～20μs的快速波前过电压，这些不同波形的冲击电压对气体绝缘设备造成了一定的威胁。目前，针对冲击电压下C_4F_7N/CO_2放电特性的研究仍比较罕见，且放电特性研究的试验变量范围比较小，本章针对不同混合比例、气压、电场不均匀度、电压极性和冲击电压波形等各因素对其冲击绝缘特性进行了综合研究。

4.1 冲击放电试验方法

为较全面地研究不同条件下C_4F_7N/CO_2混合气体的雷电、陡波冲击放电特性，需要进行大量冲击放电试验，编者搭建了气体间隙冲击放电试验平台，可以对比研究C_4F_7N/CO_2混合气体与SF_6冲击绝缘特性。该平台主要包括波头和波尾电阻可调的冲击电压发生器、耐高电压高气压的金属封闭气体试验腔体以及测量系统三部分。

4.1.1 冲击放电试验平台

为研究多因素影响下C_4F_7N/CO_2混合气体的冲击放电特性，分析放电电压随各种影响因素变化而改变的规律，需针对各影响因素设计和加工试验装置。例如，

为了研究电场不均匀度的影响，需要装置方便更换不同的电极并精确调节电极距离；为了研究冲击电压波前时间的影响，需要波头电阻可以灵活调整。气体冲击放电试验平台示意图如图 4-1 所示。

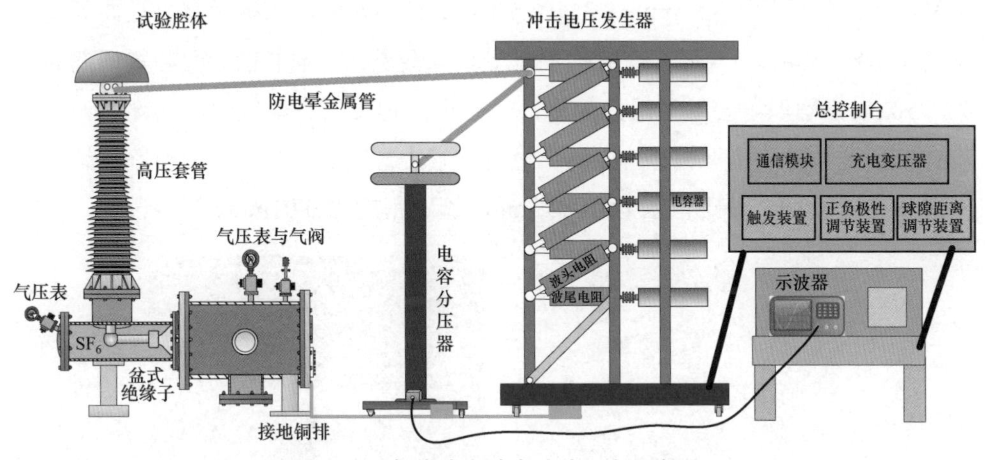

图 4-1 气体冲击放电试验平台示意图

冲击电压发生器本体是环氧立柱支架搭载电容器组成一级的塔式结构，共有 6 级，标称电压 600kV，额定能量 15kJ，单级充电电压最高 100kV。当产生雷电冲击波形或陡波时，冲击电压发生器的效率约为 90%。

测量系统主要有电容分压器和示波器。电容分压器标称电压 600kV，分压比 1870:1，测量不确定度优于 1%。电容分压器由脉冲电容器串联组成，电容器为无感结构，高压臂的电容量约为 300pF，低压臂用无感独石电容并联组成。为了准确测量分析不同波前时间的陡波、雷电冲击电压波形，电容分压器低压臂的输出端经双层屏蔽电缆传输至测量示波器，为力科（Lecroy）公司的 WaveRunner-640Zi，带宽 4GHz，采样率 30GS/s，可分析存储深度 128Mpts。

试验腔体主要由 GIS、电极调距架组成。该 GIS 由西安西电开关电气公司制造，正负极性雷电冲击耐压峰值 550kV，气压范围为绝对气压 0～0.7MPa，实物如图 4-2 所示。

图 4-2 试验腔体实物

为了研究短间隙范围内不同间距下气体的冲击

放电特性，设计加工了电极调距架，能够精确控制电极之间的间距。在试验前安装好试验电极，调节好电极间距，再放入 GIS 中。该电极调距架主要由环氧树脂加工制作而成，根据参考文献［114］可知：气压 0.3MPa SF_6 中环氧树脂雷电冲击沿面闪络场强为 17kV/mm，0.3MPa 5% C_4F_7N/CO_2 中环氧树脂雷电沿面闪络场强为 11.7kV/mm，当气压升高时沿面耐受场强会更高，本书设计的环氧桶壁高度为 250mm，确保不会发生沿面闪络，使放电过程发生在电极间。底部的调距机构通过金属导杆连接下电极，金属导杆另一端为螺旋测微器，调距架整体结构图及实物见图 4－3。调距范围为 0～25mm，调距精度为 0.01mm。

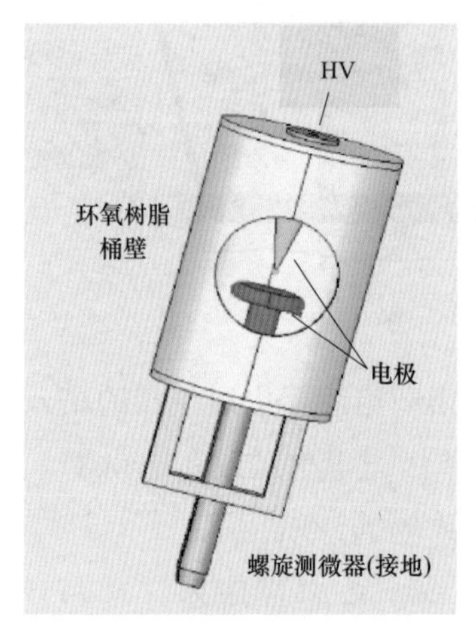

(a) 结构图

(b) 调距部分实物图

图 4－3　电极调距架

4.1.2　冲击放电试验标准

1. 雷电冲击试验标准

按照图 4－1 所示的连接方式，首先利用防电晕金属管连接好腔体外部套管上的高压端与冲击发生器的高压端，金属管与高压端均用螺栓固定，通过改变电容充电及放电回路的方式调整冲击发生器的级数，当电极间距较小时需要降级运行。通过总控制台调整激发球－球间隙大小来控制施加在腔体上电压的大小，并用示波器记录下波形幅值。更换级数或波前电阻后，需要通过示波器采集试验波形是否满足需要。根据 GB/T 16927.1—2011《高电压试验技术　第 1 部分：一般定义及试验要求》对标准雷电冲击电压波形波前时间以及半峰值时间的定义，检

查 0.3 倍电压波形峰值至 0.9 倍电压波形峰值间的时间乘以（1/0.6）倍是否为所需的波前时间，再检查峰值 0～0.5 倍的时间是否为所需的半峰值时间，若不是则需要分别更换波前或者波尾电阻再进行上述实验来检查。

例如，正极性标准雷电冲击电压波形要求为波前时间 1.2μs×（1±30%），半峰值时间 50μs×（1±20%），示波器记录的某一次未击穿的电压波形以及某一次击穿电压波形分别如图 4–4 所示，可直接读出半峰值时间为 50.8μs，而波前时间计算结果为 1.2μs。

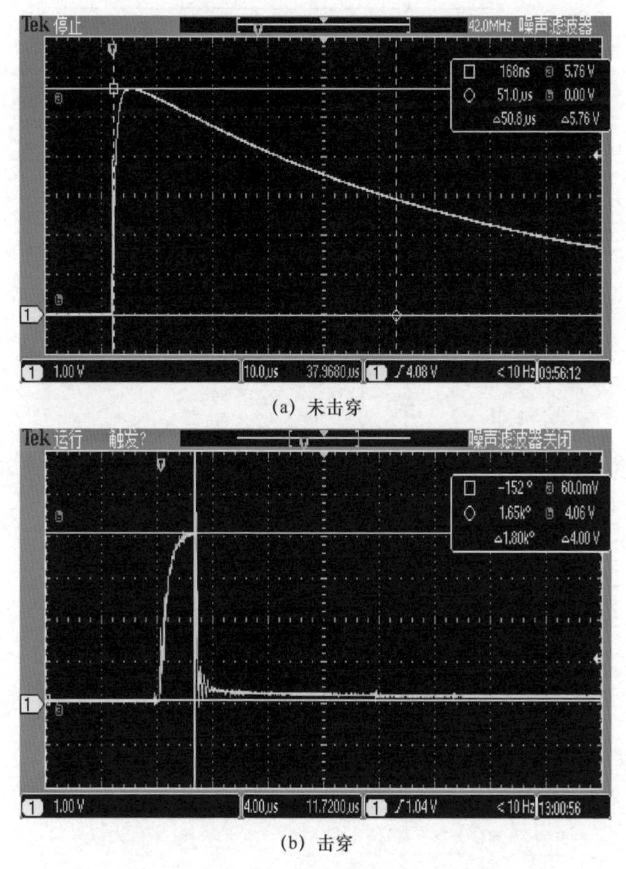

(a) 未击穿

(b) 击穿

图 4–4　正极性雷电冲击电压波形示例

获取冲击电压下 50%击穿电压值，试验采用 IEC 60060–1 *High-voltage test technigues- Part 1：General definitions and test requirements* 提出的升降压法进行冲击击穿试验，每组至少发生 20 次有效击穿。每次施加冲击电压的时间间隔根据大量试验研究，选择 3min 间隔时间，既能避免因击穿电压连续下降而带来的分散性过大，也能提高试验的效率。

图 4-5 所示是一组均匀电场中的放电试验加压过程，图中图标×为气体间隙击穿时冲击电压波形的最大值，图标代表施加该电压幅值的冲击电压时未发生击穿。

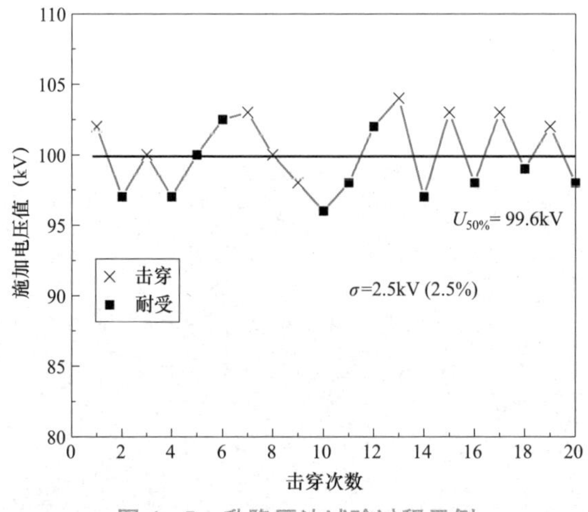

图 4-5 升降压法试验过程示例

2. 陡波冲击试验标准

研究波形中波前时间对冲击放电特性的影响时，试验采用双指数波形，波前时间如图 4-6 所示。

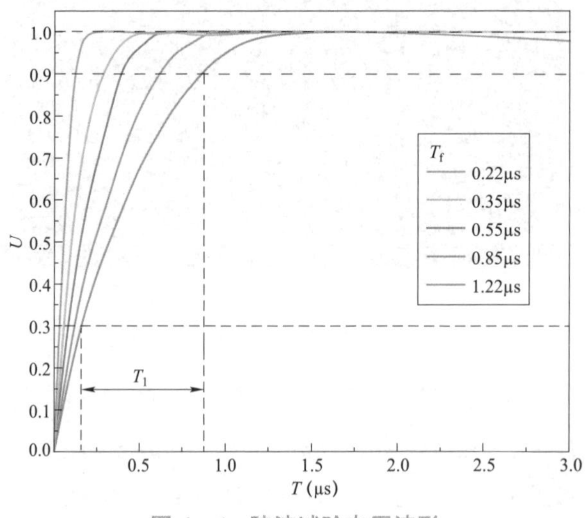

图 4-6 陡波试验电压波形

根据 IEC 60060－1，利用冲击电压波形幅值 0.3～0.9（标幺值）的时间 T_1 可以计算得到冲击电压的波前时间 T_f，如式（4－1）所示。通过调节波前电阻的阻值大小改变波前时间，为得到比雷电冲击更快速的陡波冲击电压下 C_4F_7N/CO_2 混合气体冲击放电特性，本书试验陡波 FFO 的波前时间分别为 0.22、0.35、0.55、0.85、1.22μs。波尾电阻不变，FFO 的波尾时间固定为 50μs，波尾时间的误差正负不超过 5%。即

$$T_f = T_1 / (1/0.6) = 0.6T_1 \tag{4-1}$$

陡波冲击电压下的放电电压计算和放电试验采用的电极形式如表 4－1 所示，以球－板模拟稍不均匀电场，以尖－板模拟极不均匀电场。

表 4－1　　试验电极的电场不均匀度

电极形式	曲率半径（mm）	电极间距（mm）	电场不均匀度 f
球－板	12	15	2.0
尖－板	0.5	15	15.9

4.2　冲击电压作用下的放电特性

4.2.1　混合比例的影响

根据参考文献［82］，可知不同的混合比例对 C_4F_7N/CO_2 混合气体工频击穿电压有显著影响，工频电压下 9% C_4F_7N/CO_2 混合气体能够达到相同条件下 SF_6 绝缘性能的 80%，而混合比例为 20%时能够达到 SF_6 的绝缘性能。

研究混合比例对 C_4F_7N/CO_2 混合气体放电电压的影响可以为筛选合适的充气混合比例以及气压提供依据。考虑 C_4F_7N/CO_2 混合气体中 C_4F_7N 饱和蒸气压与液化温度关系，见图 4－7。混合比例越高，则一定温度范围下满足耐压要求的混合气体的气压就越低。为了满足 GIL 内部高绝缘性能的要求，需在高气压 0.4～0.7MPa 时使用，而研究较高比例 C_4F_7N/CO_2 混合气体在高气压 0.7MPa 时，即使常温条件下也会发生液化而影响试验结果和计算结果，因此选择的 C_4F_7N/CO_2 混合比例最大值为 20%。

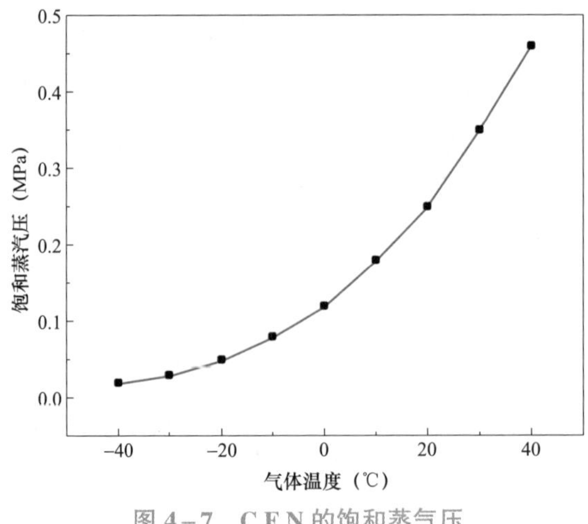

图 4－7　C_4F_7N 的饱和蒸气压

1. 稍不均匀电场

在稍不均匀电场中，球电极半径 3mm，球－板电极距离 d＝5mm 下纯 CO_2 气体、混合比例分别为 5%、7%、9%、13%和 20%C_4F_7N/CO_2 混合气体正负极性雷电冲击 50%放电电压如图 4－8 所示。随着 C_4F_7N 混合比例的提高，雷电冲击放电电压逐渐升高，且呈现明显非线性变化，趋于饱和。当试验中 C_4F_7N 混合比例低于 5%时，50%放电电压随混合比例增长较快，且气压较高时，50%放电电压增长幅度明显大于气压较低时。

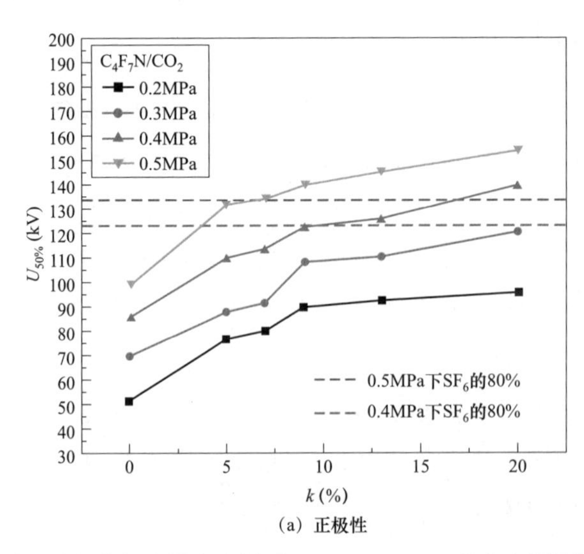

（a）正极性

图 4－8　稍不均匀电场中混合比例对 C_4F_7N/CO_2 50%放电电压的影响（一）

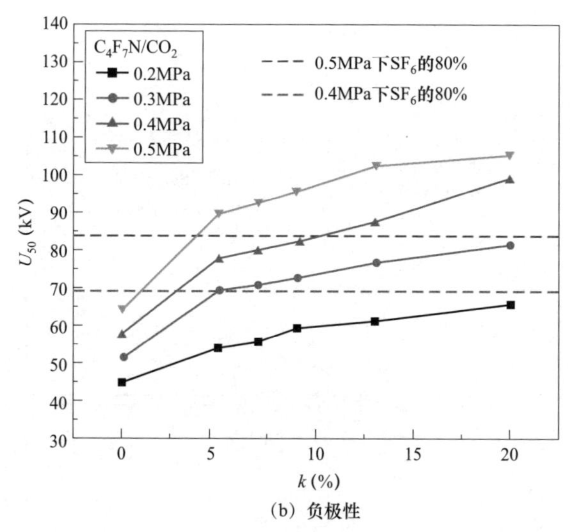

（b）负极性

图 4－8　稍不均匀电场中混合比例对 C_4F_7N/CO_2 50%放电电压的影响（二）

气压为 0.5MPa 时，5%C_4F_7N/CO_2 混合气体的 50%放电电压相比与纯 CO_2 气体提高约 45%，而气压为 0.2MPa 时，5%C_4F_7N/CO_2 混合气体相对纯 CO_2 气体增长幅度约为 30%。从 50%放电电压的增长幅度可以看出 C_4F_7N/CO_2 在冲击电压下呈现协同效应。同时，冲击电压的极性也影响着 50%放电电压增长幅度，正极性电压时 5%C_4F_7N/CO_2 相对纯 CO_2 气体不同气压下平均增长幅度为 39%，而负极性电压时不同气压下平均增长幅度为 29%。目前运行中的 GIL SF_6 纯气气压为 0.4～0.5MPa，因此与 0.4MPa 和 0.5MPa 下 SF_6 绝缘性能的 80%相比，可以看出：正极性雷电冲击电压下，0.5MPa 的 C_4F_7N/CO_2 混合比例达到 5%以上就可以超过相同气压下 SF_6 纯气绝缘性能的 80%。但是，气压降低至 0.4MPa 的 C_4F_7N/CO_2 需要混合比例达到 9%及以上才能超过相同气压下 SF_6 纯气绝缘性能的 80%。

负极性雷电冲击电压下，气压低至 0.3MPa 的 5%C_4F_7N/CO_2 就能超过气压 0.4MPa 下 SF_6 绝缘性能的 80%。与 0.5MPa SF_6 的 80%绝缘性能相比，0.4MPa 的 C_4F_7N/CO_2 的需要混合比例 9%以上才能满足。

2. 极不均匀电场

极不均匀电场中不同混合比例 C_4F_7N/CO_2 试验使用的尖电极曲率半径为 0.4mm，尖－板电极间距为 25mm。C_4F_7N/CO_2 混合气体正负极性雷电冲击 50%

放电电压如图 4－9 所示。从图 4－9（a）可以发现，正极性雷电冲击电压下，随着混合气体中 C_4F_7N 比例的提高，50%放电电压逐渐上升，呈现逐渐饱和的非线性趋势。

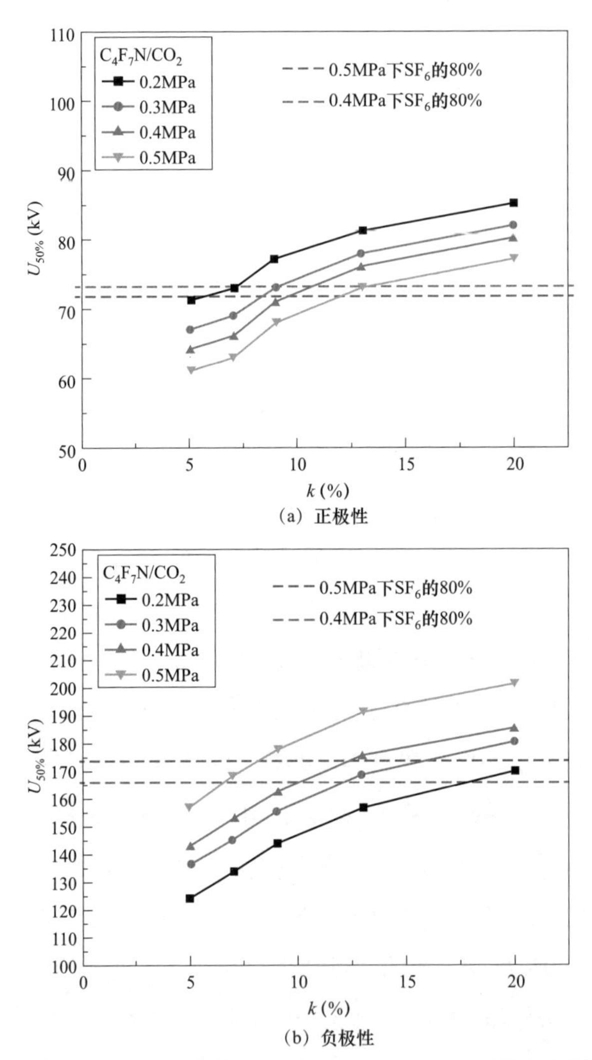

图 4－9　极不均匀电场中混合比例对 C_4F_7N/CO_2 50%放电电压的影响

从图 4－9（b）中可以看出，负极性冲击电压下，随着混合比例增加，C_4F_7N/CO_2 混合气体 50%放电电压逐渐上升，也呈现非线性的饱和趋势。

另外，正极性冲击电压下，比较相同比例、不同气压下的放电电压可以发现，气压较高时，C_4F_7N/CO_2 混合气体的 50%放电电压反而较低，这一现象与国内外

曾经报道过的 SF_6 气体变化趋势有相似之处，该现象产生的机制将在下节详细阐述。而负极性雷电冲击电压下则呈现出符合常理的现象，并没有出现正极性下气压较高而放电电压较低的现象，即气压较高时的 C_4F_7N/CO_2 混合气体 50%放电电压较大。

4.2.2 气压的影响

根据混合比例对 C_4F_7N/CO_2 混合气体雷电冲击放电特性的影响，可以看出 9% C_4F_7N/CO_2 混合气体可在最低温度−15℃替代 SF_6 在 GIL 中应用。因此，本节对比研究了气压对 9%C_4F_7N/CO_2 混合气体与 SF_6 气体的影响规律及其机制，电场分布情况为稍不均匀电场到极不均匀电场。

1. 球−板电极下

试验电极用曲率半径相同的球−板电极，电极间距为 5mm 和 20mm，此时电场不均匀度为 2.4 和 6.9，从稍不均匀电场过渡到极不均匀电场，正雷电冲击电压下 C_4F_7N/CO_2 混合气体及 SF_6 的 50%放电电压随气压变化曲线如图 4−10（a）所示。

从图 4−10（a）中可以看出，球−板间距为 5mm 时，9%C_4F_7N/CO_2 混合气体的 50%放电电压先随气压上升而线性上升，当气压超过 0.5MPa 后呈现增长饱和趋势，且上升速率小于 SF_6；当间距为 20mm 时，50%放电电压随气压升高而上升，但在气压 0.3MPa 就出现了饱和趋势。而 SF_6 气体，当电极间距为 5mm 时，50%放电电压随气压上升而上升，当球−板间距增大至 20mm 时，SF_6 的 50%放电电压出现了先上升后下降再变平缓的趋势，但未出现上升下降再升高的 N 形曲线的特征。

负雷电冲击电压下 C_4F_7N/CO_2 混合气体及 SF_6 的 50%击穿电压随气压变化曲线如图 4−10（b）所示。C_4F_7N/CO_2 混合气体和 SF_6 的 50%击穿电压随气压上升而上升，且两种气体的 50%放电电压上升速率非常相近，在 0.2～0.5MPa 气压范围内时上升速率约为 10kV/bar（1bar = 0.1MPa）。

2. 尖−板电极下

当电力设备中存在突出物、金属颗粒缺陷导致电场集中，电场分布极不均匀，电场不均匀度 f 较大。f 随电极的间距增大而增大，因此使用不同间距的尖−板电极进行试验研究了 f 对 C_4F_7N/CO_2 击穿电压的影响。

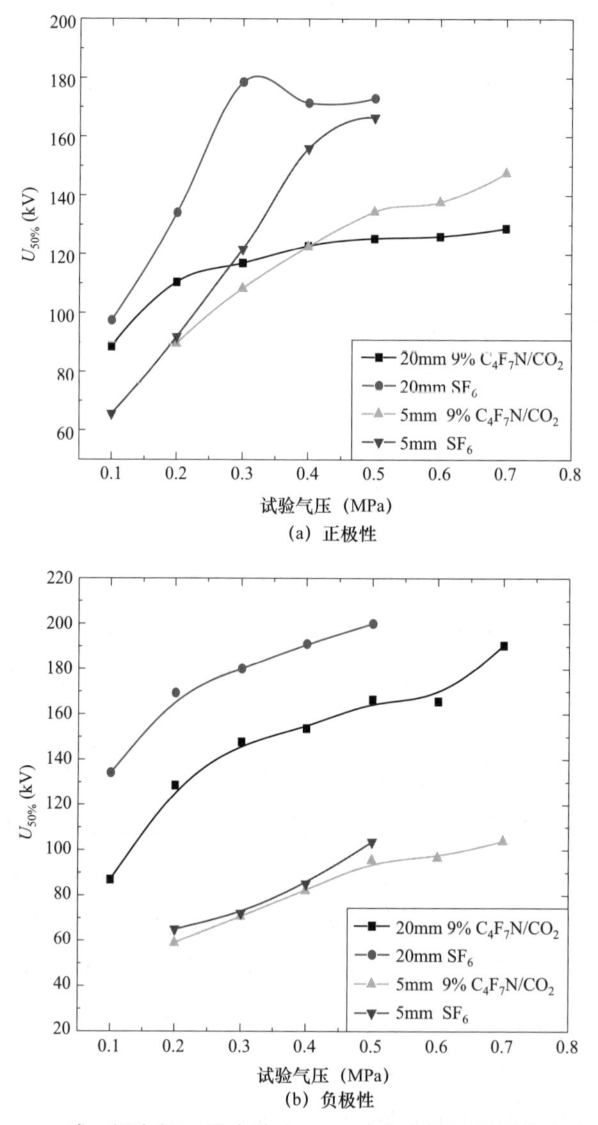

图 4-10 球-板电极下雷电冲击 50%放电电压随气压的变化曲线

正极性雷电冲级电压下，电极间距为 10mm 时，电场不均匀度 $f=13.8$，如图 4-11（a）所示，C_4F_7N/CO_2 混合气体击穿电压随气压上升而上升，且基本呈现线性增加；而相同条件下，SF_6 击穿电压随气压变化曲线出现了先上升，然后下降，再上升的特征，其击穿电压极小值点对应的气压值为 0.1MPa 和 0.4MPa。因放电电压随气压变化的上升-下降-上升的规律与英文字母 N 非常相似，因此将该现象命名为 N 形曲线。随着尖-板电极的间距从 10mm 增大到 15mm，电场

不均匀度f达到了18.9，C_4F_7N/CO_2混合气体击穿电压也出现了不太明显的先升高后下降再上升的N形曲线特征，击穿电压最小值点对应的气压值为0.6MPa，而SF_6的N形曲线特征更加明显，击穿电压最低点出现在0.4～0.5MPa。随着尖－板电极间距继续增大，升高到20、25mm时，电场不均匀度f分别达到了为23.6、28.0，如图4－11（b）所示。C_4F_7N/CO_2混合气体的“N型曲线”特征更加明显，击穿电压最低点所对应的气压值由0.6MPa下降至0.5MPa，而SF_6击穿电压最低点分别为0.4MPa和0.5MPa。

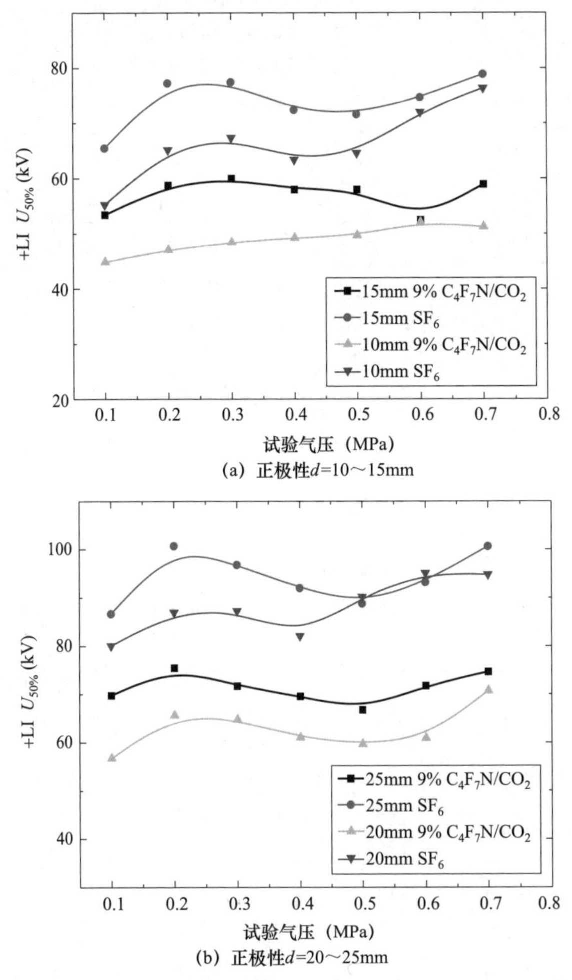

(a) 正极性d=10～15mm

(b) 正极性d=20～25mm

图4－11　尖－板电极下雷电冲击50%放电电压随气压变化曲线（一）

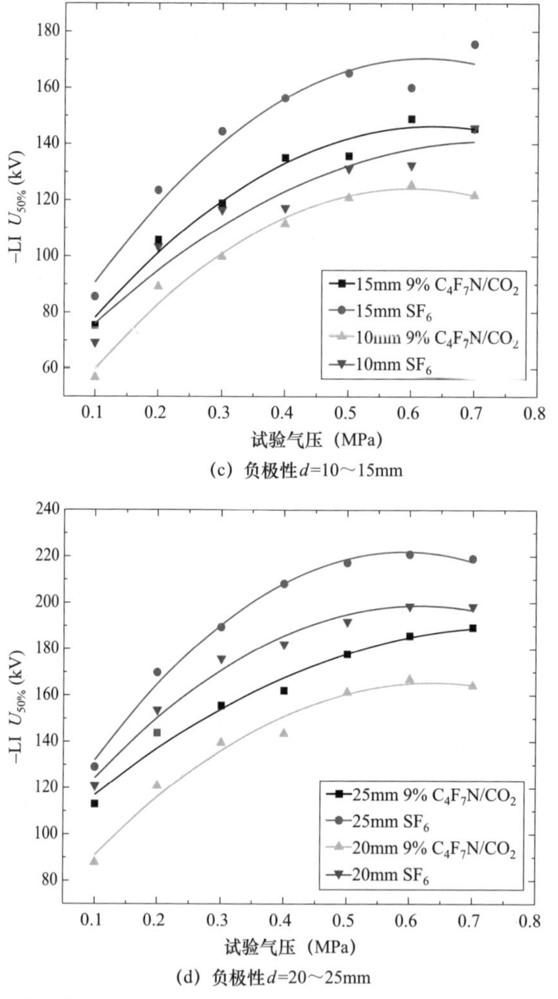

（c）负极性d=10～15mm

（d）负极性d=20～25mm

图 4-11　尖-板电极下雷电冲击 50%放电电压随气压变化曲线（二）

当气体间隙施加负极性雷电冲击电压、电极曲率半径相同而间隙间距不同的情况下，C_4F_7N/CO_2 混合气体及 SF_6 50%放电电压随气压逐渐上升，增长速率逐渐变缓，呈现饱和趋势，如图 4-11（c）、（d）所示，并未出现正极性雷电冲击电压下的 N 形曲线特征。

4.2.3　电场不均匀度的影响

前人研究电场不均匀度对 SF_6 的冲击放电特性的影响，通常只研究了较小范围的电场不均匀度，缺乏较大范围电场不均匀度对气体间隙放电特性的研究。对

新环保绝缘气体 C_4F_7N/CO_2 更缺乏相关研究。因此，本书设计使用了 6 种电场不均匀度的电极形式及间距，使得所研究的电场不均匀度的范围达到了 2.4～28.0，对 GIL 中 –15℃以上具有替代 SF_6 潜力的 9%C_4F_7N/CO_2 与纯 SF_6 在雷电冲击电压下的放电特性进行了对比研究。

根据电场不均匀度 f 的定义式，可以求出其数值大小，即

$$f = E_{max}/E_{ave} \tag{4-2}$$

$$E_{ave} = U/d \tag{4-3}$$

式中：E_{max} 为场域内最大电场强度，可以通过有限元仿真计算获取，kV/mm；E_{ave} 为场域内的平均电场强度，kV/mm；U 为高压电极上施加的电压，kV；d 为电极间距，mm。

有限元仿真场域内计算尖–板电极最大电场强度 E_{max} 的结果见图 4–12，设置剖分为极细化提高计算精度，施加在高压尖电极上的 U=15kV，最大电场强度位于尖电极曲率半径最小的附近，E_{max}=16.8kV/mm，由式（4–3）可得 E_{ave}=0.6kV/mm。

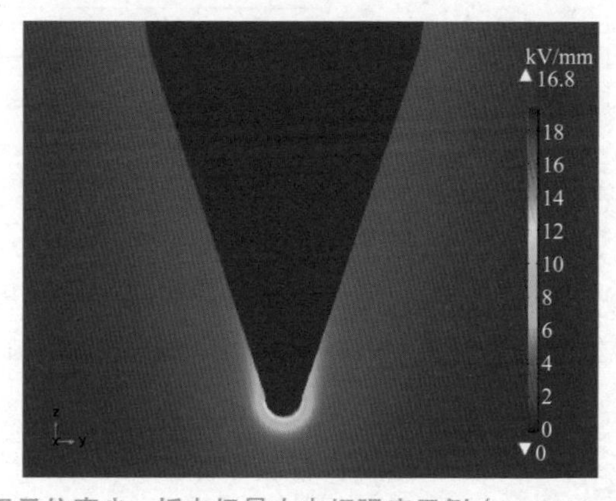

图 4–12　有限元仿真尖–板电极最大电场强度示例（r=0.4mm，d=25mm）

为了较清晰地量化电场不均匀度，作了以下定义：

（1）f=1 时为均匀电场，场域内的各处电场强度均相同。

（2）当 f 接近但不等于 1 时为准均匀电场，场域内的各处电场强度差异很小。

（3）当 $1.5<f<2.5$ 时为稍不均匀电场，场域内各处电场强度差异较大。

（4）当 $f>2.5$ 时为极不均匀电场，场域内的电场强度差异巨大。

电场不均匀度越大，电场畸变差异越大。因实际运行的气体绝缘设备中几乎没有均匀或准均匀的电场环境，其研究价值较小，因此本书研究场域选择更有实

际意义的稍不均匀电场直至出现缺陷时的极不均匀电场。西安交通大学研究得到了临界半径现象，其试验电极间距不变，而棒电极的曲率半径逐渐减小，放电电压产生了饱和下降趋势。而此时，曲率半径的变化引起了电场不均匀度的变化，此外，如果曲率半径不变而间距改变，是否有饱和趋势呢？因此，设计了如表 4－2 所示的尖电极曲率半径不变而间距改变的电极设置，典型电极如曲率半径 0.4mm 的尖电极实物如图 4－13 所示。完成不同气压、不同电场不均匀度下 9%C_4F_7N/CO_2 与 SF_6 的冲击放电试验。本节所描述的击穿场强为 50%放电电压除以电极的间距，即 $E=U_{50\%}/d$。

表 4－2　不同电极形式及间距下的电场不均匀度

电极形式	曲率半径（mm）	电极间距（mm）	电场不均匀度 f
球－板电极	3.0	5	2.4
		20	6.9
尖－板电极	0.4	10	13.8
		15	18.9
		20	23.6
		25	28.0

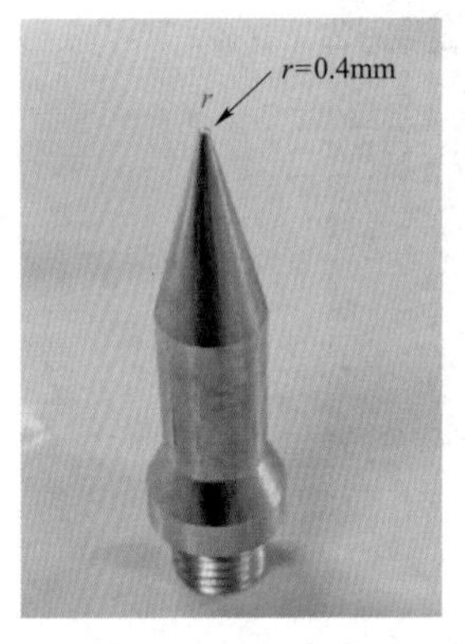

图 4－13　r=0.4mm 尖电极实物图

正极性雷电冲击电压下的试验结果如图 4－14 所示。正极性 9%C_4F_7N/CO_2 与 SF_6 平均击穿场强均随电场不均匀度增大逐渐减小，而当电场不均匀度增大到某一临界值时，平均击穿场强趋于饱和基本不变。负极性雷电冲击电压下试验结果如图 4－15 所示，击穿场强随电场不均匀度增大而下降，9%C_4F_7N/CO_2 击穿场强下降趋势几乎为线性。

为了定量电场不均匀度的影响，电场不均匀度增加到拟合曲线上某值击穿场强逐渐降低至最低击穿场强附近时且变化量不超过 10%时，定义该电场不均匀度为临界电场不均匀度，记作 f_{cr}。当尖电极曲率半径不变而电极间距发生变化时，$E-f$ 曲线呈现出了饱和下降的趋势，也就是这类饱和的现象主要原因在于电场不均匀度，而不单单是电极的曲率半径或电极间距的单一影响，因电场不均匀度的计算包含了电极间距和曲率半径两个参数的影响。

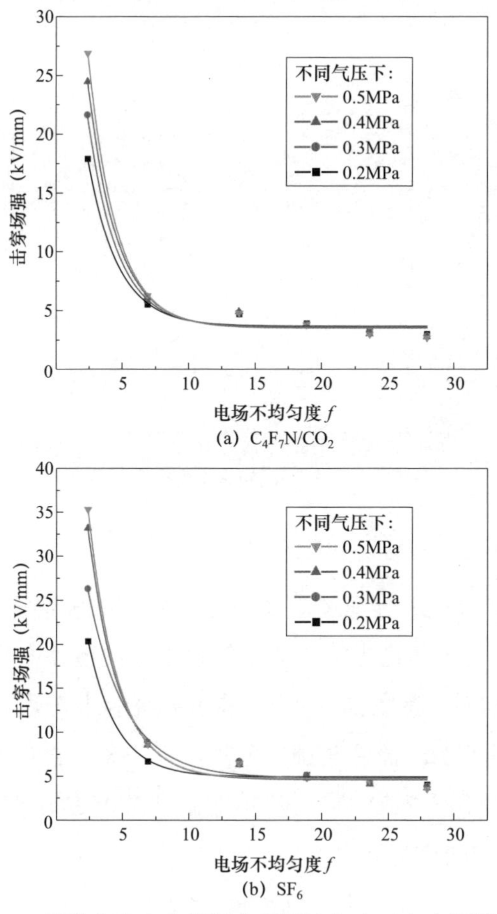

(a) C_4F_7N/CO_2

(b) SF_6

图 4-14　正雷电冲击电压下电场不均匀度对击穿场强的影响

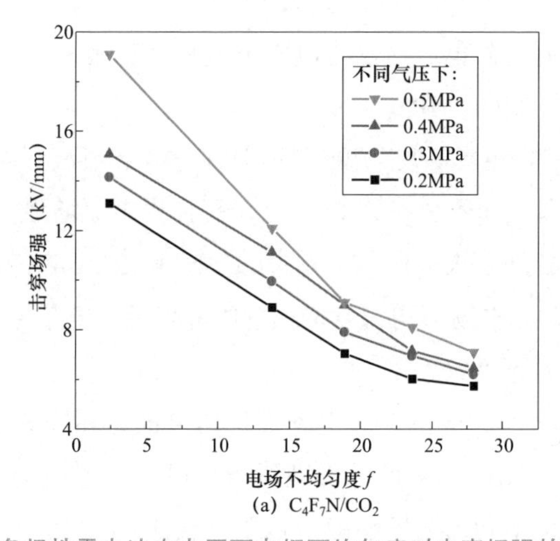

(a) C_4F_7N/CO_2

图 4-15　负极性雷电冲击电压下电场不均匀度对击穿场强的影响（一）

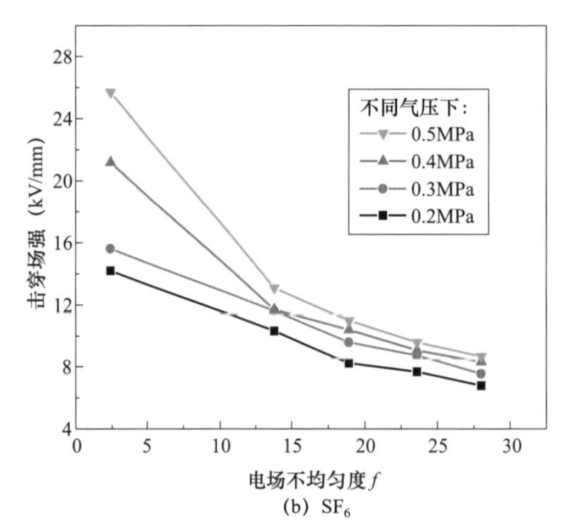

(b) SF_6

图 4-15　负极性雷电冲击电压下电场不均匀度对击穿场强的影响（二）

气体间隙击穿场强的临界电场不均匀度机制可以从先导放电产生机制分析。SF_6 在短间隙下已发现了步进先导，如果假设电晕的覆盖面积为球形，电极附近电晕内部的电场为临界击穿场强 E_{cr}。根据文献［94］对短间隙极不均匀电场中先导产生的理论分析可知：流注头部的空间电荷积累使得电场畸变，当畸变达到临界值 E 时就会形成先驱先导，同时气体的温度必须达到热电离温度，则流入放电通道的能量 W 必须超过临界值

$$W = \int Ei(t)\mathrm{d}t \approx E_{cr}Q \tag{4-4}$$

其中

$$Q = C / p \tag{4-5}$$

式中：Q 为电晕层的内部电荷，仅与电压类型和气压相关，C；C 为电压类型相关系数，MPa；p 为气压，MPa。

C_4F_7N/CO_2 的临界电场不均匀度现象与 SF_6 基本一致，其形成的机制也是相似的。当电压类型和气压不变时则 Q 一定，而临界击穿场强 E_{cr} 也只与气体种类和气压相关，因此当处于极不均匀电场中的 SF_6 和 9%C_4F_7N/CO_2 气压、电压类型、气体种类不变时，电场不均匀度增加到临界值后，电晕层内部电荷和热电离条件不变使得场强 E 不变。

定义气体间隙冲击放电特性对电场不均匀度的敏感度为随不均匀度增加而击穿场强衰减的百分比。击穿场强衰减百分比越大则当电场分布变化时就越敏感，绝缘性能适应极不均匀电场的能力越弱。表 4-3 是随电场不均匀度 f 从 2.4

增加到 28.0 时，$9\%C_4F_7N/CO_2$ 与 SF_6 击穿场强衰减的百分比对比结果，可以看出无论正极性还是负极性雷电冲击电压下，气压低于 0.4MPa 时 $9\%C_4F_7N/CO_2$ 对电场不均匀度变化的敏感度要高于 SF_6，气压为 0.4MPa 和 0.5MPa 时，其敏感度低于 SF_6。因此，可以认为气压 $p \geqslant 0.4$MPa 时，$9\%C_4F_7N/CO_2$ 适应极不均匀电场的能力更强。

表 4-3　　随电场不均匀度增加击穿场强衰减的百分比

气体	雷电冲击电压极性	气压（MPa）	衰减（%）
$9\%C_4F_7N/CO_2$	正极性	0.2	83.15
		0.3	86.75
		0.4	88.64
		0.5	89.89
	负极性	0.2	56.12
		0.3	56.04
		0.4	57.03
		0.5	62.83
SF_6	正极性	0.2	80.22
		0.3	85.29
		0.4	88.91
		0.5	89.94
	负极性	0.2	52.17
		0.3	51.56
		0.4	60.74
		0.5	66.15

4.2.4 雷电冲击电压下 C_4F_7N/CO_2的协同效应系数

二元混合气体放电电压随混合比例的变化而变化的规律可以用典型－协同效应来描述，一般分为 4 种关系。由塔库玛（Takuma，日本）根据试验结果得到的稍不均匀电场下二元混合气体的放电电压随混合比例变化的拟合公式为

$$U_m = U_2 + \frac{k(U_1 - U_2)}{k + C(1-k)} \tag{4-6}$$

式中：C 为协同效应系数，对于具有协同效应的混合气体，$0 < C < 1$，C 的值越小表示协同效应越明显，不同条件下混合气体呈现出不同的变化规律，若 C 值逐渐增大则协同效应逐渐减弱，当 C 为 1 时则为线性变化规律；U_m 为二元混合气

体的击穿电压；U_1 为电负性气体的放电电压，这里为纯 C_4F_7N 的放电电压；U_2 为缓冲气体的放电电压，这里为 CO_2 的击穿电压；k 为混合气体中气体 1 所占的比例，即为 C_4F_7N 的占比。

将式（4－6）进行变形可得出 C 协同效应系数的方程

$$C = k\frac{\dfrac{U_1 - U_m}{U_m - U_2}}{1-k} \tag{4-7}$$

式中：U_1 为纯 C_4F_7N 的放电电压，由于 C_4F_7N 纯气液化温度的限制，使得其常温下使用最高气压为 0.25MPa 左右，因此协同效应系数的计算仅考虑 0.1～0.2MPa 气压范围。

同时，为了定量地比较不同气压以及电压极性下的协同效应系数，定义了 5%～20%C_4F_7N/CO_2 混合气体平均协同效应系数 C_{ave}。

稍不均匀电场、极不均匀电场下不同混合比例的协同效应系数以及相同气压下的平均协同效应系数计算结果如表 4－4 及表 4－5 所示。

表 4－4　稍不均匀电场下 C_4F_7N/CO_2 的协同效应系数

LI 极性	气压（MPa）	混合比例（%）					C_{ave}
		5	7	9	13	20	
正极性	0.1	0.15	0.17	0.20	0.27	0.41	0.24
	0.2	0.23	0.28	0.25	0.33	0.51	0.32
负极性	0.1	0.35	0.35	0.27	0.36	0.43	0.35
	0.2	0.39	0.47	0.44	0.57	0.67	0.51

表 4－5　极不均匀电场下 C_4F_7N/CO_2 的协同效应系数

LI 极性	气压（MPa）	混合比例（%）					C_{ave}
		5	7	9	13	20	
正极性	0.1	0.14	0.19	0.21	0.27	0.39	0.24
	0.2	0.16	0.22	0.22	0.30	0.44	0.27
负极性	0.1	0.18	0.20	0.21	0.24	0.30	0.22
	0.2	0.21	0.24	0.25	0.29	0.38	0.27

从表 4－4 和表 4－5 中可以看出，无论稍不均匀电场和极不均匀电场中，正负极性雷电冲击电压下 5%～20%C_4F_7N/CO_2 混合气体的协同效应系数 C 及平均

协同效应系数 C_{ave} 均为 0～1，呈现出明显的协同效应。

正极性雷电冲击电压下，无论稍不均匀电场还是极不均匀电场，C_4F_7N/CO_2混合气体的协同效应系数 C 均随 C_4F_7N 占比例的增加而升高。但相同条件下 C_4F_7N 占比 5%的混合气体 C_4F_7N/CO_2 的绝缘性能无法达到 SF_6 的 80%，不能作为合适的比例。

当 C_4F_7N 占比小于 9%时 C_4F_7N/CO_2 混合气体的协同效应系数变化比较缓慢，混合比例大于 9%后协同效应系数 C 随比例增加的增速较快，而协同效应系数与协同效应强弱呈反比，因此混合比例不超过 9%的 C_4F_7N/CO_2 混合气体的协同效应较强，在不同电场不均匀度中使用有优势。同时，当气压为 0.2MPa 时，稍不均匀电场和极不均匀电场中，9%C_4F_7N/CO_2 混合气体的协同效应系数 C 分别小于和等于混合比例 7%时的 C 值，正极性下具有更强的协同效应。

负极性雷电冲击电压下，稍不均匀电场中，9%C_4F_7N/CO_2 混合气体的协同效应系数 C 相比 7%和 13%更小；极不均匀电场中，9%C_4F_7N/CO_2 混合气体的协同效应系数与混合比例 7%时非常接近且明显小于 13%。因此综合正负极性雷电冲击电压下，考虑稍不均匀电场和极不均匀电场中混合气体应具备更优的协同效应，9%C_4F_7N/CO_2 混合气体用于绝缘气体的优势较大。

4.3 冲击放电特性的影响因素

气体绝缘设备设计与出厂除了必须考虑雷电冲击绝缘特性，近年来也有越来越多企业考虑其陡波冲击绝缘性能，使得设备绝缘性能更加可靠。气体绝缘设备可能面临不同波形的陡波冲击电压，这些不同波形的冲击电压对气体绝缘设备造成了一定的威胁。目前，针对冲击电压下 C_4F_7N/CO_2 放电特性的研究仍比较罕见，且放电特性研究的试验变量范围比较小，本节就针对不同混合比例、气压、电场不均匀度、电压极性和冲击电压波形等各因素对其冲击绝缘特性进行了综合研究。

当 C_4F_7N/CO_2 应用于气体绝缘设备中，可能面临不同波形的冲击过电压，其中就包括波前时间为 0.1～20μs 的快速波前过电压（fast-front overvoltage，FFO），这些波形不同的冲击电压对气体绝缘设备安全造成了一定的威胁。为掌握不同波形 FFO 作用下 C_4F_7N/CO_2 混合气体的冲击放电特性，研究了稍不均匀电场和极不均匀电场中，FFO 的波前时间对 C_4F_7N/CO_2 陡波冲击放电特性的影响，并与相

同条件下 SF_6 的陡波冲击放电特性进行了对比。

4.3.1 稍不均匀电场中波前时间的影响

稍不均匀电场中，C_4F_7N/CO_2 混合气体与 SF_6 气体 50%击穿电压随波前时间变化的曲线如图 4-16 所示。在陡波冲击电压波前时间 0.22～1.22μs 时，C_4F_7N/CO_2 混合气体 50%击穿电压随波前时间增加而先下降后上升，呈现 U 形曲线特征。SF_6 的 $U_{50\%}-T_f$ 曲线如图 4-16（b）所示，与 C_4F_7N/CO_2 混合气体的变化趋势基本一致，呈现出 U 形曲线。

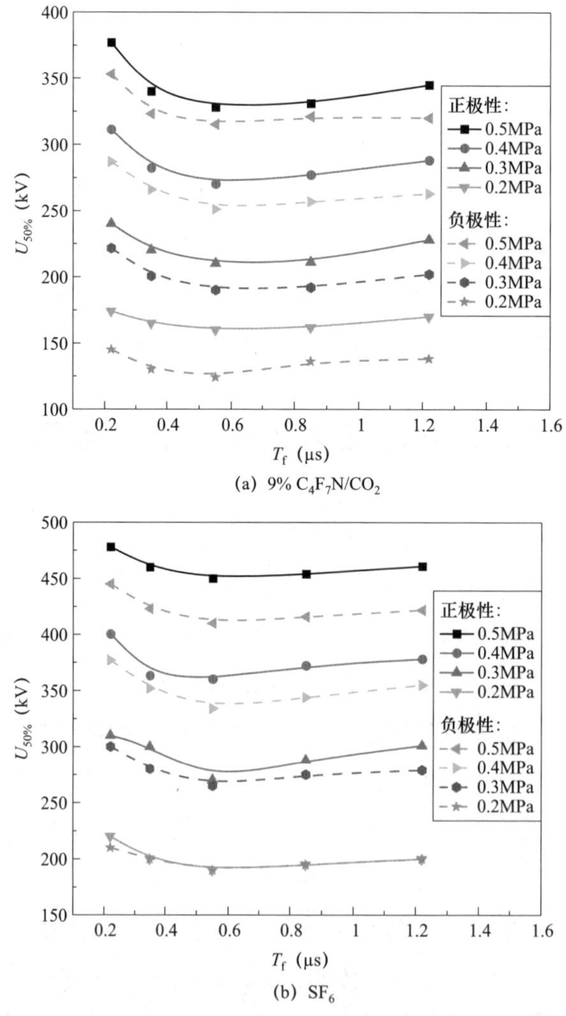

图 4-16 C_4F_7N/CO_2 与 SF_6 球-板间隙 50%放电电压随冲击电压波前时间的变化

正负极性冲击电压下，C_4F_7N/CO_2混合气体和SF_6气体的50%击穿电压随波前时间变化的趋势基本一致，电压的极性对$U_{50\%}-T_f$的U形曲线特征影响很小。随着气压升高，U形曲线中电压的峰谷差逐渐增加，在低气压下时50%击穿电压随波前时间变化而变化量较小。此外，随着波前时间变化，C_4F_7N/CO_2的50%放电电压变化幅度大于相同条件SF_6，即对波前时间变化的敏感度大于SF_6。

4.3.2 极不均匀电场中波前时间的影响

极不均匀电场中，C_4F_7N/CO_2混合气体与SF_6气体50%击穿电压随波前时间变化的曲线如图4-17所示，电场不均匀度$f=15.9$。在冲击电压波前时间0.22～1.22μs时，C_4F_7N/CO_2混合气体正极性和负极性50%击穿电压均随波前时间增加先逐渐下降而后逐渐稳定的趋势。当冲击电压波前时间T_f从0.22逐渐增加至0.55μs时，50%击穿电压逐渐下降，当T_f＞0.55μs后，击穿电压基本稳定不变。

4.3.3 波前时间对C_4F_7N/CO_2冲击绝缘特性的影响机制

波前时间是如何影响绝缘特性的呢？通过稍不均匀电场中的试验结果可知，当绝缘气体纯净时，在冲击电压波前时间为0.5～0.7μs时，可能出现C_4F_7N/CO_2混合气体50%击穿电压的最低值。SF_6气体50%击穿电压的最低值对应冲击电压波前时间与C_4F_7N/CO_2混合气体相似，为0.4～0.6μs。对比图4-16（a）、（b）可知，稍不均匀电场中高气压下C_4F_7N/CO_2混合气体击穿电压随波前时间变化量大于SF_6，即C_4F_7N/CO_2对波前时间变化的敏感性高于SF_6。

稍不均匀电场中$U_{50\%}-T_f$的U形曲线中左半部分击穿电压随波前时间增加而下降的原因是，气体间隙击穿需一定时延，电压与施加冲击电压作用时间的积分基本不变，波前时间增加则冲击电压上升率降低，单位时间需要注入气体间隙的能量减小，则不需要很高的场强就能击穿间隙，如图4-18所示，击穿电压会逐渐下降；U形曲线中另一部分击穿电压随波前时间增加而上升的原因是冲击电压波前时间增加至临界值时，产生的空间电荷能够覆盖球电极附近，使球电极等效半径增大，电场更加均匀化，虽然波前时间增加使得单位时间注入能量的需求减小，但空间电荷的增加占主导，较长波前时间的冲击电压下空间电荷能够扩散分布在更大范围，均匀化电场的影响增大，击穿电压升高。

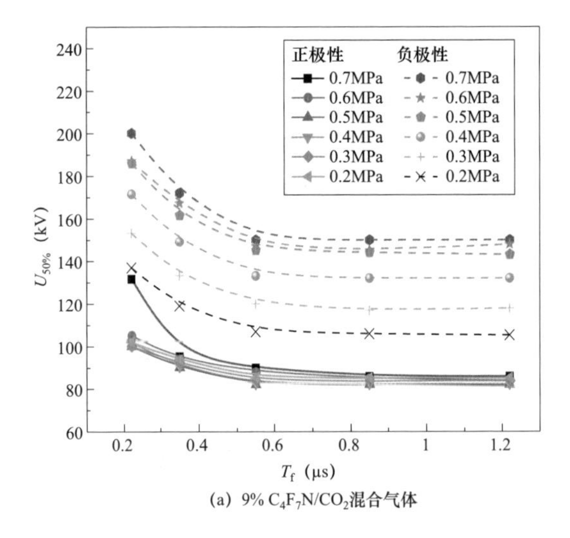

（a）9% C_4F_7N/CO_2混合气体

（b）SF_6气体

图 4－17　9%C_4F_7N/CO_2混合气体及SF_6气体间隙50%击穿电压随冲击电压波前时间的变化

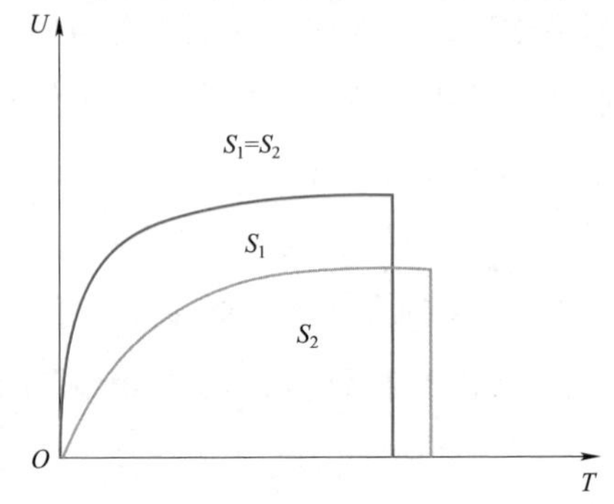

图 4－18　冲击放电击穿放电电压与作用时间的关系

极不均匀电场中，当 T_f<0.55μs 时，随着波前时间缩短，尖电极的电晕层无法形成，而放电通道形成需要足够的能量，因此要在更短波前时间放电则单位时间需要的能量越大，使得气体间隙击穿所需电压越高。反之波前时间越大，需要单位时间能量越小，击穿电压越低。当 T_f>0.55μs 时，随波前时间增加，电晕层可以逐渐形成并扩大，最终形成稳定电晕层，电晕稳定化作用也逐渐饱和使得击穿电压趋于稳定。

气体绝缘环境中出现金属突出物、颗粒，电场为极不均匀电场，冲击电压波前时间为0.55～1.22μs 时，可能出现 C_4F_7N/CO_2 混合气体 50%击穿电压的最低值。SF_6 气体 50%击穿电压的最低值则对应冲击电压波前时间为 0.7～1.22μs。

试验发现，双指数陡波冲击电压下，波前时间、电压极性和气压对相同条件下 9%C_4F_7N/CO_2 和 SF_6 冲击放电性能的影响规律非常相近。稍不均匀电场中，电压极性对 $U_{50\%}-T_f$ 曲线和 $U_{50\%}-p$ 曲线的变化趋势影响很小。9%C_4F_7N/CO_2 和 SF_6 的 50%放电电压均随气压升高而线性增加。9%C_4F_7N/CO_2 和 SF_6 气体的 50%放电电压均随波前时间增加而先下降后上升，即 $U_{50\%}-T_f$ 曲线为 U 形曲线。极不均匀电场中，正极性下 9%C_4F_7N/CO_2 $U_{50\%}-p$ 曲线出现先增加后减小再增加的 N 形曲线特征。9%C_4F_7N/CO_2 混合气体和 SF_6 气体的 50%放电电压随波前时间增加而都呈现逐渐下降至饱和的趋势。相同条件下 9% C_4F_7N/CO_2 的 GWP 不到 SF_6 的 1%，对电场不均匀度敏感度更优，绝缘性能达到 SF_6 的 80%，但液化温度仍高于 SF_6，此外，随着波前时间变化，C_4F_7N/CO_2 的 50%放电电压变化幅度大于相同条件 SF_6，即对波前时间变化的敏感度大于 SF_6。

4.3.4 C_4F_7N/CO_2与 SF_6陡波冲击绝缘特性的对比

研究了不同波形 C_4F_7N/CO_2 混合气体的陡波冲击 50%放电电压后，本书进一步对比了陡波冲击下 9%C_4F_7N/CO_2 混合气体与 SF_6 气体的冲击绝缘性能。

在稍不均匀电场和极不均匀电场中，对比研究了不同气压、不同电压极性、不同波前时间下的 C_4F_7N/CO_2 混合气体与 SF_6 冲击绝缘性能。为了量化两种气体在相同条件下的相对绝缘性能，定义了 U_2 为不同波前时间陡波冲击电压下的陡波相对绝缘强度，如式（4－8）所示

$$U_2 = U_{C_4-CO_2} / U_{SF_6} \quad (T_f=0.22\sim0.85\mu s\ 时) \qquad (4-8)$$

式中：$U_{C_4-CO_2}$ 为 C_4F_7N/CO_2 的陡波冲击电压下 50%击穿电压，kV；U_{SF_6} 为 SF_6

的陡波冲击电压下 50%击穿电压，kV。

1. 稍不均匀电场

使用电场不均匀度为 2.0 的球－板电极对两种气体进行了陡波冲击放电对比试验，结果如图 4－20 所示。从图 4－19（a）中可以看出正极性陡波冲击电压下，气压为 0.2～0.5MPa 时，陡波相对绝缘强度 U_2 随气压增大呈现略微下降趋势。波前时间较短（T_f=0.22μs）时，随气压变化幅度很小，9% C_4F_7N/CO_2 混合气体 50%放电电压均大于 SF_6 气体的 80%。当陡波冲击电压的波前时间较长（T_f>0.35μs）时，气压为 0.3MPa 时陡波相对绝缘强度 U_2 出现了极小值，小于 0.8，其他气压下 U_2 均大于 0.8。

从图 4－19（b）中可以发现在负极性陡波冲击电压下，陡波相对绝缘强度 U_2 随气压增大呈现略微上升的趋势，当气压大于等于 0.4MPa 时，9% C_4F_7N/CO_2 的 50%放电电压均大于 SF_6 气体的 80%，而当气压较小时不能满足。

2. 极不均匀电场

使用电极间距 d=15mm 的尖－板电极对两种气体进行陡波冲击放电对比试验，结果如图 4－20 所示。正极性陡波冲击电压下，陡波相对绝缘强度 U_2 随气压增大呈现略微上升的趋势，当气压小于 0.4MPa 时，波前时间为 0.22μs 和 0.55μs 时，U_2<0.8。

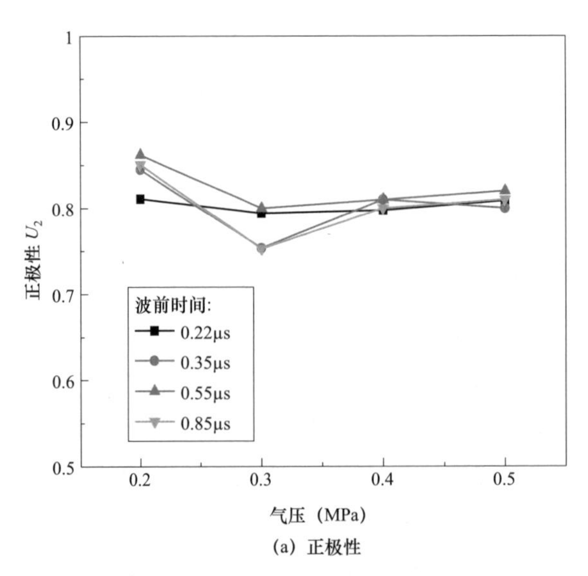

（a）正极性

图 4－19　稍不均匀电场中，9%C_4F_7N/CO_2 相对于 SF_6 的绝缘强度（一）

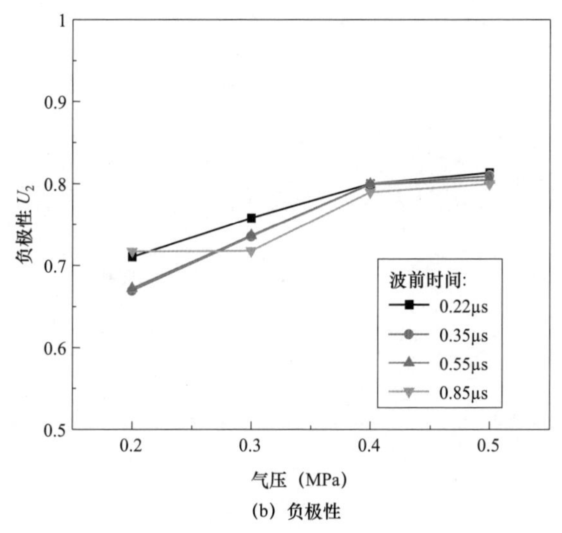

(b) 负极性

图 4-19　稍不均匀电场中，$9\%C_4F_7N/CO_2$相对于 SF_6的绝缘强度（二）

负极性陡波冲击电压下，陡波相对绝缘强度 U_2 随气压增大呈现上升再下降的趋势，波前时间 0.22～0.85μs 时，U_2 均大于 0.8。

综合稍不均电场和极不均匀电场中正负极性陡波冲击下以及雷电冲击下的对比试验结果，可知：在 GIL 内部不存在缺陷和故障时，面临不同陡波冲击电压侵袭时，$9\%C_4F_7N/CO_2$ 相对 SF_6 绝缘强度 U_2 较弱于雷电冲击电压下相对绝

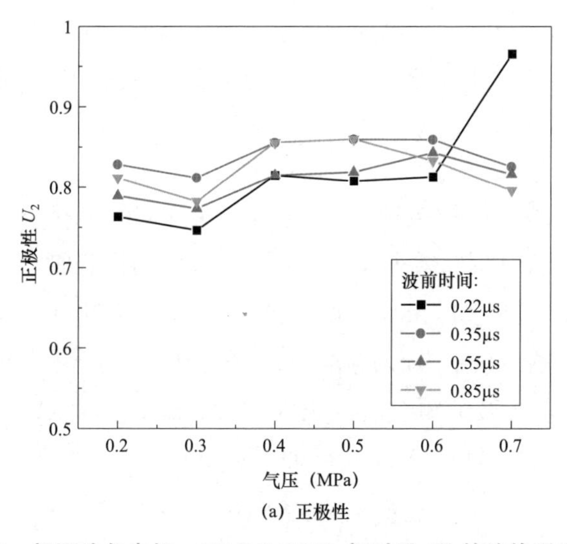

(a) 正极性

图 4-20　极不均匀电场，$9\%C_4F_7N/CO_2$相对于 SF_6的绝缘强度（一）

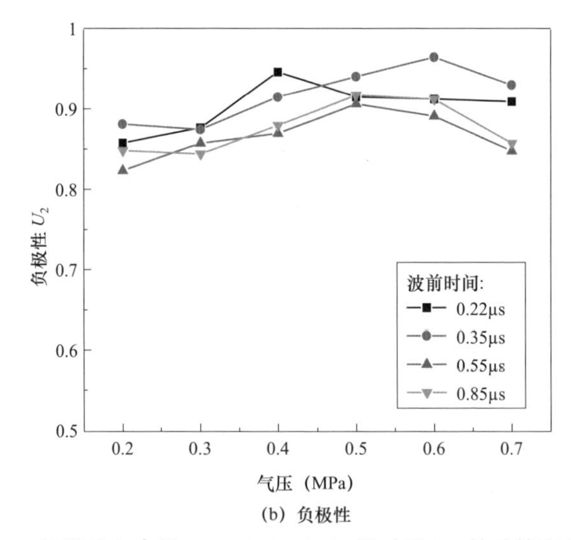

（b）负极性

图 4-20　极不均匀电场，9%C_4F_7N/CO_2相对于 SF_6的绝缘强度（二）

缘强度 U_1，即 $U_2 < U_1$；而当电场分布为极不均匀电场时，U_2将大于 U_1。若以相同条件下，相对 SF_6绝缘强度的 80%为要求，则使用 C_4F_7N/CO_2的 GIL 运行气压不能低于 0.4MPa。

4.4　真型电极下 C_4F_7N/CO_2混合气体的冲击放电

设计值通常考虑负极性雷电冲击电压下的场强值，而负极性雷电冲击击穿场强为负极性下 50%击穿电压除以间隙距离 d（单位为 mm），见式（4-9）

$$E = \frac{U_{50\%}}{d} \tag{4-9}$$

负极性 50%击穿电压取电场不均匀度 f 与实际 GIL 保持一致时，球-板电极情况下的值，即 f=2.4 时，本书从理论计算、试验均已获取。

同时，根据 GIL 中 SF_6设计依据，参考《SF_6高压电器设计》可知：耐压值与 50%击穿值的差值为 3σ（σ为标准差）。根据第 3 章在稍不均匀电场中不同试验间隔时间的研究结果可知：当气压为 0.5MPa 时，9%C_4F_7N/CO_2 的标准差 σ=2.5%。另外，需要考虑工程上实际加工制造的裕度，则需要留有裕度 K_1，即

$$E_{si} = K_1 \times E \times (1-3\sigma) \tag{4-10}$$

根据上述试验及计算结果，得到了 GIL 内部 C_4F_7N/CO_2 混合气体的使用参数

及高压导杆场强设计值，见表 4－6。与特高压 SF_6/N_2 的 GIL 导电杆表面设计场强 17.6～22.6kV/mm 有重合部分。

表 4－6　C_4F_7N/CO_2混合气体的使用参数及高压导电杆场强设计值

环境最低温度（℃）	C_4F_7N 占比 9%时气压范围（MPa）	高压导电杆场强设计值（kV/mm）
－15	0.4～0.7	15.3～19.3
－20	0.4～0.6	15.3～18.1

1100kV GIL 主体部分剖视图及其内部电场仿真如图 4－21 所示，r＝130mm，R＝440mm，气体间隙间距 d＝310mm。此时有限元电场仿真中施加的电压大小由 GB/T 24838—2018《1100kV 高压交流断路器》确定。1100kV GIS 的额定雷电冲击电压耐受值为 2400kV。还可以使用静电场中的式（4－11）进行计算，得到 GIL 的最大电场强度（见表 4－7）。仿真与公式计算的最大场强值在高压导杆的场强设计值范围内。即

$$E_{max}=\frac{U}{r\ln(R/r)} \tag{4-11}$$

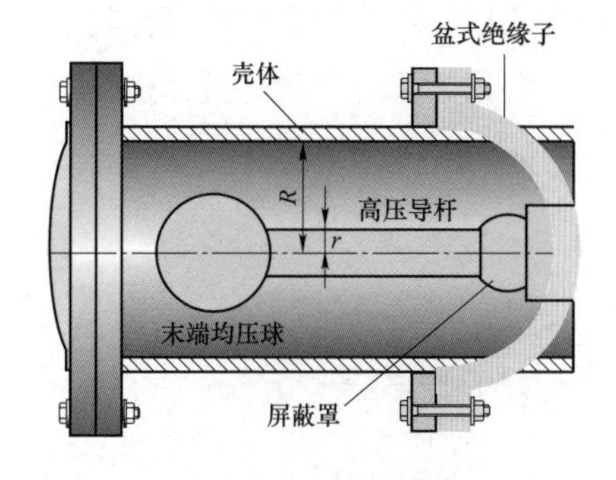

(a) GIL气室内部主要结构

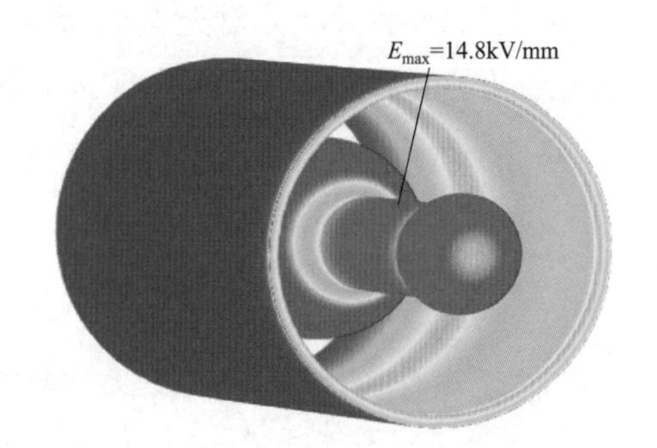

(b) GIL内部电场仿真

图 4－21　1100kV GIL 结构示意图及最大电场仿真结果

表 4－7　最大电场强度值

计算方法	9%C_4F_7N/CO_2 的 E_{max}（kV/mm）
式（4－11）计算	15.1
有限元仿真	14.8

为研究所提出的 C_4F_7N/CO_2 混合气体混合比例及充气气压范围能否直接应用于特高压 GIL，需要对 GIL 内部 C_4F_7N/CO_2 混合气体的使用参数进行耐压测试

验证。因此，与西安西电开关电气有限公司技术中心进行合作，利用其特高压GIL的试验平台（见图4－22）对提出的混合气体雷电冲击绝缘性能进行了的试验验证。向1100kV GIL内充入C_4F_7N/CO_2混合气体，温度22.5℃，充入时气压为0.7MPa，混合比例9%。

图4－22　西安西电开关电气有限公司技术中心1100kV 试验GIL

根据GB/T 16927.1—2011《高电压试验技术　第1部分：一般定义及试验要求》中耐受试验程序A，对充有9%混合气体的GIL分别施加3次正极性与3次负极性标准雷电冲击电压，未发现击穿或损坏，则认为通过试验。具体试验过程如图4－23所示，从要求的耐受电压2400kV的40%～50%附近开始逐级升压进

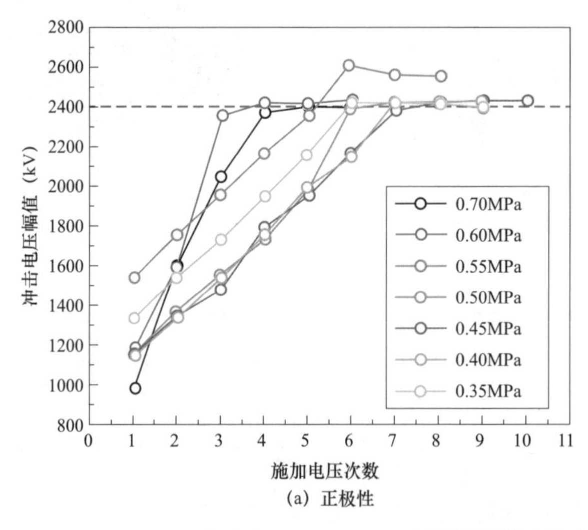

图4－23　1100kV GIL中充入9%C_4F_7N/CO_2耐压试验过程（一）

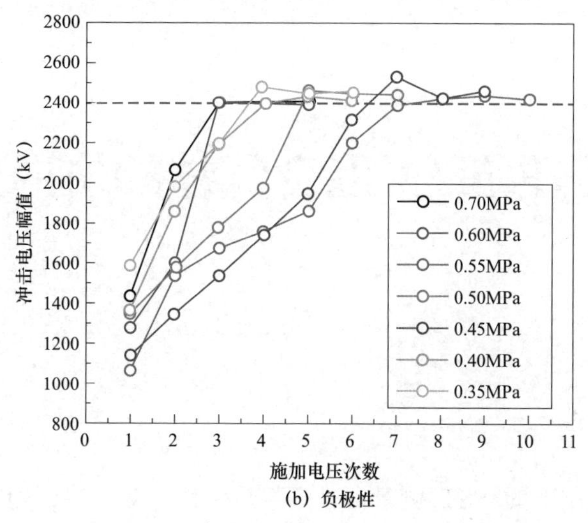

（b）负极性

图 4－23　1100kV GIL 中充入 9%C_4F_7N/CO_2耐压试验过程（二）

行耐压试验，若在该电压下未击穿则升高雷电冲击的电压值，直至电压值升高超过2400kV。从图 4－23 中可以看出，气压为 0.35～0.7MPa 时通过了正负极性雷电冲击电压下的耐压试验，验证了提出的混合比例、气压范围能够满足 GB/T 22383—2017《额定电压 72.5kV 及以上刚性气体绝缘输电线路》要求。

5　C_4F_7N/X混合气体的协同效应

无论是低气压下的 SST 测量还是高气压下的工频击穿试验，都存在一个现象，即混合气体的临界击穿场强或者工频击穿电压/场强随混合比例变化时为非线性变化，这是在至少包含一种电亲和性气体组分的混合气体中广泛存在的放电特性，一般称其为混合气体的协同效应。本章主要介绍协同效应理论和测试方法，试验分析 C_4F_7N 气体与不同类型缓冲气体的协同效应，为优选合适的缓冲气体提供依据。

5.1　协同效应理论和测试方法

5.1.1　协同效应理论

1980 年，伍顿（Wootton）等首次使用协同效应一词描述混合气体的这一特性，因此式（4-6）中的 C 也被称为协同效应系数。岗贝（Okabe）则将二元混合气体介电强度偏离两种气体组分介电强度加权平均值的特性统称为协同效应。根据不同混合气体介电强度将协同效应细分为线性关系和正协同、协同及负协同效应四种类型，如图 5-1 所示。当混合气体介电强度与混合比例的关系不为线性关系时，则无法直接由两种组分气体纯气的介电强度按其在混合气体中的占比计算获得混合气体的介电强度，这也是混合气体理论计算模型没有与纯气理论计算模型并行发展的主要原因之一。

往往不同气体混合后会产生不同的协同效应，对于协同效应强弱的对比或者定量分析，部分研究者是将试验或计算得到的 U_m、U_1、U_2 值代入式（4-6）中，

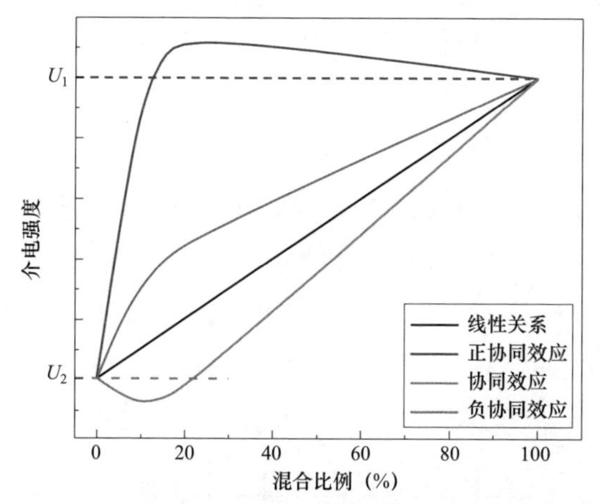

图 5-1　不同类型协同效应下混合气体的介电强度与混合比例的关系

得到不同混合占比 k 下的 C 值，再取 C 值的均值，从而比较不同气压、气体种类下协同效应的大小，此时的 C 值往往是不相同的。而在描述该特性曲线的拟合式（4-6）中 C 值被定义为常数，即对于同一种混合气体，C 值应采用拟合获得，是一个定值，但这就与研究结果间存在矛盾，表明该方法在复现不同混合气体实测介电强度曲线时可能会存在偏差较大的情况。

混合气体的协同效应强弱是确定最优缓冲气体种类和混合比例的重要依据之一。对于混合气体的各类高压试验，研究人员选取的缓冲气体类型一般仅局限于 CO_2、N_2、空气等。缓冲气体研究类型较少且固定，导致不同类型混合气体放电规律的对比、分析与外推较为困难。此外，对于较高气压下混合气体的研究，主绝缘气体的最高占比通常为 20%～30%。客观来说，即使是最新提出的 C_4F_7N 混合气体，仍然不是 SF_6 的完美替代方案，替代气体方案的研究仍将继续。今后若提出液化温度更低的新型环保绝缘气体，最佳使用占比可能大于 30%甚至更高。若仅考虑所有混合占比范围内的部分特性，获得的规律若要推及更大的混合比例范围，可能产生较大的误差或者外推依据不充分等问题，即不具备一般性。为有效地总结混合气体放电的一般性规律，并对其他研究工作提供基础试验数据支撑，有必要进一步开展 C_4F_7N 与多种缓冲气体及较高主绝缘气体占比下混合气体的放电规律及协同特性研究。

本章选择系列缓冲气体，包括稀有气体（He、Ne、Ar）、氟碳类气体（CF_4、C_2F_6、C_3F_6、C_3F_8）和常规缓冲气体（N_2、CO_2）与 C_4F_7N 混合后构成二元混合气体，在 0～100%混合比例范围内研究其在稍不均匀电场下的工频放电特性，并

着重对比分析不同 C_4F_7N 混合气体协同特性。

5.1.2 协同效应测试方法

混合气体工频试验平台和试验方法可参考第 3 章，首先通过试验获得各种纯气的工频放电电压，为评估混合气体的协同效应提供基础。

在球–球电极（球径为 25mm，电极间距 2.5mm）构成的稍不均匀电场下，9 种缓冲气体（He、Ne、Ar、N_2、CO_2、CF_4、C_2F_6、C_3F_6、C_3F_8）、C_4F_7N 及 SF_6 的工频放电电压与气压的关系如图 5–2 所示。

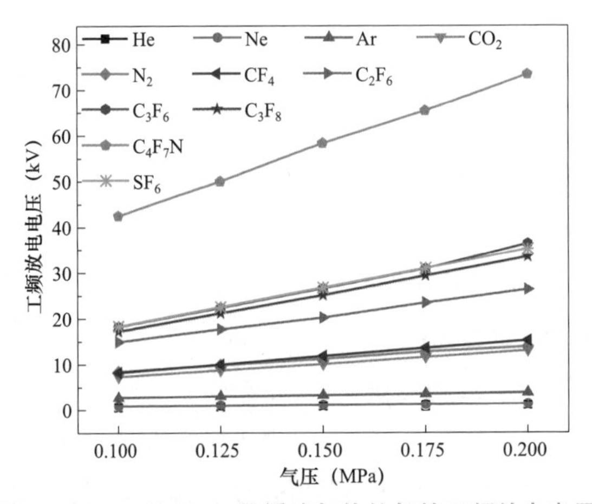

图 5–2　C_4F_7N、SF_6 及缓冲气体纯气的工频放电电压

上述纯气在 0.1～0.2MPa 试验气压范围内，工频放电电压随气压增大均为线性增长，符合巴申定律。虽然 Ne 的分子量大于 He，但两者的放电电压基本一致；CO_2、N_2、CF_4 放电电压相近；C_3F_6、C_3F_8 和 SF_6 的放电电压相近。

表 5–1 为根据式（5–1）得到的各纯气随气压变化时的线性拟合参数，式中气压单位为 MPa，即

$$U_b = Ap + B \tag{5-1}$$

表 5–1　纯气工频放电电压随气压变化的线性拟合参数

气体类型	参数 A	参数 B	气体类型	参数 A	参数 B
SF_6	168.79	1.25	CF_4	70.18	1.03
He	5.05	0.03	C_2F_6	116.35	2.85
Ne	4.89	0.14	C_3F_6	174.96	0.09

续表

气体类型	参数 *A*	参数 *B*	气体类型	参数 *A*	参数 *B*
Ar	11.25	1.44	C_3F_8	163.04	0.67
N_2	54.93	2.77	C_4F_7N	310.38	11.05
CO_2	56.54	1.45			

各气压下 C_4F_7N 及缓冲气体纯气相对于 SF_6 的介电强度 E_r 及各试验气压下相对值的均值 $E_{r\text{-}ave}$ 计算结果如表 5-2 所示。随气压增大，C_4F_7N 与缓冲气体纯气相对于 SF_6 的介电强度 E_r 非定值，大多呈现出一定程度的下降趋势，但幅度不大。表明 C_4F_7N 与缓冲气体纯气随气压变化时的特性与 SF_6 有一致性，这种相似的性质，使得 E_r 在更高气压范围内也可能具备较好的适用性。取不同气压下的均值 $E_{r\text{-}ave}$ 为该纯气相对于 SF_6 的介电强度，排序为 $He \approx Ne < Ar < CO_2 < N_2 < CF_4 < C_2F_6 < C_3F_8 < C_3F_6 \approx SF_6 < C_4F_7N$。

表 5-2　各气压下 C_4F_7N 及缓冲气体纯气相对于 SF_6 的介电强度

气体类型	气压（MPa）					均值 $E_{r\text{-}ave}$
	0.100	0.125	0.150	0.175	0.200	
He	0.030	0.030	0.030	0.030	0.030	0.030
Ne	0.035	0.033	0.033	0.033	0.032	0.033
Ar	0.141	0.129	0.118	0.111	0.105	0.121
N_2	0.457	0.435	0.417	0.410	0.392	0.422
CO_2	0.394	0.383	0.372	0.370	0.366	0.377
CF_4	0.446	0.439	0.439	0.436	0.430	0.439
C_2F_6	0.815	0.785	0.755	0.756	0.747	0.772
C_3F_6	0.996	0.992	0.994	0.997	1.034	1.003
C_3F_8	0.941	0.942	0.939	0.948	0.952	0.944
C_4F_7N	2.335	2.230	2.190	2.120	2.092	2.193

5.2　C_4F_7N 与稀有气体混合后的协同效应

试验对象：C_4F_7N、He、Ne、Ar 纯气以及 C_4F_7N 占比为 5%、10%、15%、

20%、25%、50%和 75%的 C_4F_7N/He、C_4F_7N/Ne、C_4F_7N/Ar 混合气体。

电场分布：由球－球（球径为 25mm，电极间距 2.5mm）构成的稍不均匀电场。因 C_4F_7N 在标况下的饱和蒸气压约为 0.25MPa，为将混合气体放电电压与纯 C_4F_7N 进行比较分析，C_4F_7N 混合气体试验气压与纯气相同，为 0.100、0.125、0.150、0.175、0.200MPa。

5.2.1 气压和比例的影响

C_4F_7N/He、C_4F_7N/Ne、C_4F_7N/Ar 混合气体的工频放电电压与气压的关系如图 5－3 所示。

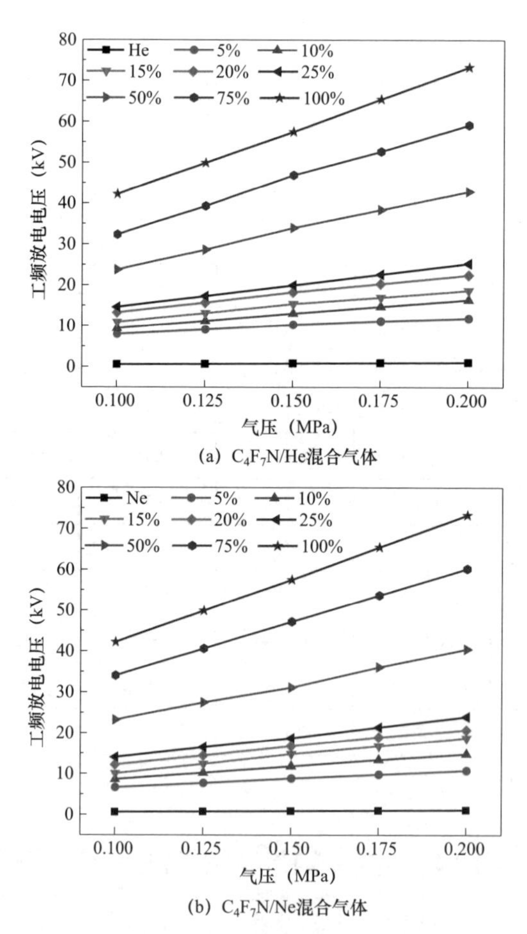

（a）C_4F_7N/He混合气体

（b）C_4F_7N/Ne混合气体

图 5－3　C_4F_7N/稀有气体工频放电电压与气压的关系（一）

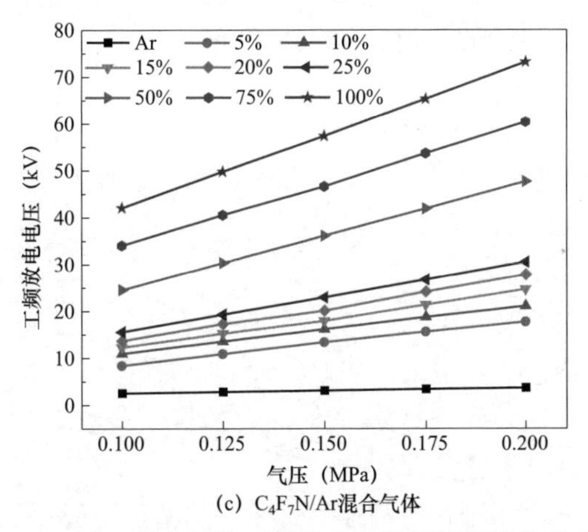

(c) C_4F_7N/Ar混合气体

图 5-3 C_4F_7N/稀有气体工频放电电压与气压的关系（二）

在不同的混合比例下，试验研究的 3 种 C_4F_7N/稀有气体工频放电电压随气压增大为线性变化，满足巴申定律。若混合气体的放电电压不明显偏离巴申曲线或者与 SF_6 偏离的趋势相同，那么混合气体相对于 SF_6 的介电强度 E_r 将在较大的 pd 范围内保持较小的偏差。在 He、Ne、Ar 等较低介电强度的稀有气体中添加少量 C_4F_7N（如 5%），混合气体的工频放电电压成倍增加；但 C_4F_7N 占比再以 5% 等间距增加时，C_4F_7N 混合气体工频放电电压提升量比“0→5%”阶段大为减少。从“0→5%”，C_4F_7N/He、C_4F_7N/Ne、C_4F_7N/Ar 混合气体的介电强度比缓冲气体纯气介电强度分别提升了 12.8、10.1、4.3 倍；在“5%→10%”的提升量比“0→5%”的提升量分别下降 71%、62%、108%。He 和 Ne 纯气的放电电压相当，添加相同占比的 C_4F_7N 后，C_4F_7N/Ne 的工频放电电压低于 C_4F_7N/He 混合气体。相同 C_4F_7N 占比下，C_4F_7N/Ne 混合气体在上述 3 种混合气体中介电强度最低。

5.2.2 缓冲气体类型的影响

图 5-4 对比了 C_4F_7N 占比为 5%、10%、25%和 75%的不同缓冲气体类型 C_4F_7N/He、C_4F_7N/Ne、C_4F_7N/Ar 混合气体的工频放电电压。C_4F_7N 占比较低时，3 种 C_4F_7N/稀有气体的工频放电电压曲线分离程度较高，受缓冲气体类型影响较大；当 C_4F_7N 占比较高（如 75%），C_4F_7N 混合气体的工频放电电压曲线较为聚集，混合不同缓冲气体时产生的影响减小。在相同的球－球电极构成的稍不均匀电场下，缓冲纯气的介电强度大小为 He≈Ne＜Ar，但混入相同占比的 C_4F_7N 气

体后，C_4F_7N/Ne 混合气体的相对绝缘水平最低。

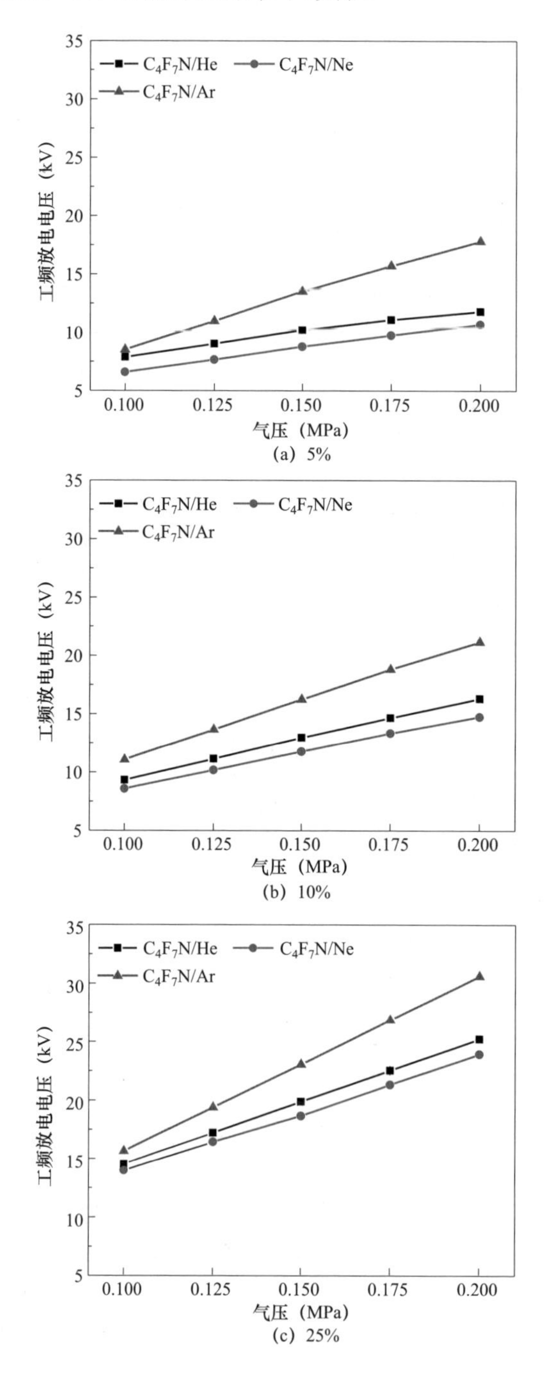

图 5-4 相同 C_4F_7N 占比下不同类型 C_4F_7N/稀有气体的放电特性（一）

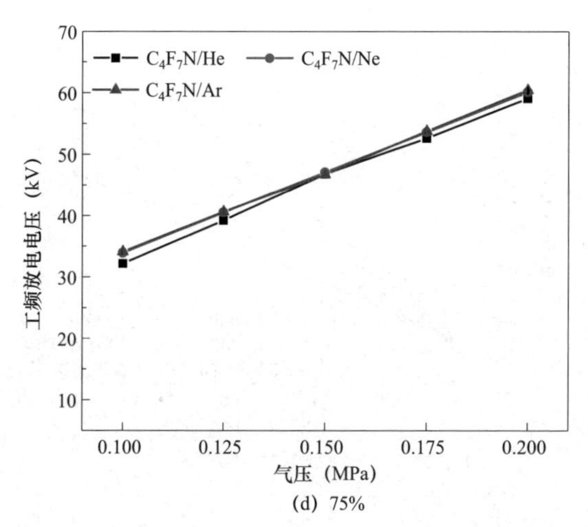

（d）75%

图 5-4　相同 C_4F_7N 占比下不同类型 C_4F_7N/稀有气体的放电特性（二）

5.2.3　工频协同效应系数

稍不均匀电场下，C_4F_7N/稀有气体的工频放电电压与混合比例的关系如图 5-5 所示。

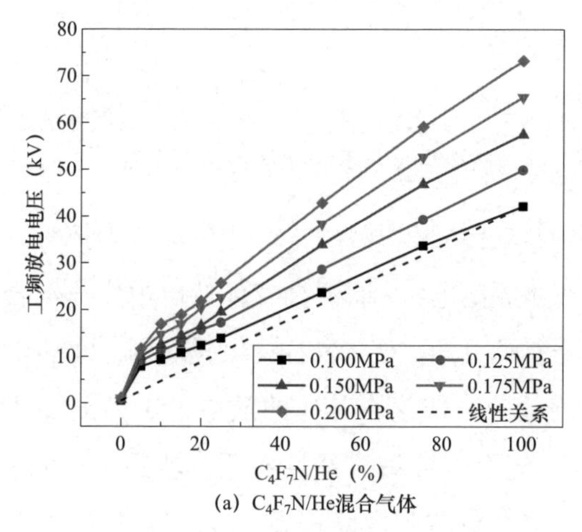

（a）C_4F_7N/He混合气体

图 5-5　不同缓冲气体类型下 C_4F_7N/稀有气体的工频放电电压与混合比例的关系（一）

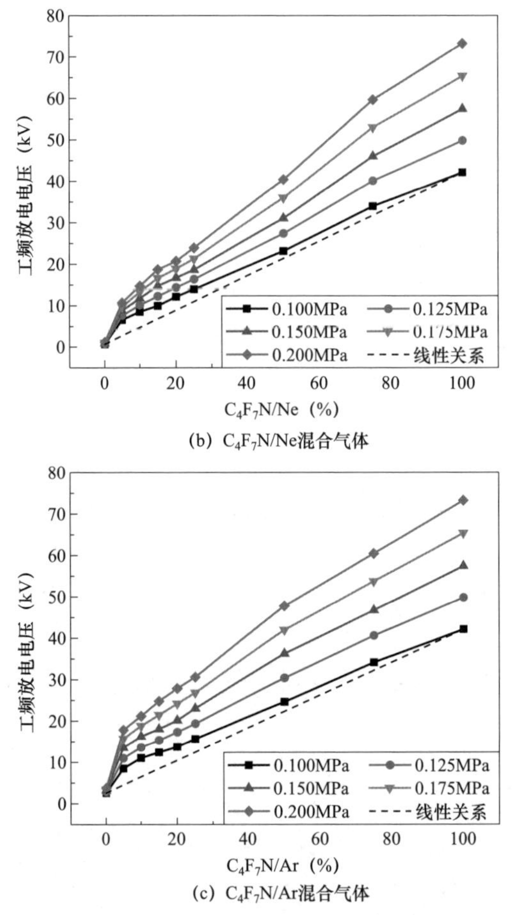

(b) C_4F_7N/Ne混合气体

(c) C_4F_7N/Ar混合气体

图 5-5　不同缓冲气体类型下 C_4F_7N/稀有气体的工频放电电压与混合比例的关系（二）

以 0.100MPa 下的试验结果为例，图 5-5 中虚线为按组分气体各自占比为权重计算得到的混合气体放电电压，即混合气体放电电压与混合比例的线性关系曲线。由前述协同效应分类可知，C_4F_7N/He、C_4F_7N/Ne、C_4F_7N/Ar 这 3 种 C_4F_7N 混合气体都具有协同效应，即混合气体的放电电压高于线性关系。C_4F_7N/He、C_4F_7N/Ne、C_4F_7N/Ar 混合气体偏离线性关系程度最大时对应的 C_4F_7N 占比为 5%～10%，表明此混合比例范围内能较大程度的发挥 C_4F_7N 与缓冲气体的协同作用。

为定性分析混合气体的协同效应，目前一般采用式（4-6）拟合公式对协同效应强度进行分析，式（4-6）中的协同效应系数 C 分别与缓冲气体纯气放电电压及缓冲气体占比相乘，可理解为将协同效应产生的非线性归因于缓冲气体的作用。目前有较多研究者对协同效应系数 C［即式（4-6）］做了延伸应用，例如将特定占比及该占比下混合气体放电电压与纯气放电电压代入式（4-6）中，得到特定混合比例下的 C 值。用该方法对每个试验比例下的 C 值进行求解，再将各比例对应的 C 值取平均，以平均值 C_{av} 的大小来比较不同混合气体的协同效应的大小。

表 5-3 中的计算结果为 3 种 C_4F_7N/稀有气体在上述气压下不定 C 值与其平均值 C_{av}，其中试验气压选取的是端点值（0.100、0.200MPa）和中值（0.150MPa）。以各气压下的 C_{av} 均值来表征混合气体的协同效应大小，得到 C_4F_7N/稀有气体协同效应强弱排序为 C_4F_7N/Ar＞C_4F_7N/He＞C_4F_7N/Ne。

表 5-3　　C_4F_7N/稀有气体协同效应系数 C 的不定值计算结果

气体类型	气压（MPa）	C 值-不定值							均值 C_{ave}
		5%	10%	15%	20%	25%	50%	75%	
C_4F_7N/He	0.100	0.246	0.415	0.536	0.571	0.657	0.799	0.940	0.595
	0.150	0.264	0.406	0.512	0.563	0.656	0.711	0.692	0.544
	0.200	0.301	0.415	0.549	0.595	0.662	0.729	0.731	0.569
C_4F_7N/Ne	0.100	0.315	0.472	0.608	0.651	0.704	0.843	0.736	0.618
	0.150	0.325	0.467	0.543	0.642	0.728	0.875	0.670	0.607
	0.200	0.344	0.478	0.549	0.671	0.722	0.836	0.668	0.610
C_4F_7N/Ar	0.100	0.297	0.407	0.533	0.634	0.675	0.795	0.758	0.586
	0.150	0.223	0.350	0.467	0.549	0.576	0.640	0.738	0.506
	0.200	0.207	0.331	0.406	0.470	0.529	0.579	0.677	0.457

由表 5-3 中不定 C 值计算结果可知，3 种 C_4F_7N/稀有气体的 C 值随 C_4F_7N 占比增大呈增大趋势，表明在稍不均匀电场下，3 种 C_4F_7N/稀有气体的协同效应随 C_4F_7N 占比增大有减弱的趋势；但气压增加时，不同 C_4F_7N/稀有气体的协同效应有可能增强也可能减弱。此外，不同混合比例下的 C 值也各不相同且变化幅度较大，若采用式（4-6）的以定 C 值拟合 0～100%C_4F_7N 混合气体的放电电压可能存在较大的偏差。

5.3 C_4F_7N 与常规气体混合后的协同效应

试验对象：C_4F_7N、N_2、CO_2 纯气以及 C_4F_7N 占比为 5%、10%、15%、20%、25%、50%和 75%的 C_4F_7N/N_2、C_4F_7N/CO_2 混合气体。

电场分布：由球－球（球径为 25mm，电极间距 2.5mm）构成的稍不均匀电场；因 C_4F_7N 在标况下的饱和蒸气压约为 0.25MPa，为将混合气体放电电压与纯 C_4F_7N 进行比较分析，C_4F_7N 混合气体试验气压与纯气相同，为 0.100、0.125、0.150、0.175、0.200MPa。

5.3.1 气压和比例的影响

C_4F_7N/N_2、C_4F_7N/CO_2 混合气体的工频放电电压与气压的关系如图 5－6 所示。在不同的混合比例下，试验研究的 C_4F_7N/N_2、C_4F_7N/CO_2 混合气体的工频放电电压随气压增大为线性变化，满足巴申定律。在 N_2、CO_2 缓冲气体中添加少量 C_4F_7N（如 5%），混合气体的工频放电电压产生了较大的提升，但 C_4F_7N 占比再以 5%等间距增加时，C_4F_7N 混合气体工频放电电压提升量比“0→5%”阶段大为减少。从“0→5%”，C_4F_7N/N_2、C_4F_7N/CO_2 混合气体的介电强度比缓冲气体纯气介电强度均提升了 2.0 倍；在“5%→10%”的提升量比“0→5%”的提升量分别下降 81%、67%，表明在上述混合气体中增加 C_4F_7N 占比对混合气体介电强度

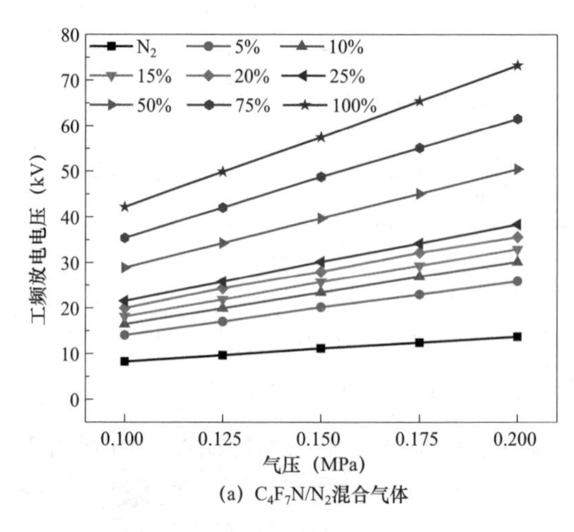

(a) C_4F_7N/N_2混合气体

图 5－6 C_4F_7N/常规气体工频放电电压与气压的关系（一）

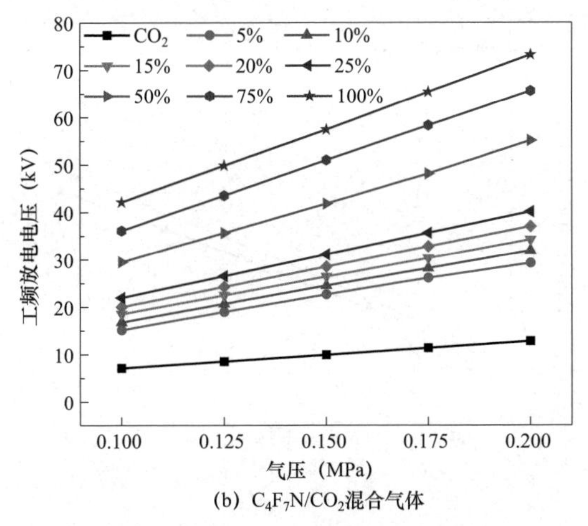

(b) C_4F_7N/CO_2混合气体

图 5-6 C_4F_7N/常规气体工频放电电压与气压的关系（二）

的提升作用有减弱趋势。当 C_4F_7N 的占比逐渐增加时，C_4F_7N 混合气体的工频放电电压斜率也逐渐增大至与 C_4F_7N 纯气相近，即 C_4F_7N 占比越大，C_4F_7N 主导作用增强，C_4F_7N 混合气体放电特性与 C_4F_7N 纯气越接近。

5.3.2 缓冲气体类型的影响

图 5-7 对比了 C_4F_7N 占比为 5%、10%、25%和 75%的不同缓冲气体类型 C_4F_7N/N_2、C_4F_7N/CO_2 混合气体的工频放电电压。C_4F_7N 占比为 5%时，C_4F_7N/N_2、C_4F_7N/CO_2 混合气体的工频放电电压曲线分离程度较高，受缓冲气体类型影响较大；当 C_4F_7N 占比大于 10%时，C_4F_7N 混合气体的工频放电电压差距减小，混合

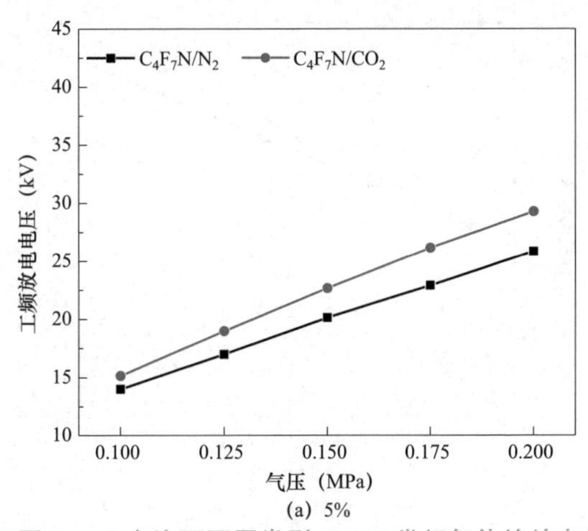

(a) 5%

图 5-7 相同 C_4F_7N 占比下不同类型 C_4F_7N/常规气体的放电特性（一）

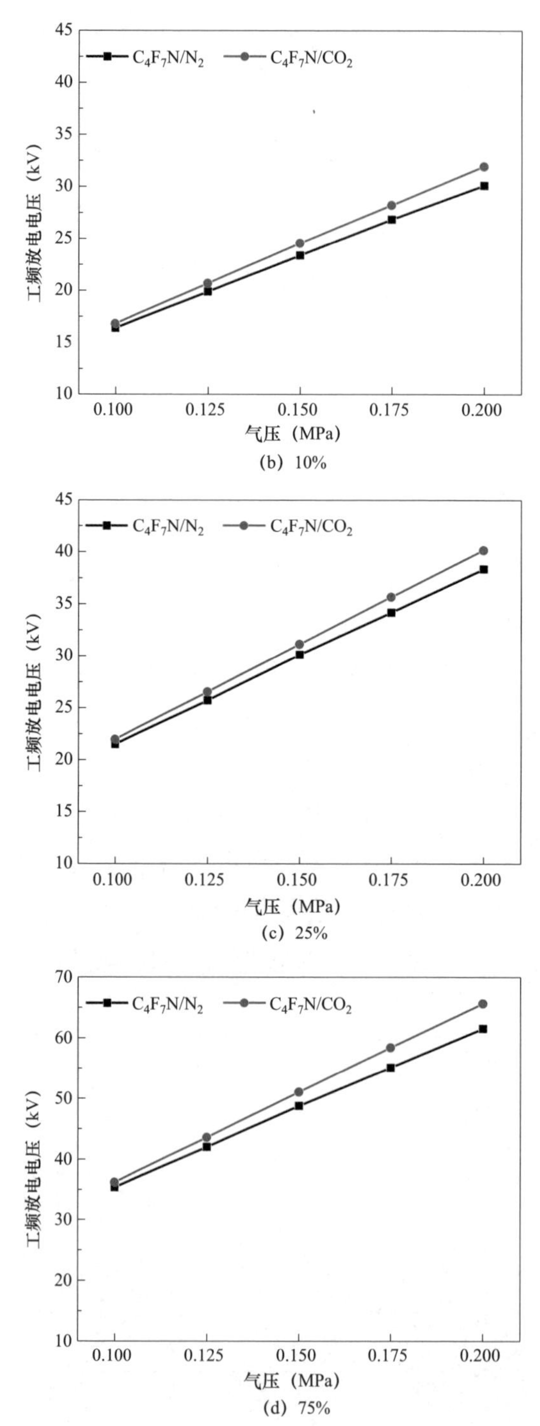

图 5-7　相同 C_4F_7N 占比下不同类型 C_4F_7N/常规气体的放电特性（二）

N_2 或 CO_2 时产生的影响比在低占比时小。在相同的球－球电极构成的稍不均匀电场下，缓冲气体介电强度大小为 $CO_2<N_2$，但混入相同占比的 C_4F_7N 气体后，无论是在 5%、10%、25%还是在 75%C_4F_7N 占比下，相应的 C_4F_7N/常规气体工频放电电压并未遵循这一大小排序，而是 $C_4F_7N/CO_2>C_4F_7N/N_2$，C_4F_7N/CO_2 混合气体的绝缘水平较高。

5.3.3 工频协同效应系数

稍不均匀电场下，C_4F_7N/常规气体的工频放电电压与混合比例的关系如图 5－8 所示。以 0.100MPa 下的试验结果为例，图 5－8 中虚线为按组分气体各

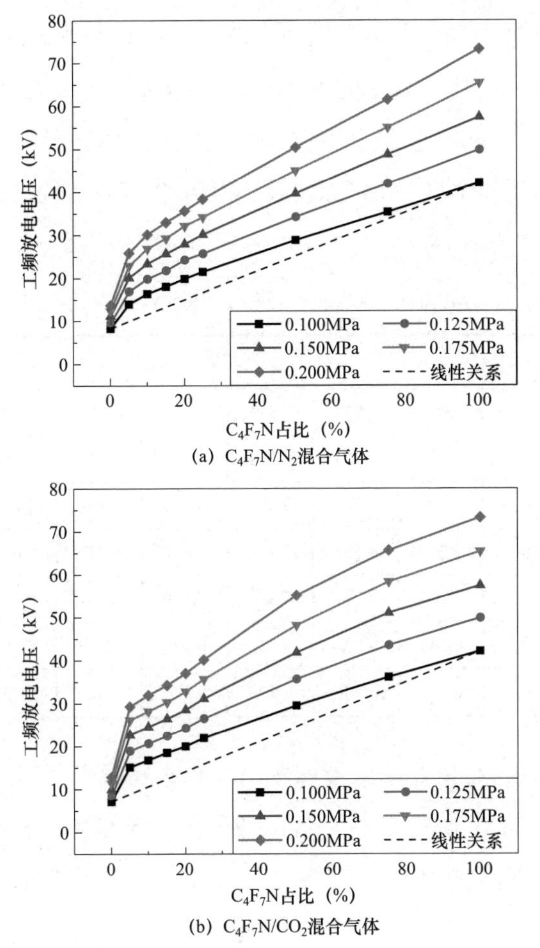

图 5－8 不同缓冲气体类型下 C_4F_7N/常规气体的工频放电电压与混合比例的关系

自占比为权重计算得到的混合气体放电电压，即混合气体放电电压与混合比例的线性关系曲线。由前述协同效应分类可知，C_4F_7N/CO_2、C_4F_7N/N_2 混合气体都具有协同效应，即混合气体的放电电压高于线性关系。C_4F_7N/CO_2 和 C_4F_7N/N_2 混合气体的协同效应均较为显著，C_4F_7N/CO_2、C_4F_7N/N_2 混合气体偏离线性关系程度最大时对应的 C_4F_7N 占比为 5%～10%，与 GE 公司提出的 g^3 气体中 C_4F_7N 占比为 4%～10%相近，表明此混合比例范围内能较大程度的发挥 C_4F_7N 与缓冲气体的协同作用。

为定性对比混合气体的协同效应，采用式（4－6）对协同效应强度进行分析，将特定占比及该占比下混合气体放电电压与纯气放电电压代入式（4－6）中，得到特定混合比例下的 C 值，再将各比例对应的 C 值取平均，以平均值 C_{av} 的大小来比较不同混合气体的协同效应的大小。表 5－4 中的计算结果为 2 种 C_4F_7N/常规气体在上述气压下不定 C 值与其平均值 C_{av}，其中试验气压选取的是端点值（0.100、0.200MPa）和中值（0.150MPa）。得到 C_4F_7N/常规气体协同效应强弱排序为 C_4F_7N/CO_2＞C_4F_7N/N_2。

表 5－4　C_4F_7N/常规气体协同效应系数 C 的不定值计算结果

气体类型	气压（MPa）	C 值－不定值							均值 C_{ave}
		5%	10%	15%	20%	25%	50%	75%	
C_4F_7N/N_2	0.100	0.258	0.351	0.431	0.477	0.519	0.646	0.750	0.490
	0.150	0.218	0.309	0.385	0.439	0.480	0.622	0.693	0.450
	0.200	0.206	0.292	0.370	0.430	0.472	0.622	0.736	0.447
C_4F_7N/CO_2	0.100	0.177	0.291	0.366	0.429	0.454	0.564	0.623	0.415
	0.150	0.144	0.250	0.332	0.389	0.414	0.490	0.469	0.355
	0.200	0.141	0.240	0.322	0.374	0.404	0.429	0.433	0.335

由表 5－4 中不定 C 值计算结果可知，与 C_4F_7N/稀有气体相似，C_4F_7N/CO_2、C_4F_7N/N_2 混合气体的 C 值随 C_4F_7N 占比增大呈增大趋势，表明在稍不均匀电场下，2 种 C_4F_7N/常规气体的协同效应随 C_4F_7N 占比增大有减弱的趋势；2 种 C_4F_7N/常规气体随气压增加时，C 值均呈现下降趋势，表明在试验气压范围内，增大气压有利于增强 C_4F_7N/常规气体的协同效应，可进一步提高混合气体的绝缘水平。

不同混合比例下 C_4F_7N/常规气体的 C 值也各不相同且变化幅度较大，表明若采用式（4－6）的以定 C 值拟合 0～100%C_4F_7N 混合气体的放电电压可能存在较大的偏差。

5.4 C_4F_7N 与氟碳类气体混合后的协同效应

试验对象：C_4F_7N、CF_4、C_2F_6、C_3F_6、C_3F_8 纯气以及 C_4F_7N 占比为 5%、10%、15%、20%、25%、50%和 75%的 C_4F_7N/CF_4、C_4F_7N/C_2F_6、C_4F_7N/C_3F_6、C_4F_7N/C_3F_8 混合气体。

电场分布：由球－球（球径为 25mm，电极间距 2.5mm）构成的稍不均匀电场；因 C_4F_7N 在标况下的饱和蒸气压约为 0.25MPa，为将混合气体放电电压与纯 C_4F_7N 进行比较分析，C_4F_7N 混合气体试验气压与纯气相同，为 0.100、0.125、0.150、0.175、0.200MPa。

5.4.1 气压和比例的影响

C_4F_7N/CF_4、C_4F_7N/C_2F_6、C_4F_7N/C_3F_6、C_4F_7N/C_3F_8 混合气体的工频放电电压与气压的关系如图 5－9 所示。

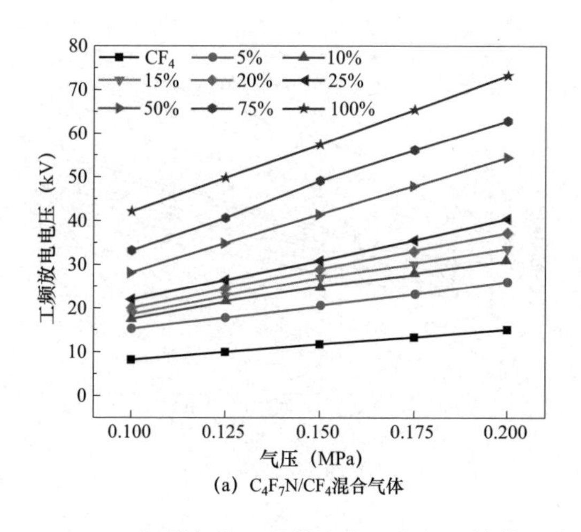

(a) C_4F_7N/CF_4混合气体

图 5－9 C_4F_7N/氟碳气体工频放电电压与气压的关系（一）

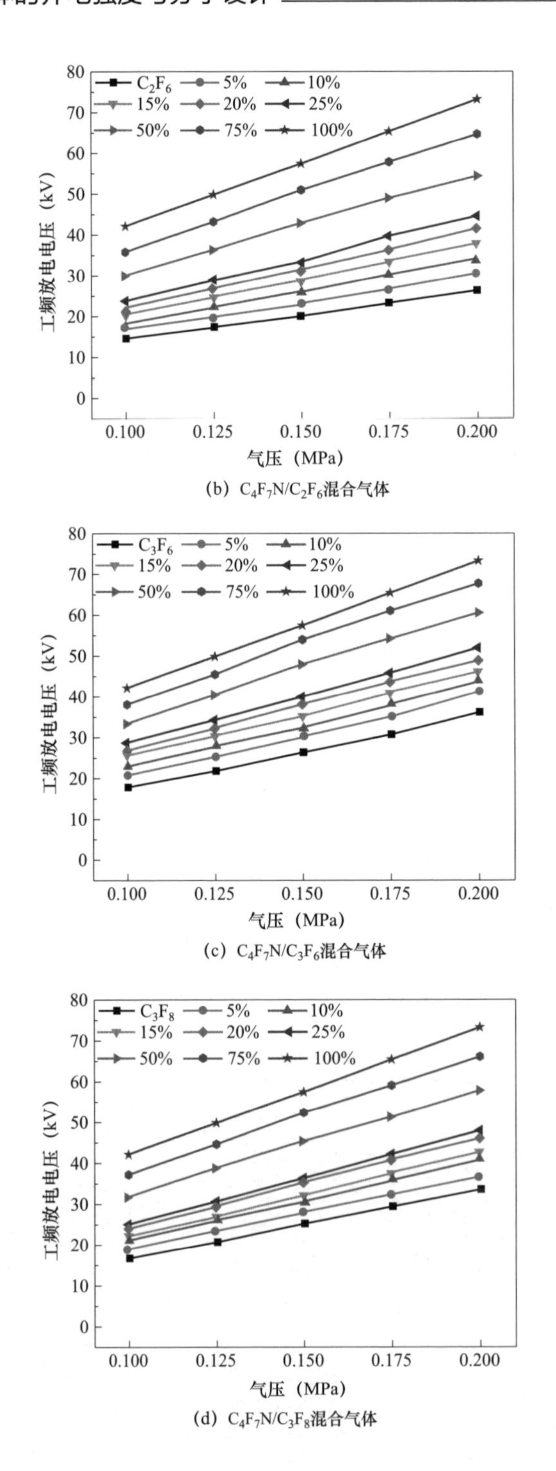

（b）C_4F_7N/C_2F_6混合气体

（c）C_4F_7N/C_3F_6混合气体

（d）C_4F_7N/C_3F_8混合气体

图 5－9　C_4F_7N/氟碳气体工频放电电压与气压的关系（二）

在不同的混合比例下，试验研究的 C_4F_7N/CF_4、C_4F_7N/C_2F_6、C_4F_7N/C_3F_6、C_4F_7N/C_3F_8 混合气体的工频放电电压随气压增大为线性变化，与 C_4F_7N/稀有气体、C_4F_7N/常规气体一致，均满足巴申定律。在 CF_4 缓冲气体中添加少量 C_4F_7N（如 5%），混合气体的工频放电电压有较大的提升；而向 C_2F_6、C_3F_6、C_3F_8 缓冲气体中添加少量 C_4F_7N 时，对于混合气体工频放电电压的提升效果则较小。从"0→5%"，C_4F_7N/CF_4、C_4F_7N/C_2F_6、C_4F_7N/C_3F_6 和 C_4F_7N/C_3F_8 混合气体的介电强度比缓冲气体纯气介电强度分别提升了 1.8、1.2、1.2 和 1.1 倍；在"5%→10%"的提升量比"0→5%"的提升量分别下降 59%、8%、46%和 4%，表明在上述混合气体中增加 C_4F_7N 占比对混合气体介电强度的提升作用有减弱趋势，其中增加 C_4F_7N 占比对 C_4F_7N/C_3F_6 混合气体介电强度提升作用较小。相对于 C_4F_7N/稀有气体、C_4F_7N/常规气体，C_4F_7N/氟碳气体工频放电电压斜率与 C_4F_7N 纯气工频放电电压斜率更接近。

5.4.2 缓冲气体类型的影响

图 5-10 对比了 C_4F_7N 占比为 5%、10%、25%和 75%的不同缓冲气体类型 C_4F_7N/CF_4、C_4F_7N/C_2F_6、C_4F_7N/C_3F_6、C_4F_7N/C_3F_8 混合气体的工频放电电压。C_4F_7N 占比较低时，4 种 C_4F_7N 混合气体的工频放电电压曲线分离程度较高，受缓冲气体类型影响较大；当 C_4F_7N 占比较高（如 75%），C_4F_7N 混合气体的工频放电电压曲线较为聚集，混合不同缓冲气体时产生的影响减小。在相同的球-球电极构

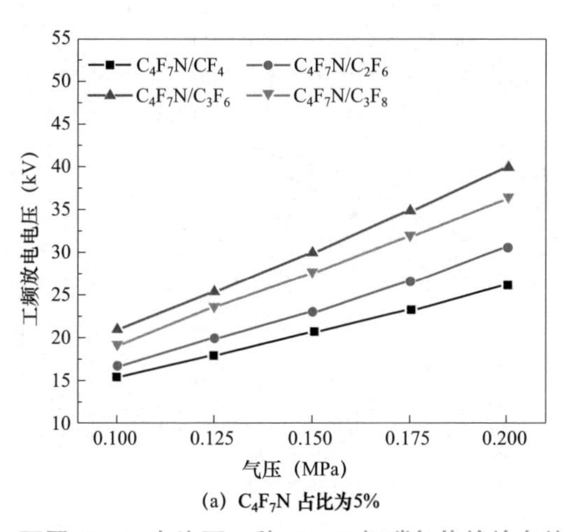

(a) C_4F_7N 占比为5%

图 5-10　不同 C_4F_7N 占比下 4 种 C_4F_7N/氟碳气体的放电特性（一）

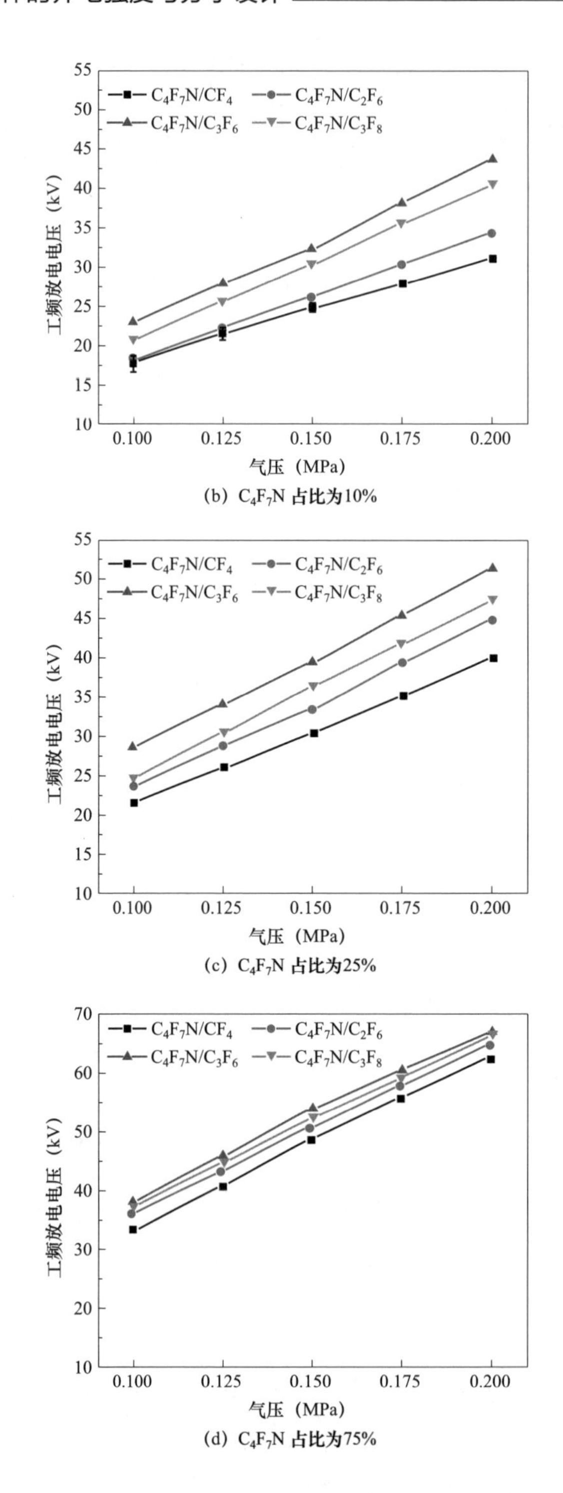

(b) C_4F_7N 占比为10%

(c) C_4F_7N 占比为25%

(d) C_4F_7N 占比为75%

图 5-10　不同 C_4F_7N 占比下 4 种 C_4F_7N/氟碳气体的放电特性（二）

成的稍不均匀电场下，缓冲气体介电强度大小为 $CF_4 < C_2F_6 < C_3F_8 < C_3F_6$，混入相同占比的 C_4F_7N 气体后，相应的 C_4F_7N 混合气体工频放电电压在试验的气压范围内仍遵循这一大小排序；C_4F_7N 占比为10%时，C_4F_7N/CF_4 和 C_4F_7N/C_2F_6 混合气体的工频放电电压较为接近，但未能高于 C_4F_7N/C_2F_6 混合气体。

5.4.3 工频协同效应系数

稍不均匀电场下，C_4F_7N 混合气体的工频放电电压与混合比例的关系如图 5-11 所示。

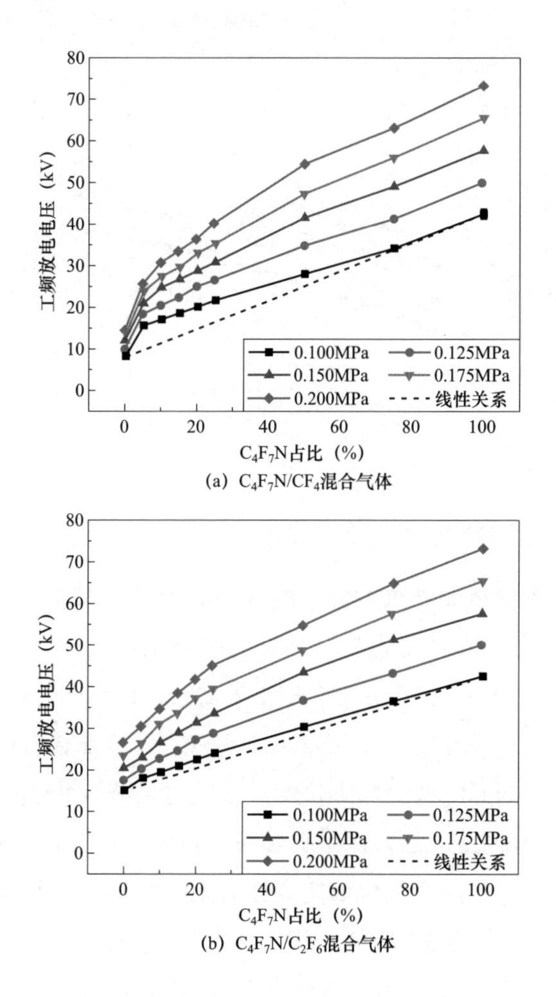

(a) C_4F_7N/CF_4混合气体

(b) C_4F_7N/C_2F_6混合气体

图 5-11 C_4F_7N/氟碳气体的工频放电电压与混合比例的关系（一）

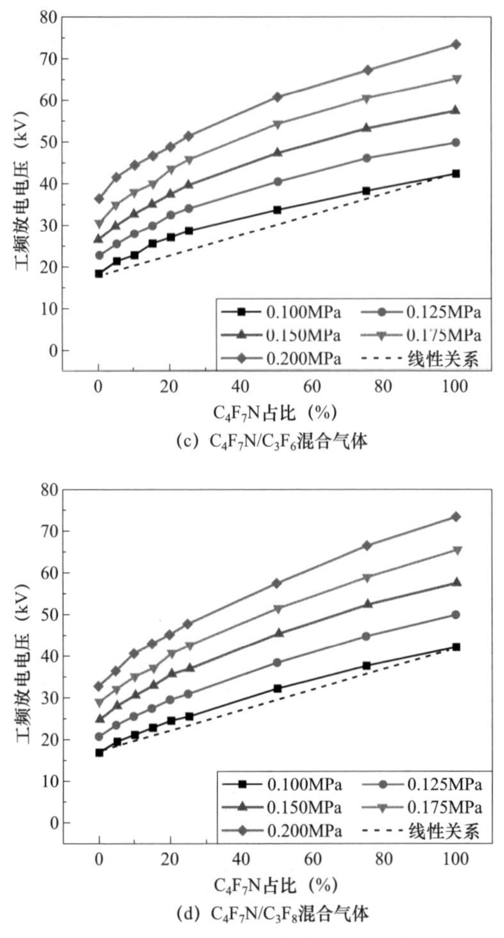

(c) C_4F_7N/C_3F_6混合气体

(d) C_4F_7N/C_3F_8混合气体

图 5－11　C_4F_7N/氟碳气体的工频放电电压与混合比例的关系（二）

以 0.100MPa 下的试验结果为例，图 5－11 中虚线为按组分气体各自占比为权重计算得到的混合气体放电电压，即混合气体放电电压与混合比例的线性关系曲线。由前述协同效应分类可知，C_4F_7N/CF_4、C_4F_7N/C_2F_6、C_4F_7N/C_3F_6 和 C_4F_7N/C_3F_8 这 4 种 C_4F_7N 混合气体都具有协同效应，即混合气体的放电电压高于线性关系。其中 C_4F_7N/CF_4 混合气体协同效应较为显著，而 C_4F_7N/C_2F_6 和 C_4F_7N/C_3F_8 混合气体的放电电压与混合比例的关系更接近线性变化，两种气体间的协同作用不显著。C_4F_7N/CF_4 混合气体偏离线性关系程度最大时对应的 C_4F_7N 占比为 5%～10%，此混合比例范围内能较大程度的发挥 C_4F_7N 与 CF_4 气体的协同作用；当缓冲气体与主绝缘气体 C_4F_7N 的介电强度较为接近时，如 C_2F_6、C_3F_6 和 C_3F_8，若不考虑混合气体液化温度而仅考虑协同效应最强（偏离线性程度最大）时，

C_4F_7N 的最优占比将增大为 20%～25%。

同样采用式（4-6）对 C_4F_7N/氟碳气体协同效应强度进行定性分析，将特定占比及该占比下混合气体放电电压与纯气放电电压代入式（4-6）中，得到特定混合比例下的 C 值，再将各比例对应的 C 值取平均，以平均值 C_{av} 的大小来比较不同混合气体的协同效应的大小。表 5-5 中的计算结果为 4 种 C_4F_7N/氟碳气体在上述气压下不定 C 值与其平均值 C_{av}，其中试验气压选取的是端点值（0.100、0.200MPa）和中值（0.150MPa）。得到 C_4F_7N/氟碳气体协同效应强弱排序为 C_4F_7N/CF_4＞C_4F_7N/C_3F_6＞C_4F_7N/C_2F_6＞C_4F_7N/C_3F_8。

表 5-5　　C_4F_7N/氟碳气体协同效应系数 C 值计算结果

气体类型	气压（MPa）	C 值-不定值							均值 C_{ave}
		5%	10%	15%	20%	25%	50%	75%	
C_4F_7N/CF_4	0.100	0.190	0.277	0.387	0.448	0.496	0.699	0.864	0.480
	0.150	0.221	0.275	0.357	0.417	0.472	0.545	0.678	0.424
	0.200	0.225	0.293	0.384	0.409	0.436	0.478	0.645	0.410
C_4F_7N/C_2F_6	0.100	0.669	0.721	0.661	0.612	0.664	0.799	0.848	0.711
	0.150	0.636	0.564	0.573	0.578	0.590	0.631	0.613	0.598
	0.200	0.492	0.524	0.501	0.498	0.490	0.649	0.648	0.543
C_4F_7N/C_3F_6	0.100	0.369	0.742	0.373	0.441	0.419	0.565	0.617	0.504
	0.150	0.359	0.650	0.445	0.408	0.446	0.380	0.374	0.437
	0.200	0.321	0.780	0.489	0.472	0.475	0.511	0.633	0.526
C_4F_7N/C_3F_8	0.100	0.544	0.613	0.726	0.633	0.718	0.711	0.676	0.660
	0.150	0.611	0.563	0.645	0.545	0.594	0.623	0.604	0.598
	0.200	0.667	0.515	0.625	0.546	0.598	0.650	0.663	0.609

由表 5-5 中不定 C 值计算结果可知，与 C_4F_7N/稀有气体、C_4F_7N/常规气体相似，4 种 C_4F_7N/氟碳气体 C 值随 C_4F_7N 占比增大呈增大趋势，表明在稍不均匀电场下，4 种 C_4F_7N/氟碳气体的协同效应随 C_4F_7N 占比增大有减弱的趋势；但气压增加时不同 C_4F_7N/氟碳气体的协同效应有可能增强也可能减弱。

不同混合比例下 C_4F_7N/氟碳气体的 C 值也各不相同且变化幅度较大，表明若采用式（4-6）的以定 C 值拟合 0～100%C_4F_7N 混合气体的放电电压可能存在较大的偏差，其原因可能为式（4-6）是在研究 SF_6/N_2、CCl_2F_2/N_2 混合气体介电强度时提出的，C_4F_7N 混合气体的放电特性与 SF_6/N_2、CCl_2F_2/N_2 混合气体放电特性存在一定的差异，导致式（4-6）未能较好地描述 C_4F_7N 混合气体的放电电压变化规律。

5.5 基于协同效应的 C_4F_7N 混合气体优化

由上述研究可知，各气压下的 C_4F_7N 混合气体工频放电电压变化趋势有相似性，因此对比了 0.200MPa 下不同缓冲气体的 C_4F_7N 混合气体的工频放电电压协同特性，如图 5-12 所示。9 种 C_4F_7N 混合气体的介电强度排序为 $C_4F_7N/Ne < C_4F_7N/He < C_4F_7N/Ar < C_4F_7N/N_2 < C_4F_7N/CO_2 \approx C_4F_7N/CF_4 < C_4F_7N/C_2F_6 < C_4F_7N/C_3F_8 < C_4F_7N/C_3F_6$，由于强电亲和性气体 C_4F_7N 的加入及协同效应的作用，混合气体介电强度的排序与缓冲气体介电强度的排序产生了差别。

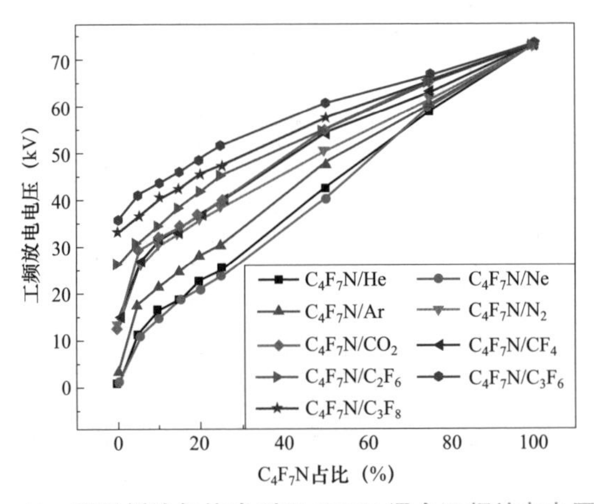

图 5-12 不同缓冲气体类型下 C_4F_7N 混合工频放电电压对比

根据其初始定义，对 0.200MPa 不同缓冲气体类型的 C_4F_7N 混合气体放电电压用定 C 值进行拟合，拟合结果如图 5-13 所示。

由定值 C 大小可知，上述 9 种 C_4F_7N 混合气体中，C_4F_7N/CO_2 混合气体协同效应最强，这也是国外推出 g[3]（C_4F_7N/CO_2 混合气体）和国内 1000kV GIL 样机中采用 C_4F_7N/CO_2 混合气体作为气体绝缘介质的主要原因。由对比定值 C 大小，得到 0.200MPa 下 C_4F_7N 混合气体协同效应强弱排序为 $C_4F_7N/CO_2 > C_4F_7N/CF_4 > C_4F_7N/N_2 > C_4F_7N/Ar > C_4F_7N/C_3F_6 > C_4F_7N/C_2F_6 > C_4F_7N/C_3F_8 > C_4F_7N/He > C_4F_7N/Ne$。

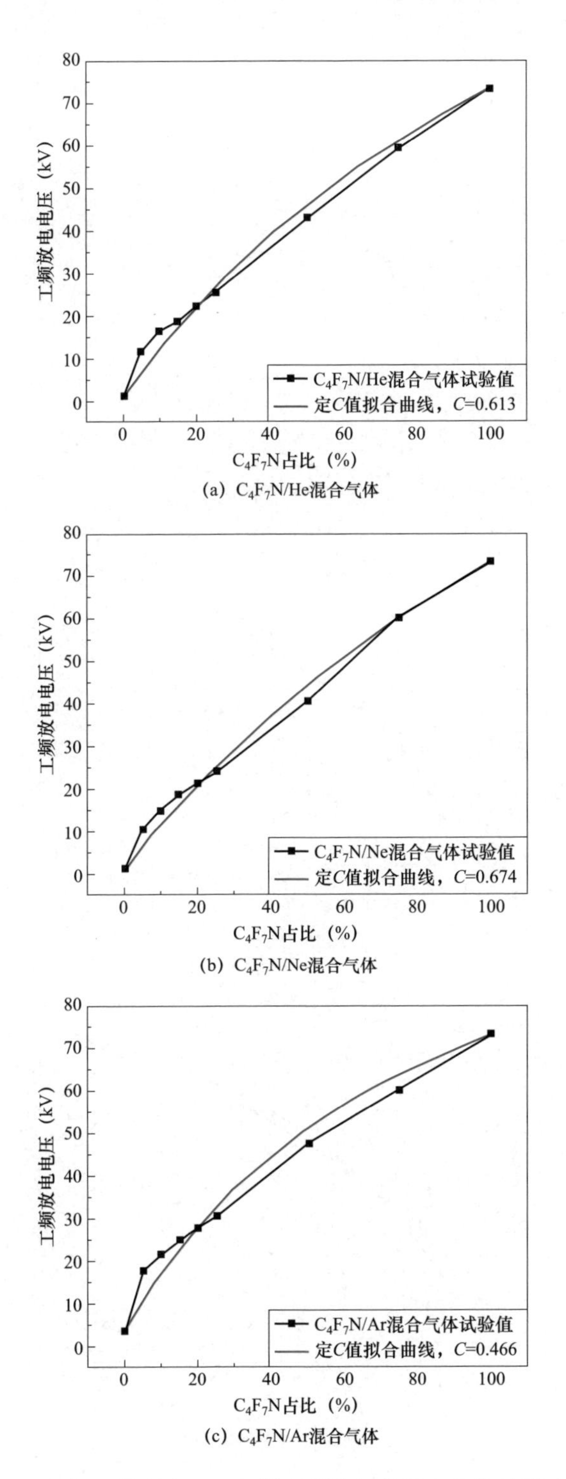

(a) C_4F_7N/He混合气体

(b) C_4F_7N/Ne混合气体

(c) C_4F_7N/Ar混合气体

图 5－13　定 C 值拟合 C_4F_7N 混合气体工频放电电压结果（一）

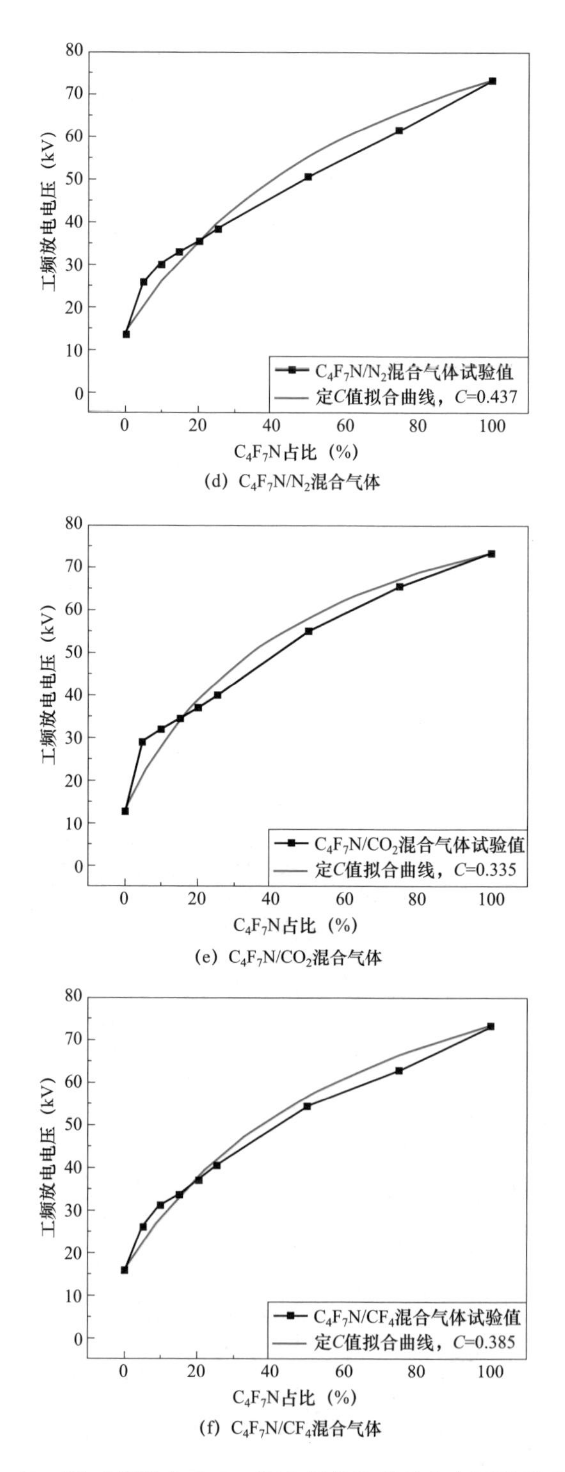

(d) C_4F_7N/N_2混合气体

(e) C_4F_7N/CO_2混合气体

(f) C_4F_7N/CF_4混合气体

图 5－13　定 C 值拟合 C_4F_7N 混合气体工频放电电压结果（二）

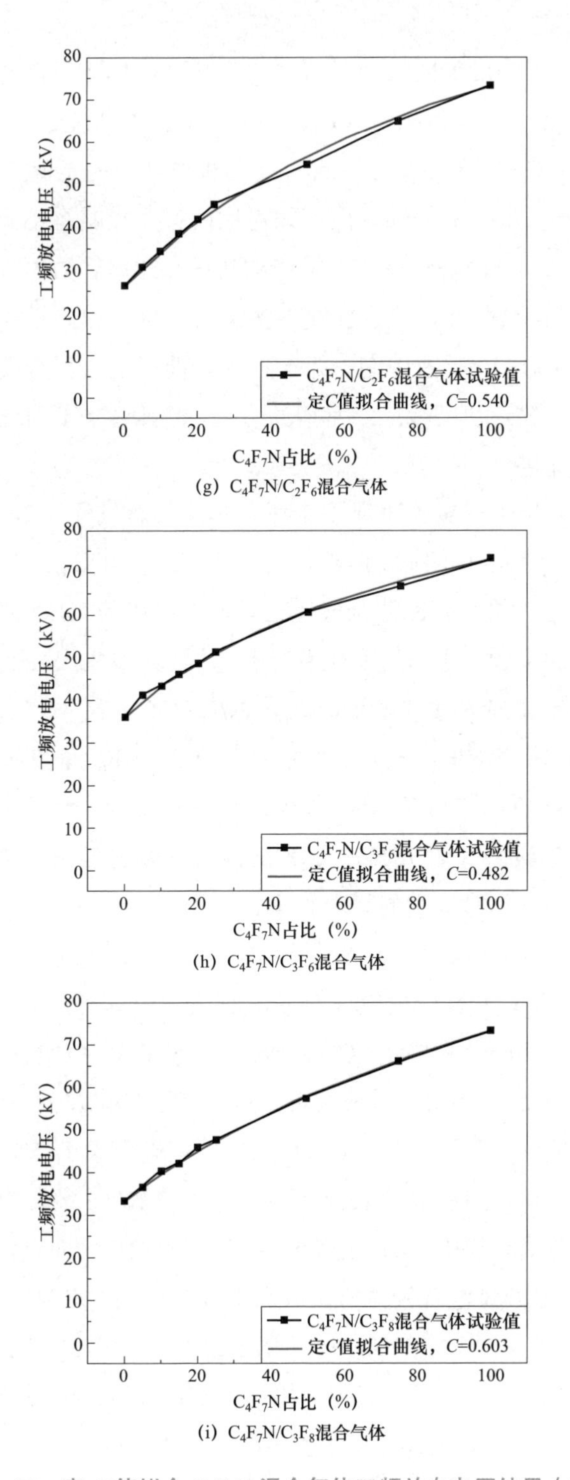

（g）C_4F_7N/C_2F_6混合气体

（h）C_4F_7N/C_3F_6混合气体

（i）C_4F_7N/C_3F_8混合气体

图 5－13　定 C 值拟合 C_4F_7N 混合气体工频放电电压结果（三）

由前述研究可知，0.200MPa 下计算 C_{av} 后得到 C_4F_7N 混合气体协同效应强弱排序为 $C_4F_7N/CO_2 > C_4F_7N/CF_4 > C_4F_7N/N_2 > C_4F_7N/Ar > C_4F_7N/C_3F_6 > C_4F_7N/C_2F_6 > C_4F_7N/He > C_4F_7N/C_3F_8 > C_4F_7N/Ne$。两种方法下的定值 C 拟合结果与平均值 C_{av} 在数值上不一致，且协同效应强弱对比的排序也略有不同。从图 5－14 所示的拟合结果可知，当混合气体具有较强的协同作用时，如与常见缓冲气体类型 CO_2、N_2、CF_4 的混合气体，拟合曲线与实测曲线可能偏离较大，部分混合气体仅 3 个比例点（0%，100%及中间一点）在拟合曲线上，拟合效果较差。虽然该方法已是目前用于描述协同效应最常用的方法，但其对于不同混合气体介电强度的复现精度上还需进一步提升。

在稍不均匀电场下，试验研究了 3 种 C_4F_7N/稀有气体（He、Ne、Ar）、2 种 C_4F_7N/常规（N_2、CO_2）、4 种 C_4F_7N/氟碳气体（CF_4、C_2F_6、C_3F_6 和 C_3F_8）的工频放电特性。上述 9 种 C_4F_7N 混合气体工频放电电压随气压增大时为线性增长，在各试验气压下的工频放电电压变化趋势有相似性，0.200MPa 下 9 种 C_4F_7N 混合气体的介电强度排序为 $C_4F_7N/Ne < C_4F_7N/He < C_4F_7N/Ar < C_4F_7N/N_2 < C_4F_7N/CO_2 \approx C_4F_7N/CF_4 < C_4F_7N/C_2F_6 < C_4F_7N/C_3F_8 < C_4F_7N/C_3F_6$。$C_4F_7N$ 占比较低时，不同 C_4F_7N 混合气体的工频放电电压曲线分离程度较高，受缓冲气体类型影响较大；当 C_4F_7N 占比较高（如 75%），C_4F_7N 混合气体的工频放电电压曲线较为聚集，混合不同缓冲气体时产生的影响减小。

C_4F_7N/He、C_4F_7N/Ne、C_4F_7N/Ar、C_4F_7N/CO_2、C_4F_7N/N_2、C_4F_7N/CF_4、C_4F_7N/C_2F_6、C_4F_7N/C_3F_6 和 C_4F_7N/C_3F_8 这 9 种 C_4F_7N 混合气体都具有协同效应，缓冲气体介电强度大小为 $He \approx Ne < Ar < CO_2 < N_2 < CF_4 < C_2F_6 < C_3F_8 < C_3F_6$，混入相同占比的 C_4F_7N 气体后，因协同效应强度不同，相应的 C_4F_7N 混合气体工频放电电压排序会发生变化，如 5%C_4F_7N/CO_2 工频放电电压大于 5% C_4F_7N/N_2 和 5% C_4F_7N/CF_4 混合气体，呈现出较高的绝缘水平；C_4F_7N/Ne 混合气体的相对绝缘水平最低。计算 5 个试验气压下的 C_{av} 均值用以定量对比不同 C_4F_7N 混合气体的协同效应大小，得到 C_4F_7N 混合气体协同效应强弱排序为 $C_4F_7N/CO_2 > C_4F_7N/CF_4 > C_4F_7N/N_2 > C_4F_7N/C_3F_6 > C_4F_7N/Ar > C_4F_7N/He > C_4F_7N/Ne > C_4F_7N/C_2F_6 > C_4F_7N/C_3F_8$，表明其中 C_4F_7N/CO_2 混合气体的协同效应最显著。若不考虑混合气体液化温度时，C_4F_7N/He、C_4F_7N/Ne、C_4F_7N/Ar、C_4F_7N/CO_2、C_4F_7N/N_2、C_4F_7N/CF_4 混合气体对应的 C_4F_7N 最优协同占比为 5%～10%，C_4F_7N/C_2F_6、C_4F_7N/C_3F_6 和

C_4F_7N/C_3F_8 混合气体对应的 C_4F_7N 最优协同占比为 20%～25%。

对于目前最常用的协同效应拟合公式［即式（4－6）］，研究发现其对不同混合气体介电强度的复现精度可能差强人意，仍需继续研究更适用、效果更优的协同效应拟合方法。此外，本章虽然研究了 9 种 C_4F_7N 混合气体，但未出现正协同、线性和负协同效应的混合气体类型，要从试验研究中进一步揭示协同效应的机理机制，还需开展更为系统、全面的各类协同效应研究，从而指导混合气体的选型与配比理论计算研究，推动绿色、低碳的混合型绝缘气体介质的工程应用。

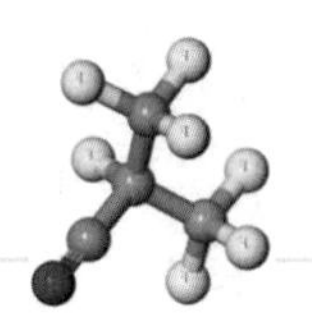

6　环保绝缘气体的分解反应

绝缘气体热稳定性的研究具有非常重要的意义，不仅可以影响放电后气体的绝缘性能，也可以通过识别绝缘气体电晕、火花或电弧诱导分解后的初始碎片从而揭示各种副产物的产生机理，从放电后的气体分析和特征气体对温度分布的依赖性可以得到非常多的重要信息。如使用 SF_6 气体时，绝缘缺陷的类型和严重程度可以通过新生碎片及其动力学演变规律进行评估，这对于设备故障诊断和在线监测具有重要意义。因此，为了研究 SF_6 替代气体的热稳定性，本章主要以 C_4F_7N、$C_6F_{12}O$ 以及 SF_3N 气体分子为代表，采用量子化学计算方法（包括 DFT、ROCBS-Q、G4）计算了几种气体分子的单分子分解反应途径，并考察了 C_4F_7N 及 SF_3N 分子在水环境下对反应的潜在影响。

此外，二元或多元混合是改善单质气体液化性能，从而提高环保绝缘气体综合性能指标的有效方案，C_4F_7N/CO_2 混合气体是一个较为成功的案例，加入 CO_2 辅助气体，明显改善了主气体 C_4F_7N 的沸点高、灭弧能力差的缺点，且当两者的比例达到 10%时，其绝缘强度可以达到 SF_6 纯气体的 80%左右。然而，混合气体的稳定性以及混合气体组分之间的相互作用仍需要深入研究。因此，本章还采用高精度量子化学方法，计算了 C_4F_7N 与 CO_2 混合气体的反应机理，进而揭示了辅助气体在新型环保绝缘混合气体中的化学作用。通过这些理论研究工作，希望对新环保绝缘气体的电气试验研究和工业应用提供参考。

6.1　C_4F_7N 分解反应

本节主要介绍环保绝缘气体 C_4F_7N 的热力学稳定性及热分解产物，采用

CBS-QB3//DFT-M06-2X/aug-cc-pVTZ 方法详细研究了 C_4F_7N 的单分子反应机理，获得了所有可能的反应途径、异构体、过渡态结构等（见图 6－1）。计算发现 C_4F_7N 的热分解机理主要包括三种类型的反应，即直接断键反应、多中心解离反应和异构化反应，其关键反应途径的势能面如图 6－2 所示。不同理论水平下计算得到的各条反应途径的相对能量列于表 6－1 中。

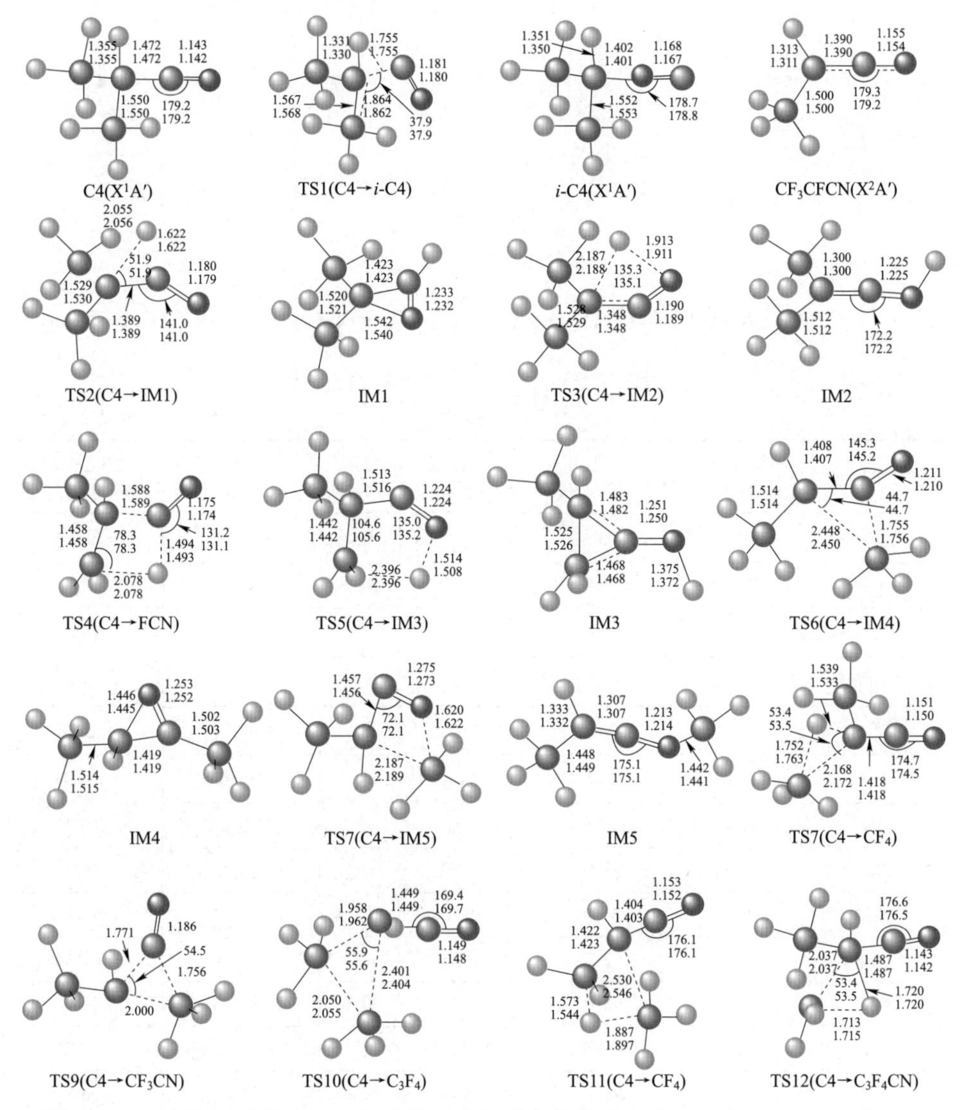

图 6－1　不同理论水平下 C_4F_7N 分解反应各驻点的构型参数（上为 M06-2X/AVTZ；下为 M06-2X/AVQZ。键长单位为 Å；键角单位为°）

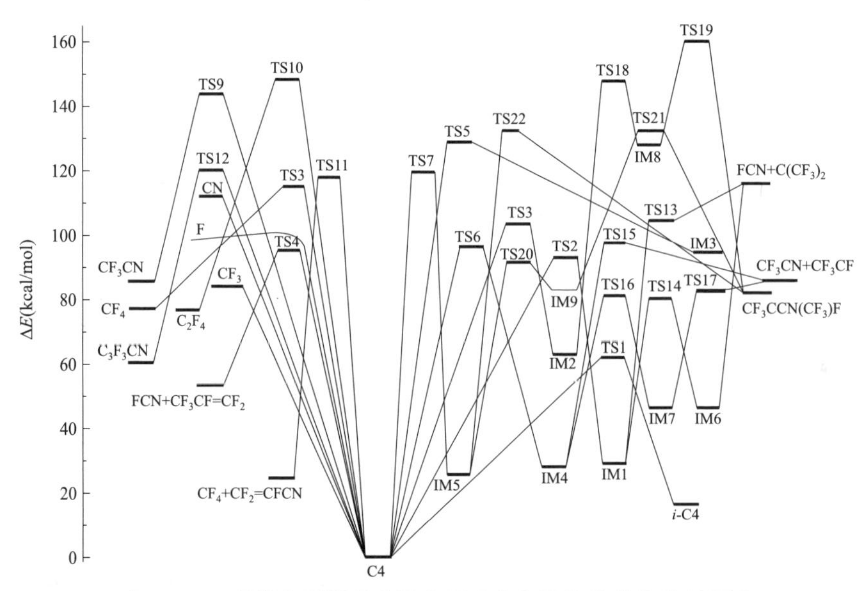

图 6－2　C_4F_7N 在 CBS-Q 理论水平下单分子分解反应和异构化的势能剖面（1kcal=4.186kJ）

表 6－1　不同理论方法下 C_4F_7N 热分解反应关键途径的相对能量　（单位：kcal/mol）

气体类型	零点能 ZPE	ΔE（M06-2X/AVTZ）	ΔE（CBS-Q）	ΔE（G4）	ΔE（RS2/AVDZ）	ΔE（RS2/AVTZ）
C_4F_7N（C4）	30.7	0.0	0.0	0.0	0.0	0.0
TS1	29.0	60.4	64.4	64.2	63.3	62.0
i-C_3F_7NC（i-C4）	30.3	14.4	16.7	16.7	18.0	16.8
CF_3+CF_3CFCN	27.2	83.5	87.6	83.2	83.1	78.9
$F+(CF_3)_2CCN$	27.6	100.8	102.1	97.7	98.7	99.7
$CN+(CF_3)_2CF$	27.0	114.8	115.3	111.1	109.6	109.4
TS2	28.4	105.6	95.7	92.7	95.1	95.7
IM1	31.1	25.2	29.1	28.7	29.7	25.7
TS3	28.3	116.9	106.4	102.9	106.2	107.6
IM2	30.2	62.5	63.9	63.4	67.0	64.7
TS4	28.7	98.1	97.1	96.0	97.4	96.4
TS5	28.2	135.6	131.7	130.2	131.8	133.2
IM3	30.1	93.8	95.4	95.6	96.8	96.2
TS6	28.4	108.3	98.5	97.5	93.7	90.9
IM4	31.0	24.1	28.1	27.5	28.1	24.3

续表

气体类型	零点能 ZPE	ΔE (M06-2X/AVTZ)	ΔE (CBS-Q)	ΔE (G4)	ΔE (RS2/AVDZ)	ΔE (RS2/AVTZ)
TS7	28.4	119.2	122.1	122.4	120.3	117.2
IM5	30.9	21.8	25.6	25.1	28.2	23.4
TS8	28.3	114.7	117.8	116.0	125.2	122.1
CF_4+CF_3CCN	27.3	78.9	80.8	77.8	—	—
TS9	26.7	147.0	148.1	147.4	145.0	144.0
CF_3CN+CF_3CF	27.3	88.0	89.3	87.0	—	—
TS10	27.3	151.0	151.9	151.6	148.9	146.8
C_2F_6+FCCN	27.1	78.6	80.3	77.9	—	—
TS11	28.1	116.3	120.1	118.4	126.7	123.7
$CF_4+CF_2{=}CFCN$	29.0	23.4	26.3	24.5	—	—
TS12	27.7	124.6	123.8	123.0	127.5	127.8
$C_2F_5CN+CF_2$	27.1	63.9	64.3	62.6	—	—

6.1.1 异构化反应

C_4F_7N 异构化为七氟异丁异氰化物（i-C_3F_7NC，i-C4）是一种典型的均相单分子反应，该过程可以通过过渡态 TS1 发生，CC 键的断裂和 CN 键的形成主要通过旋转几乎垂直于分子的 CN 键而得以实现。在 CBS-QB3 水平下，异构化的绝热势垒高度为 62.7kcal/mol，是单分子反应中势垒最低的反应途径。TS1 是无对称性的三中心结构，将要断开的 C—C 键长为 1.755Å，将要形成的 C—N 键长为 1.864Å。异构体 i-C4 具有 Cs 对称性，其中 C—NC 的键长显著缩短为 1.402Å，能量高于反应物 16.3kcal/mol。

采用过渡态理论和多通道 RRKM 理论计算了 C_4F_7N 异构化反应生成 i-C4 的理论速率，如图 6-3 所示。很显然，异构化反应比反异构化反应慢至少 1 个数量级。因此，一经形成 i-C4，i-C4 将很快变回 C4。这一特点可能使得 C4 具有良好自恢复特性。在常温下，i-C4 具有较小的贡献，而即使在局部放电或电弧条件下（T=2000～3000K），i-C4 的产率仍然低于 6%。这表明，即使 i-C4 的介电强度略弱于 C4，而高温下的异构化可能并不会影响 C4 的绝缘性能。因此，i-C4

可以作为一种有效的特征气体分子来监测 C4 放电击穿引起的异常温度变化。

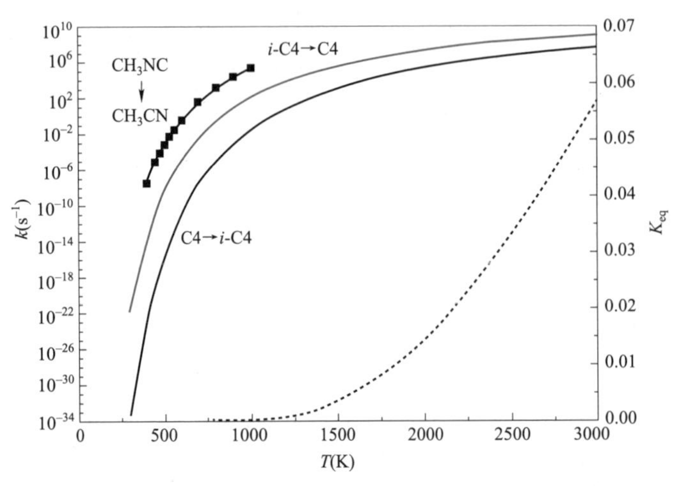

图 6-3　C_4F_7N 和 CH_3CN 异构化反应速率常数比较

6.1.2　直接断键反应

C_4F_7N 分子可以发生三种简单的断键反应，即：C—CF_3 键断裂生成 $CF_3CFCN+CF_3$，该反应通道需要吸收热量 84.1kcal/mol；C—F 键断裂生成 $(CF_3)_2CCN+F$，该反应通道需要吸热 99.0kcal/mol；C—CN 键断裂生成 $(CF_3)_2CF+CN$，此反应通道需要吸热 111.6kcal/mol。从能量途径来看，这三个直接断键反应都是强吸热的产物通道，且 C—CF_3 键是 C_4F_7N 中最弱的键，CF_3 自由基的形成是 C_4F_7N 无屏障断键反应的主要热分解路径。

采用变分过渡态理论计算了 CF_3+C_3CFCN 的双分子复合反应速率，呈现出负温度效应，如图 6-4 所示，并与 C_4F_7N 异构化反应生成 *i*-C4 的理论速率进行对比，结果发现，在 600K 以下，C4→*i*-C4 异构化反应速率大于其发生 CC 键断裂生成产物 CF_3+CF_3CFCN 的分解速率。但当温度升高到 1000K 时，CF_3+CF_3CFCN 为主要产物。

与 C_4F_7N 分子类似，*i*-C4 也可进一步发生直接断键反应以及多中心解离反应，其反应势能面如图 6-5 所示。通过无屏障的 C—CF_3 键断裂机制生成 CF_3 自由基是 *i*-C4 最优选的分解路径，在 CBS-Q 水平上吸热 88.0kcal/mol，比 C_4F_7N 高约 4kcal/mol。*i*-C4 的 C—NC 键断裂产生与 C4 相同的片段。*i*-C4 中的 C—NC 键能为 95.3kcal/mol，这意味着 C—NC 键相对于 C—CN 键略有减弱。

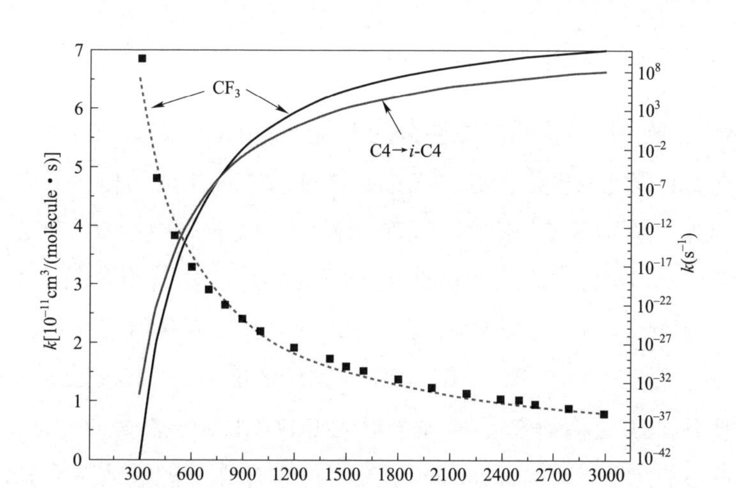

图 6-4 C4→$CF_3CFCN+CF_3$及其逆反应的速率常数

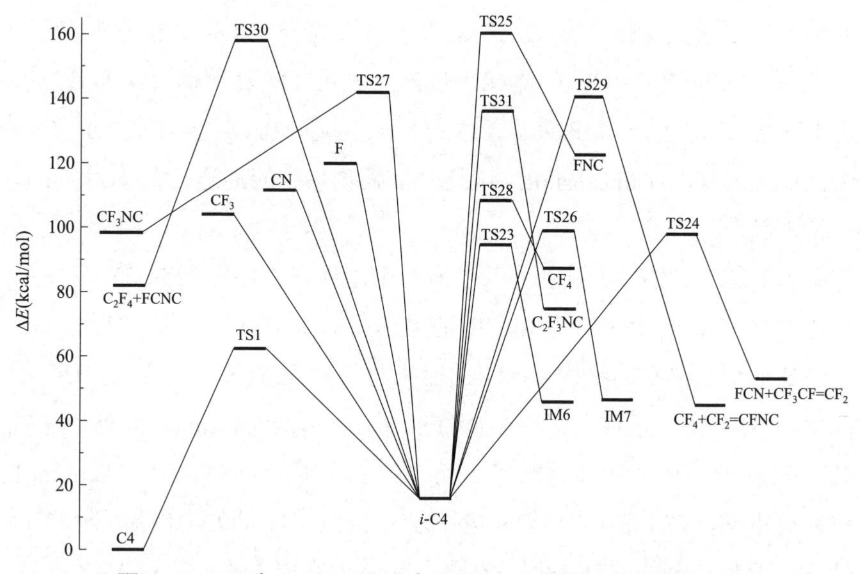

图 6-5 C4 在 CBS-Q 理论水平下 i-C4 分解反应的势能剖面

此外，*i*-C4 可通过过渡态 TS23 发生 F 迁移过程，生成中间体$(CF_3)_2C{=}N{=}CF$，吸热 46.3kcal/mol。过渡态 TS23 中将要断裂的 C—F 键拉长到 1.976Å，将要形成的 C—F 键为 1.600Å，势垒高度为 95.1kcal/mol。经过过渡态 TS24 发生 C—N 键断裂，C—N 键拉长到 1.612Å，直接生成产物 $CF_3CF{=}CF_2+FCN$，吸热 85.9kcal/mol，势垒高度为 98.6kcal/mol。

6.1.3 多中心解离反应

C4 分子的多中心解离反应主要分为 F 迁移和 CF_3 迁移两类。最可行的 F 迁移路径涉及中心碳上的氟原子通过三中心过渡态 TS2 生成异构体 IM1，迁移的 F 原子接近 CN 基团的 C 原子，同时末端 N 原子与中心 C 位点结合生成 c-$(CF_3)_2C(N)CF$。IM1 表现出高度张力的三元环形状，其相对于 C4 的反应热 $\Delta_r H^o = 29.5$kcal/mol，因此相对稳定。TS2 的绝热势垒高度不仅比 TS1 高 30.7kcal/mol，而且远高于 $CF_3 + CF_3CFCN$ 的产物能量。中心碳上的 F 原子也可以通过过渡态 TS3 迁移到末端 N 原子形成 IM2。TS3 虽然是四元环结构，但其能量比三中心的 TS2 高约 10kcal/mol，且异构体 IM2 的能量远高于 IM1。F 原子的强电负性能够在一定程度上改变 C4 的价键特征。

CF_3 基团上的 F 原子也可以迁移到 CN 基团上，通过 TS4 形成 FCN 和 $CF_3CF{=}CF_2$ 或通过 TS5 生成 IM3。在高水平计算下，TS4 的能量略高于 TS2。因此，FCN 和 $CF_3CF{=}CF_2$ 的直接形成是一种可能的竞争途径。而通过五元环过渡态 TS5 将 CF_3 上的一个 F 原子迁移到 N 上生成产物 $CF_2{=}C(CF_3){-}C{=}NF_2$ 的能量比反应物高 141.6kcal/mol，这是一个强吸热反应通道，几乎对 C4 自分解反应没有贡献。

类似于 F 原子，CF_3 基团也可以作为一个整体在 C4 中迁移。首先，CF_3 基团可从中心 C 原子通过 TS6 迁移到 CN 的 C 原子上形成 IM4，该过程与上述 TS2 相似，也是一个三中心的结构，IM4 的能量与 IM1 的能量几乎相同。CF_3 的亦可通过四中心 TS7 发生迁移，比三中心 TS6 高出约 24kcal/mol。此外，尽管 TS7 与 TS3 都对应于 4 中心的迁移路径。而 TS7 的能量比 TS3 高 15.7kcal/mol 且几何结构显著不同，TS3 的 CCN 键角为 135.3°，而 TS7 的 CCN 键角为 72.1°，接近线性几何形状。另外，TS7 生成的异构体 IM5 在能量上似乎比 IM2 更稳定。

除异构化外，C4 自分解反应还涉及 CF3 的直接消除途径。TS8、TS9 和 TS10 分别对应于 CF_4、CF_3CN 和 C_2F_6 消除路径的三中心过渡态。虽然氟化烷烃非常稳定，但伴随的产物是高能全氟卡宾自由基，导致直接生成 CF_4、CF_3CN 和 C_2F_6 在热力学上是不利的，因为它们各自的吸热高达 90kcal/mol。TS11 为通过四中心过渡态生成 CF_4 和 $CF_2{=}CFCN$，该过程的反应势垒仅比 TS8 高 2kcal/mol，而产物吸热仅为 24.6kcal/mol。TS12 是 C_2F_5CN 消除反应的三中心过渡态，该势垒

高度为 120.8kcal/mol，$C_2F_5CN+CF_2$ 的形成吸热 60.8kcal/mol。尽管直接消除途径具有相当多的障碍，但在特定条件下（例如极端高温）也可能促进 C4 的单分子分解。

综上所述，基于能量角度分析，C4 的分解机理相当复杂，经过不同的过渡态结构，分解产物包括 CF_3、CF_3CFCN、F、CN、C_3F_7、CF_3CF、$C(CF_3)_2$ 等自由基组分，还包括 CF_4、CF_2═CFCN、FCN、CF_3CF═CF_2、C_2F_6、CF_3CN、C_2F_5CN 等稳定产物分子。在试验中检测这些分解产物，有助于判断 C4 分解状态。

6.1.4 主方程计算

采用主方程方法（master equation）计算了 C4 分解反应在典型电气设备运行压力下的反应速率，如图 6－6 所示。通过计算发现，CF_3 自由基的生成是唯一可观察到的产物通道。实验中观察到的 C_2F_6 的分子是 CF_3 自由基重新结合生成的，并且它是一种有效的特征气体，可用于监测 C4 气体的放电击穿行为。CF_3CN 在实验中检测到，但浓度比 C_2F_6 要低得多。从理论上讲，异构体 *i*-C4 和其他稳定产物（如 CF_3CN）的贡献总是小于 1%。

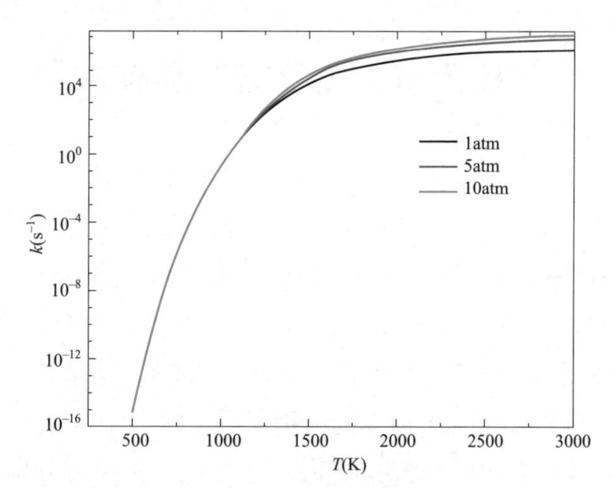

图 6－6 C_4F_7N 在不同压力下的总包反应速率随温度的变化（1atm = 0.101325MPa）

为方便应用，将 C4 的热分解反应速率随温度、压力变化关系采用最小二乘法拟合，得到 Arrhenius 公式

$$k(T,p=1\text{atm})=(6.17\pm1.69)\times10^{25}(T/298)^{-(12.8\pm1.6)}e^{(-44604\pm1840)/T}\quad (R^2=0.997)$$

$$k(T,p=5\text{atm})=(4.71\pm1.60)\times10^{24}(T/298)^{-(11.1\pm1.8)}e^{(-43800\pm2008)/T}\quad (R^2=0.997)$$

$$k(T, p=10\text{atm}) = (1.26 \pm 0.37) \times 10^{24} (T/298)^{-(10.3 \pm 1.8)} e^{(-43358 \pm 2064)/T} \quad (R^2 = 0.997)$$

同时，模拟了 C_4F_7N 气体随温度变化的分解曲线，并与 3M 报道的实验观测值相比较，如图 6-7 所示。C4 在 730℃时开始分解，温升至 830℃时基本分解完全，理论计算结果与实验数据非常吻合。

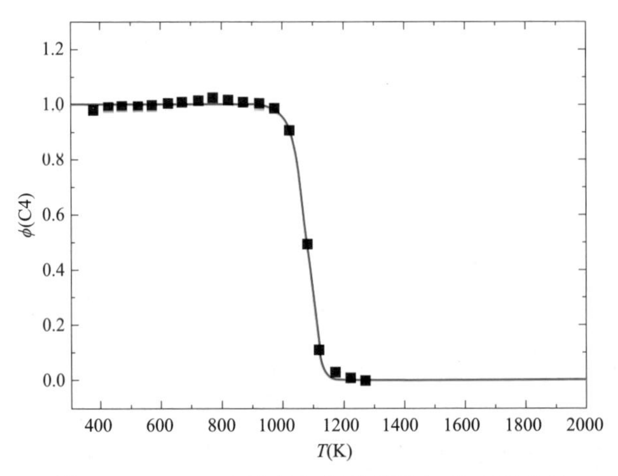

图 6-7　C_4F_7N 气体的随温度变化的热分解曲线

6.2　$C_6F_{12}O$ 分解反应

本节主要采用量子化学计算方法研究了 $C_6F_{12}O$ 的单分子分解机理。通过 DFT-M06-2X/6-31+G(d,p)方法获得了所有可能的反应途径、异构体、过渡态结构等，发现其分解途径也可以分为直接断键反应、多中心解离反应以及异构化反应三部分。其分解反应的势能面如图 6-8 所示，各中间体 IM、过渡态 TS 结构及参数如图 6-9 所示，分解过程中各物质的相对能量见表 6-2。

$C_6F_{12}O$ 分子可以发生五条简单的断键反应，即：C—CF_3 键断裂分别生成 $C_3F_7COCF_2$+CF_3 和 $CF_3CFCOC_2F_5$+CF_3，这两条反应通道分别需要吸收热量 80.3kcal/mol 和 80.0kcal/mol; C—CO 键断裂分别生成 C_3F_7CO+C_2F_5 及 C_2F_5CO+C_3F_7，这两条反应通道分别需要吸热 78.9kcal/mol 和 78.0kcal/mol；C—F 键断裂生成$(CF_3)_2CCOC_2F_5$+F，此反应通道需要吸热 102.1kcal/mol。从能量途径来看，直接断键反应都是强吸热的产物通道，且 C—CO 键及 C—CF_3 键是 $C_6F_{12}O$ 分子中相对较弱的键，也是 $C_6F_{12}O$ 无屏障断键反应的主要热分解路径。

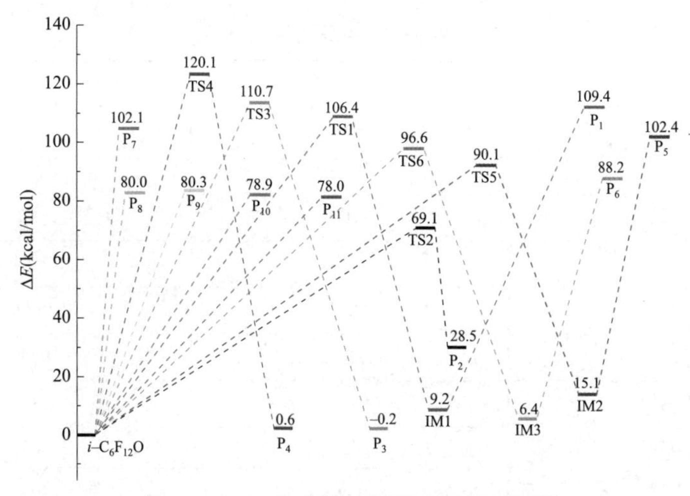

图 6-8　C6 单分子分解反应势能剖面图

P_1：$C_3F_7+CF_3OC{=}CF_2$　　P_2：$CF_3CF{=}CF_2+CF_3CF_2COF$　　P_3：$CO+C_3F_7CF_2CF_3$

P_4：$(CF_3)_2CC{=}O+CF_3CF_3$　　P_5：c-$CF_3C(O)CFCF_3+C_2F_5$　　P_6：$CF_3CFC(CF_2)OCF_3+CF_3$

P_7：$F+(CF_3)_2CCOC_2F_5$　　P_8：$CF_3+CF_3CFCOC_2F_5$　　P_9：$CF_3+C_3F_7COCF_2$

P_{10}：$C_3F_7CO+C_2F_5$　　P_{11}：$C_3F_7+C_2F_5CO$

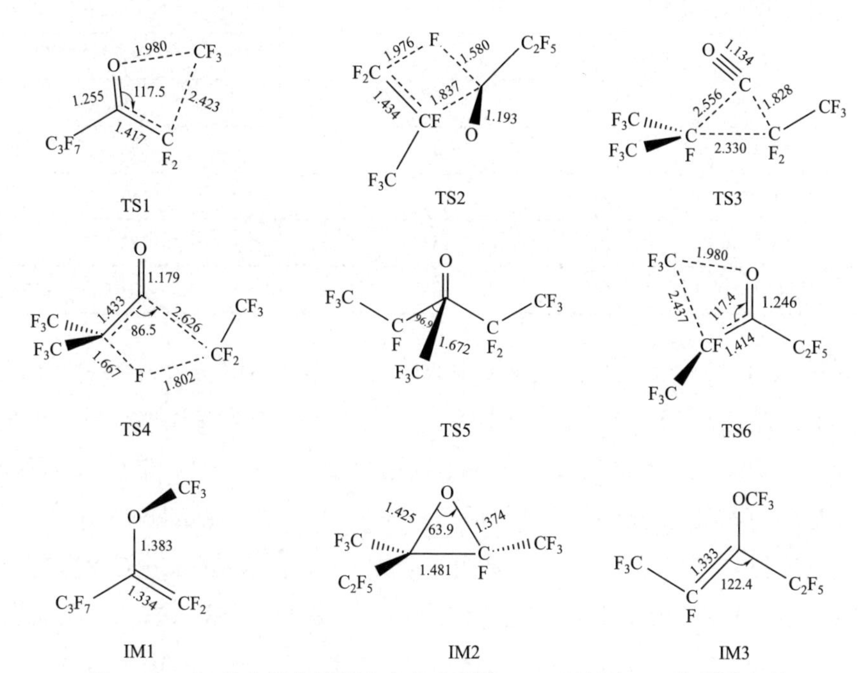

图 6-9　C6 单分子分解反应中各中间体 IM、过渡态 TS 构型及参数
（键长单位为 Å，键角单位为°）

表 6-2　　C6 分解反应中各物质相对能量　　（单位：kcal/mol）

气体类型	ΔZPE	M06-2X/6-31+G(d,p)
C6	0.0	0.0
TS1	-2.3	108.8
TS2	-1.9	71.0
TS3	-3.4	114.1
TS4	-3.5	123.6
TS5	-2.4	92.6
TS6	-1.9	98.4
IM1	0.6	8.6
IM2	0.5	14.6
IM3	0.5	5.9
$C_3F_7+CF_3OC{=}CF_2$	-2.9	112.3
$CF_3CF{=}CF_2+CF_3CF_2COF$	-1.8	30.3
$CO+C_3F_7CF_2CF_3$	-2.6	2.3
$(CF_3)_2CC{=}O+CF_3CF_3$	-1.7	2.2
c-$CF_3C(O)CFCF_3+C_2F_5$	-2.8	105.2
$CF_3CFC(CF_2)OCF_3+CF_3$	-3.3	91.5
$F+(CF_3)_2CCOC_2F_5$	-3.0	105.1
$CF_3+CF_3CFCOC_2F_5$	-3.3	83.3
$CF_3+C_3F_7COCF_2$	-3.1	83.4
$C_3F_7CO+C_2F_5$	-3.5	82.4
$C_3F_7+C_2F_5CO$	-3.6	81.5

同时，$C_6F_{12}O$ 分子也可能发生多中心解离过程，伴随着多个中心位点同时成键和断键的过程。$C_6F_{12}O$ 分子可经四中心过渡态 TS2 发生 F 迁移，同时 C_3F_7 基团与羰基 C 原子之间断键的过程，直接生成产物 $CF_3CF{=\!=}CF_2$ 和 CF_3CF_2COF，该路径势垒为 69.1kcal/mol，产物能量比反应物 $C_6F_{12}O$ 高 28.5kcal/mol，这是一个强吸热过程。在 TS2 中，C_3F_7 基团与羰基 C 原子连接的 C—C 键被拉长至 1.837Å，由于 F 原子的迁移，与之相连的 C 原子处于不饱和状态，由原来的 sp_3 杂化转变为 sp_2 杂化，使得其 C—C 键缩短为 1.434Å；即将断裂的 C—F 键长为 1.976Å，即将形成的 C···F 键长为 1.580Å。这是 $C_6F_{12}O$ 分子自分解反应过程中

势垒最低的一条路径。也可经三中心过渡态 TS3，直接脱去 CO 分子，同时 C_3F_7 基团与 C_2F_5 基团之间成键的过程，生成产物 CO 与 $C_3F_7CF_2CF_3$，该路径势垒为 110.7kal/mol，CO 与 $C_3F_7CF_2CF_3$ 的总能量比反应物 $C_6F_{12}O$ 仅低 0.2kcal/mol。该路径提出了一种 $C_6F_{12}O$ 分解生成 CO 气体的微观反应机理，虽然从动力学角度分析，该反应过程很难发生，但在高温条件下，该过程仍然是可能发生的。$C_6F_{12}O$ 分子还可经四元环过渡态 TS4，使叔 C 原子上的 F 原子迁移到 C_2F_5 基团上，同时 C_2F_5 基团与羰基断键的过程，直接生成 $CF_3CF_3+(CF_3)_2C{=}CO$，该反应势垒为 120.1kcal/mol，是 $C_6F_{12}O$ 分解过程中能垒最高的路径。因此，该途径可能对总包反应影响较小。

此外，异构化反应也是 $C_6F_{12}O$ 分子可能发生的反应途径。CF_3 基团经四中心过渡态 TS1 迁移至 O 原子上形成异构体 IM1，该异构化势垒为 106.4kcal/mol。TS1 中，由于 CF_3 基团的离去，与之相连的 C 原子由 sp_3 杂化转变为 sp_2 杂化，使得羰基 C 原子处于过饱和状态，即将断裂的 C—C 键由 1.542Å 拉长为 2.423Å，由于 CF_3 基团的脱离，CF_2 与 C═O 之间的 C—C 键由 1.546Å 缩短为 1.417Å，C═O 键由 1.196Å 拉长为 1.255Å，即将形成的 C···O 键长为 1.980Å。IM1 较 $C_6F_{12}O$ 分子的能量高 9.2kcal/mol。IM1 也可能发生直接断键反应生成 $C_3F_7+CF_3OC{=}CF_2$，该过程吸热 109.4kcal/mol。C_3F_7 基团上的 CF_3 也可经过渡态 TS5 迁移到羰基 C 原子上，同时 O 原子与相邻的两个 C 原子成环，形成异构体 IM2，该反应势垒为 90.1kcal/mol。在 TS5 中，趋于断裂的 C—C 键由 1.545Å 拉长为 2.372Å，即将形成的 C···C 键长为 1.672Å。IM2 高于反应物能量 15.1kcal/mol。IM2 进一步直接断键生成 c-$CF_3C(O)CFCF_3+C_2F_5$ 的过程较 IM2 吸热 87.3kcal/mol。

C_3F_7 基团上的 CF_3 基团还可经过渡态 TS6 迁移至 O 原子上形成异构体 IM3，该路径势垒为 96.6kcal/mol。TS6 中趋于断裂的 C—C 键由 1.545Å 拉长为 2.437Å，即将形成的 C···O 键长为 1.980Å。IM3 的能量高于反应物 6.4kcal/mol。IM3 直接断键反应生成 $CF_3CFC(CF_2)OCF_3+CF_3$ 的过程吸热 88.2kcal/mol。

综上所述，基于能量角度分析，$C_6F_{12}O$ 单分子分解的所有反应路径几乎都是强吸热过程，且势垒极高，最低能垒也高达 69.1kcal/mol，其分解产物除 CF_3、C_3F_7、C_2F_5、F、C_3F_7CO、C_2F_5CO 等自由基组分外，还包括 $CF_3CF{=}CF_2$、CF_3CF_2COF、CO、CF_3CF_3、$(CF_3)_2C{=}CO$ 等稳定产物分子。

6.3 SF_3N 分解反应

SF_3N 的绝缘性能（$E_r=1.35$）和环境特性（GWP=916）等综合性能较佳，且沸点较低（−27.1℃），能够很好地满足电力系统中绝缘介质的性能指标。因此，采用量子化学方法 DFT-M06-2X/aug-cc-pV(T+d)Z 研究了 SF_3N 气体的单分子反应和自反应机理，获得了所有可能的反应途径、异构体、过渡态结构等；采用 ROCBS-Q 和 G4 组合模型化学方法计算了反应中各驻点的能量，以便获得该体系的高精度势能面。这对其在电气试验研究和工业应用中能够提供一定的帮助。

6.3.1 SF_3N 单分子反应

SF_3N 单分子反应的势能面如图 6−10 所示，可以发现，SF_3N 共存在三种不同的异构体，并且相互之间可以发生转化。SF_3N 可以通过三元环过渡态 TS1 生成异构体 SF_2NF，该过程吸热 19.9kcal/mol，反应的势垒高度为 70.0kcal/mol；SF_2NF 则可以通过三元环的过渡态 TS2 生成另一种异构体 $SFNF_2$，异构体 $SFNF_2$ 的能量较 SF_3N 高 51.8kcal/mol。从能量角度分析，异构体之间的转化是相当困难

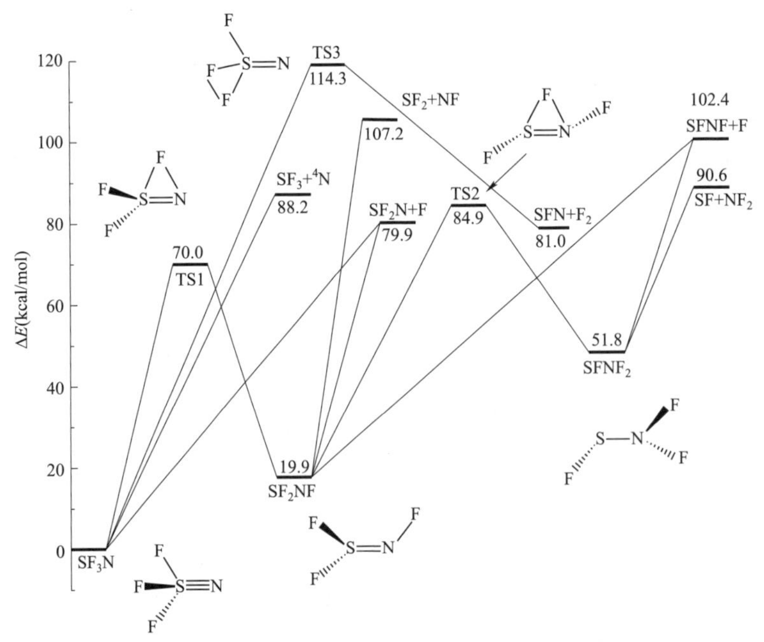

图 6−10 SF_3N 在 G4 理论水平下单分子反应的势能剖面

的，而 SF_3N 是其中最稳定的构型。

研究 SF_3N 的热稳定性可以发现，其最低的分解途径是发生 S—F 断键反应生成 SF_2N 与 F 原子，该势垒为 79.9kcal/mol。其他的分解产物通道也都是吸热过程，而且能量更高。此外，还可以通过三元环过渡态 TS3 直接生成产物 SFN 和 F_2，该反应的能垒高达 114.3kcal/mol，此产物通道吸热 81.0kcal/mol。由此判断 SF_3N 的热稳定性非常好，即使是在高温下（如 3000K 时）也较难分解。

6.3.2 SF_3N 自反应

SF_3N 自反应途径的相对能量示意图如图 6－11 所示，相应的构型如图 6－12 所示。反应过程中的各驻点在不同理论水平下的相对能量列于表 6－3 中，SF_3N 自反应主要存在加成异构反应和自催化异构反应两种机理。

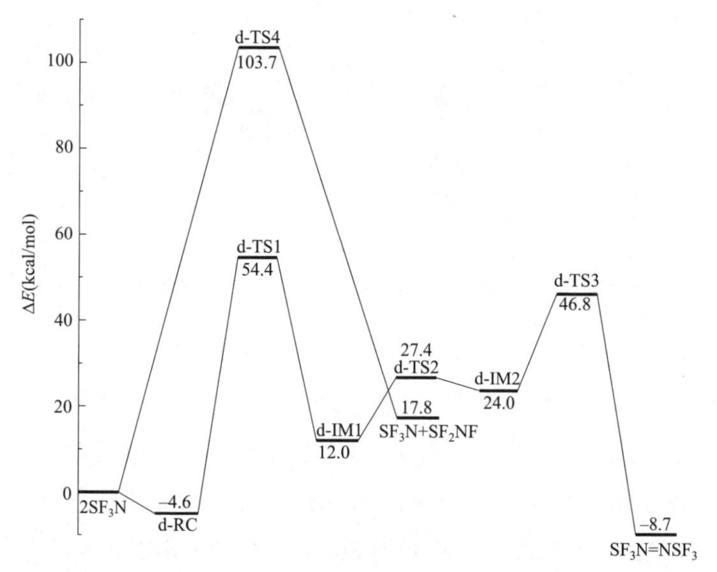

图 6－11　SF_3N 在 CBS-Q 理论水平下自反应的势能剖面

表 6－3　SF_3N 自反应途径中各驻点在不同理论水平下的相对能量

（单位：kcal/mol）

气体类型	ΔZPE	M06-2X/AVTZ＋d	CBS-Q	G4
$2SF_3N$	0.0	0.0	0.0	0.0
d-RC	0.9	－5.3	－5.5	－4.8
d-TS1	－1.2	58.3	55.6	57.6
d-IM1	0.9	9.3	11.1	14.9

续表

气体类型	ΔZPE	M06-2X/AVTZ+d	CBS-Q	G4
d-TS2	0.7	24.7	26.8	30.3
d-IM2	0.9	21.3	23.1	26.4
d-TS3	−0.8	50.6	47.5	51.2
$SF_3N{=\!=}NSF_3$	−0.3	−14.3	−8.4	−5.4
d-TS4	−1.5	109.0	105.2	106.4
SF_3N+SF_2NF	−1.1	17.0	18.9	21.0

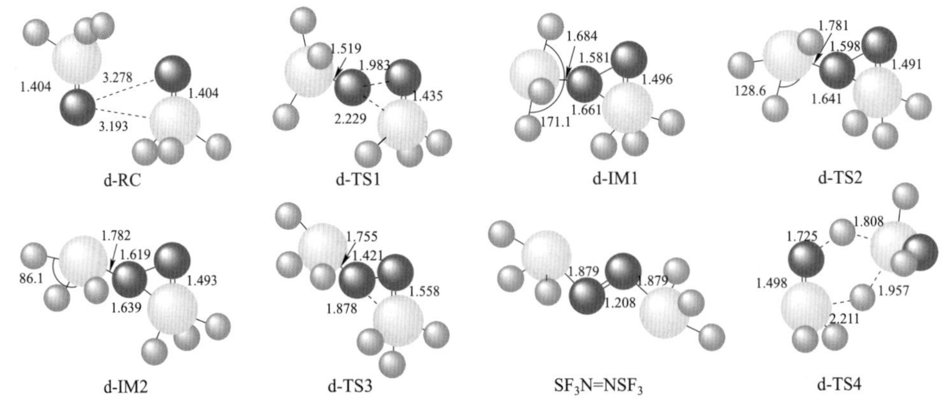

图 6－12　SF_3N 自反应各驻点的 M06-2X/AVTZ+d 优化构型（S 为黄色球；N 为蓝色球；F 为天蓝色球；键长单位为 Å；键角单位为°）

加成异构反应是两分子 SF_3N 首先形成复合物 d-RC，再经过过渡态 d-TS1 形成中间体 d-IM1 的过程，该反应势垒高度为 54.4kcal/mol。可以发现，中间体 d-IM1 中的 SNN 是一个三元环结构。而中间体 d-IM1 可再经过过渡态 d-TS2 发生 turnstile rotation 构象转化形成中间体 d-IM2，该过程中 F—S—F 的夹角也由 171.1°经过 d-TS2 的 128.1°最终转变为 86.1°。中间体 d-IM2 也可再通过过渡态 d-TS3，生成双分子复合物 $SF_3N{=\!=}NSF_3$，该过程放热 8.7kcal/mol。虽然产物的能量比反应物低，但是由于反应发生所需要克服的能垒很高（54.4kcal/mol），所以即使在高温高压条件下 SF_3N 也不容易复合，能够保持单质气体状态存在。

6.4　C_4F_7N 水解反应

绝缘气体介质在其生产、使用、回收过程中均不可避免地与空气、水等接触，极有可能发生化学反应。因此，为了阐释水分子对 C_4F_7N 气体潜在的重要影响，本节采用高级量子化学计算方法 DL-CBS-Q 详细考察了 C_4F_7N 分子的水解反应机理。

此外，有关于水在大气化学中的催化作用已有大量的文献报道。虽然 H_2O 的反应活性较差，但是由于大气中水蒸气含量很高，H_2O 的催化效应不可忽视。目前有不少文献报道，H_2O 容易以二聚体水形式存在，当作为催化剂参与反应的时候，能够发生连续质子迁移，降低环的张力，很多情况下 H_2O 的存在可以降低反应势垒，从而改变反应机理或最终产物。因此，本节还对水分子作为催化剂的反应机理进行了研究，从而揭示水催化效应，以便更好地了解 C_4F_7N 在大气环境中的化学行为，同时为环保绝缘气体的微水检测和纯度鉴定提供理论支撑。

6.4.1 水解反应机理

C_4F_7N 分子的水解反应势能面如图 6－13 所示，势能面上各驻点的构型参数如图 6－14 所示。反应途径中各驻点在不同理论水平下的相对能量列表 6－4 中。

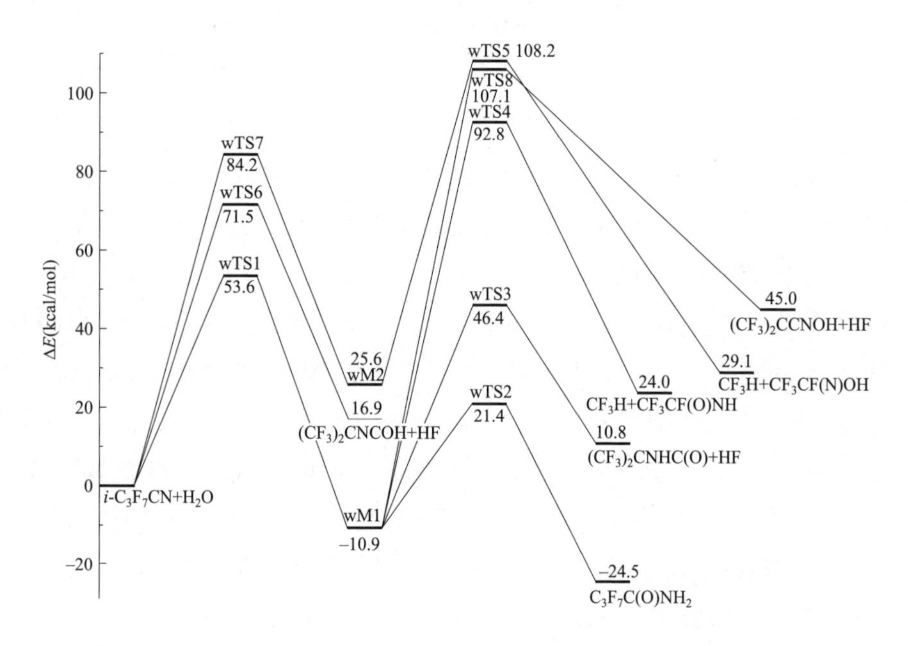

图 6－13　在 DL-CBS-Q 理论水平下 $C4+H_2O$ 反应的势能剖面

表 6-4　$C_4F_7N+H_2O$ 反应在不同理论方法下的零点能校正和相对能量

（单位：kcal/mol）

气体类型	ΔZPE	M06-2X/AVTZ	CBS-Q	DL-CBS-Q	G4
$C4+H_2O$	0.0	0.0	0.0	0.0	0.0
wTS1	− 0.1	49.1	52.9	53.7	53.0
wM1	4.4	− 19.1	− 15.9	− 15.3	− 15.2
wTS2	1.2	17.1	20.0	20.2	20.8
$C_3F_7C(O)NH_2$	4.5	− 32.1	− 29.3	− 29.0	− 28.4
wTS3	− 0.2	44.7	46.3	46.6	46.2
$(CF_3)_2CNHC(O)+HF$	0.2	7.7	10.9	10.5	10.5
wTS4	− 0.6	88.2	92.3	93.4	92.7
$CF_3H+CF_3CF(O)NH$	2.2	15.6	21.9	21.8	21.6
wTS5	− 1.1	114.5	103.3	109.3	104.3
$CF_3H+CF_3CF(N)OH$	2.9	18.8	26.2	26.3	25.4
wTS6	− 0.5	72.7	72.0	72.3	70.3
$(CF_3)_2CNCOH+HF$	0.7	12.1	16.2	16.2	15.4
wTS7	− 0.7	83.3	84.8	84.9	84.9
wM2	3.8	19.1	21.2	21.8	21.6
wTS8	− 0.9	106.0	108.2	108.0	107.0
$(CF_3)_2CCNOH+HF$	0.2	43.3	45.1	44.8	44.4

C_4F_7N 的水解机理共存在三个反应通道。对于最低的反应能量通道而言，它是分成两步进行的：① H_2O 分子通过四元环过渡态 wTS1 加成到 CN 基团上，H_2O 分子中的 OH 基团和 H 原子分别加成到 C≡N 三键的 C 和 N 原子上，C≡N 三键打开变成了 C═N 双键，键长伸长到 1.201Å，将要生成的 C—O 键和 N—H 键的键长分别为 1.632Å 和 1.416Å，此时的势垒高度为 53.6kcal/mol。② 过渡态 wTS1 生成中间体 wM1，再经过过渡态 wTS2 发生四元环 H 迁移生成酰胺 i-$C_3F_7C(O)NH_2$，放热 24.5kcal/mol。或者通过五元环过渡态 wTS3 生成产物 HF 和$(CF_3)_2CNHC(O)$，吸热 10.8kcal/mol。在过渡态 wTS3 中，将要断裂的 C—F 键和 O—H 键的键长分别是 1.931Å 和 1.258Å，将要形成的 H—F 键的键长是 1.131Å。或者可以通过五元环过渡态 wTS4 生成产物 CF_3H 和 $CF_3CF(O)NH$，吸热 24.0kcal/mol。另外，还可以通过五元环过渡态 wTS5 生成产物 CF_3H 和

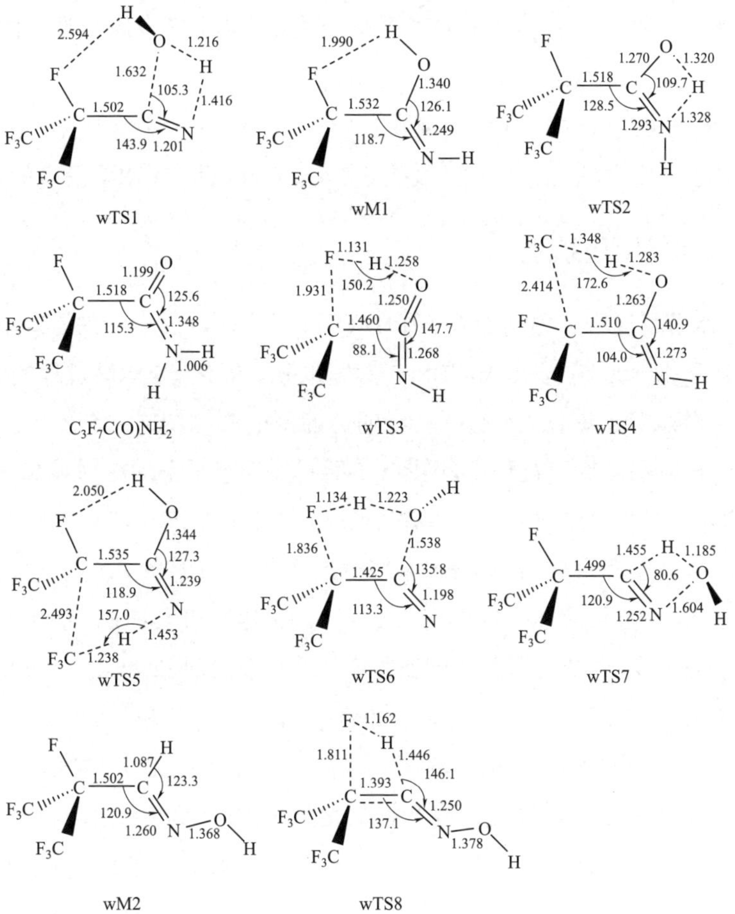

图 6－14　在 M06-2X/AVTZ 理论水平下 C4＋H_2O 反应各驻点的优化构型（键长单位为 Å）

$CF_3CF(N)OH$，吸热 29.1kcal/mol。由于 wTS3、wTS4 和 wTS5 的能垒均高于 wTS2，所以最低能量反应通道是通过 wTS1→wM1→wTS2 两步反应过程生成酰胺化合物。

除此之外，C_4F_7N 的水解过程也可以通过五元环过渡态 wTS6 直接脱去 HF，此时的势垒高度为 71.5kcal/mol。还可以通过四元环过渡态 wTS7 加成到 CN 基团上，H_2O 分子中的 OH 基团和 H 原子分别加成到 C≡N 三键的 N 和 C 原子上，C≡N 三键打开变成了 C＝N 双键，键长伸长到 1.252Å，将要生成的 C—H 键和 N—O 键的键长分别为 1.455Å 和 1.604Å，此时的势垒高度为 84.2kcal/mol。生成的中间体 wM2 可再通过四元环过渡态 wTS8 生成产物$(CF_3)_2CCNOH$ 和 HF。虽然过渡态 wTS8 和 wTS1 的结构有些相似，都是四元环构型，但是前者的势垒高度比后者高，所以 C≡N 基团中的 C 位点的反应活性比 N 位点要高。

综上所述，除了 $C_3F_7C(O)NH_2$ 酰胺化合物是 C4 水解反应中唯一的放热产物通道。而其他产物通道 $HF+(CF_3)_2CNHC(O)$、$CF_3H+CF_3CF(O)NH$、$CF_3H+CF_3CF(N)OH$、$(CF_3)_2CNCOH+HF$ 和$(CF_3)_2CCNOH+HF$，均是吸热产物通道，对总包反应几乎没有贡献。由此可见，酰胺 $C_3F_7C(O)NH_2$ 是 C4 水解反应的主要产物。

6.4.2 水催化反应机理

在 C4 水解反应中，分别加入 1 个 H_2O 和 2 个 H_2O 分子作为显式溶剂模型，采用高级量子化学计算方法 DL-CBS-Q 探究水分子催化 C4 水解过程的反应机理。

加入 1 个水分子催化 C4 水解反应的势能剖面图如图 6－15 所示，相应的构型如图 6－16 所示。反应过程中各驻点在不同理论水平下的相对能量见表 6－5。C4 和$(H_2O)_2$ 反应可通过六元环过渡态 2wTS1 发生质子连续转移机理，生成中间体 2wM1，势垒高度为 28.6kcal/mol。在过渡态 2wTS1 中，水分子主要起桥梁作用，欲生成的 C—O 键和 N—H 的键长分别为 1.649Å 和 1.475Å。而中间体 2wM1 又可通过 H 的内转动得到另一种更加稳定的中间体 2wM2，再经过过渡态 2wTS2 形成酰胺$(CF_3)_2CFC(O)NH_2$。在过渡态 2wTS2 中，作为旁观者的水分子中的一个质子转移到了终端的 N 原子上，将要形成的 N—H 键长为 1.367Å。由此可见，即使加入 1 个水分子，最终的生成产物还是酰胺$(CF_3)_2CFC(O)NH_2$，但是势垒高度降低了近一半，这是由于水分子参与到反应中起到了一定的催化作用。

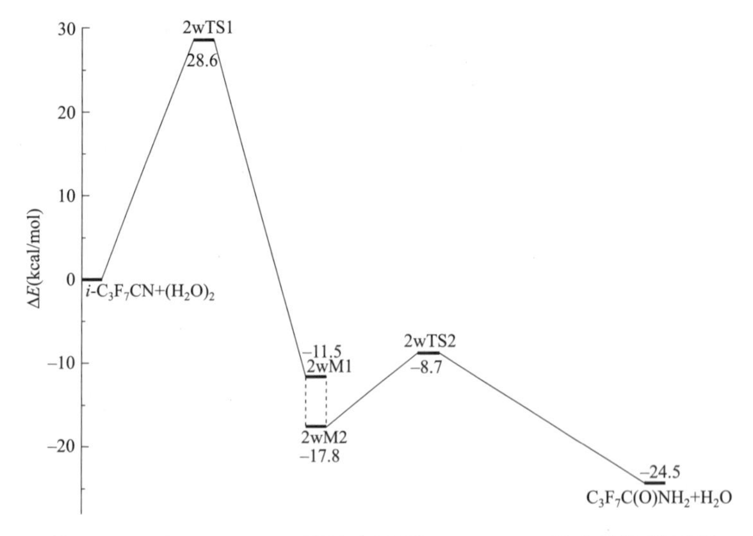

图 6－15　在 DL-CBS-Q 理论水平下 $C4+(H_2O)_2$ 反应的势能剖面

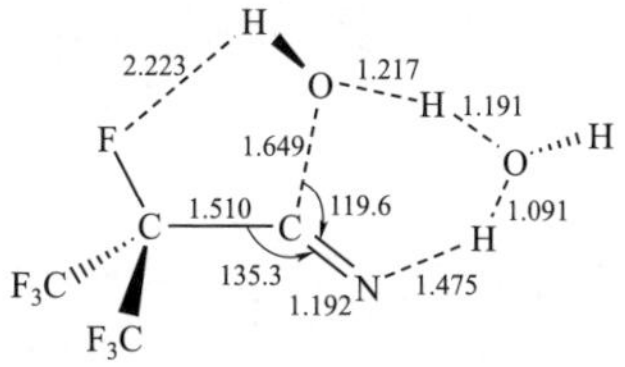

2wTS1 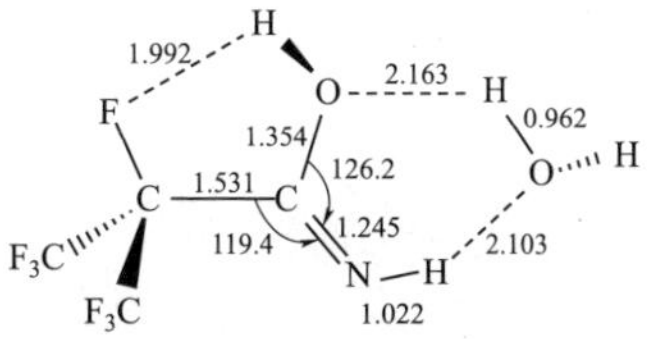　　2wM1

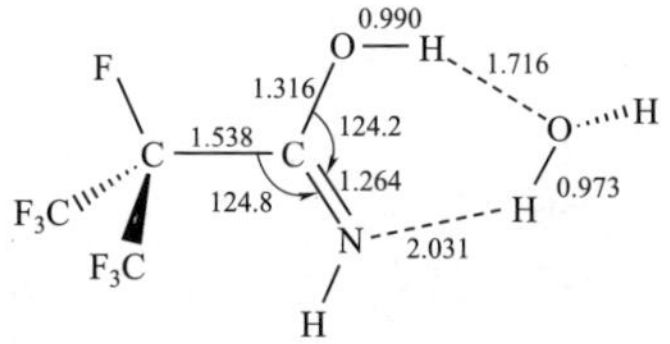

2wM2 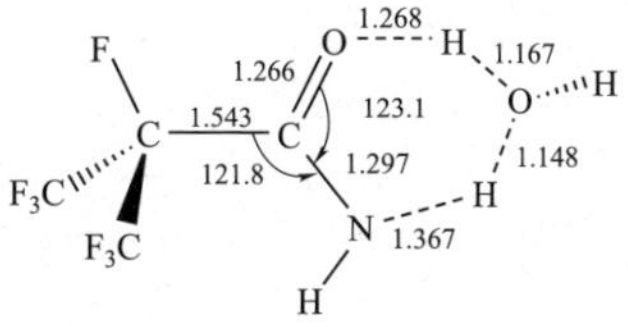　　2wTS2

图 6－16　在 M06-2X/AVTZ 理论水平下 $C4+(H_2O)_2$ 反应各驻点的优化构型（键长单位为 Å）

表 6－5　$C4+(H_2O)_2$ 反应在不同理论方法下的零点能校正和相对能量　（单位：kcal/mol）

气体类型	ΔZPE	M06-2X/AVTZ	CBS-Q	DL-CBS-Q
$C4+(H_2O)_2$	0.0	0.0	0.0	0.0
2wTS1	0.0	21.9	27.6	28.6
2wM1	3.8	－18.9	－16.0	－15.3
2wM2	4.6	－26.8	－22.9	－22.4
2wTS2	1.3	－16.5	－10.4	－10.0

两个水分子催化 C4 水解反应的势能面如图 6－17 所示，相应的构型如图 6－18 所示。表 6－6 为加入两个水分子催化的势能面上各驻点的相对能量。

C4 与$(H_2O)_3$的反应是通过八元环的过渡态 3wTS1 生成中间体 3wM1，其能垒为 26.4kcal/mol。与气相 C_4F_7N 水解反应势能面相比，加入 2 个水分子时，活化能下降了 26.3kcal/mol；与加入 1 个水分子相比，活化能下降了 1.2kcal/mol。中间体 3wM1 也可通过 H 的内转动得到另一种更加稳定的中间体 3wM2，再通过过渡态 3wTS2 形成酰胺$(CF_3)_2CFC(O)NH_2$。在过渡态 3wTS2 中，作为旁观者的水分子中的一个质子转移到了终端的 N 原子上，将要形成的 N—H 键长为 1.411Å。由此可见，加入 2 个水分子后最终的生成产物仍是酰胺$(CF_3)_2CFC(O)NH_2$。

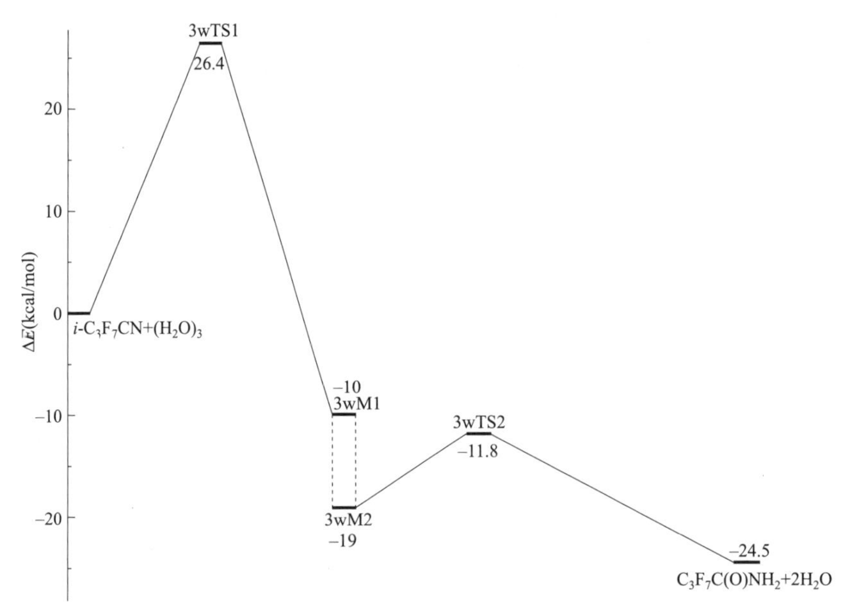

图 6－17　在 DL-CBS-Q 理论水平下 C4＋$(H_2O)_3$ 反应的势能剖面

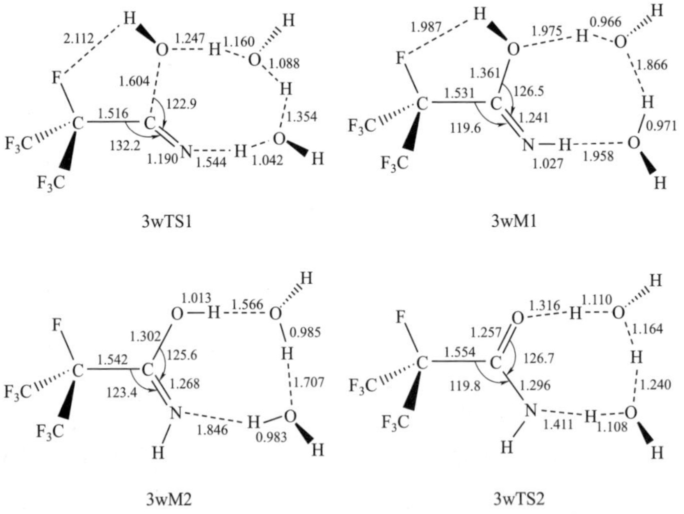

3wTS1　　3wM1

3wM2　　3wTS2

图 6－18　在 M06-2X/AVTZ 理论水平下 C4＋$(H_2O)_3$ 反应各驻点的优化构型（键长单位为 Å）

表 6－6　C4＋$(H_2O)_3$ 反应在不同理论方法下的零点能校正和相对能量　（单位：kcal/mol）

气体类型	ΔZPE	M06-2X/AVTZ	DL-CBS-Q
C4＋$(H_2O)_3$	0.0	0.0	0.0
3wTS1	－1.1	20.0	27.4

续表

气体类型	ΔZPE	M06-2X/AVTZ	DL-CBS-Q
3wM1	2.9	−15.0	−13.0
3wM2	3.8	−26.5	−22.8
3wTS2	−0.4	−19.0	−11.5

图 6−19 对 C4 水解反应最低能量反应途径与水催化反应途径进行了比较。可以发现，与气相 C4 水解反应相比，水催化效应明显降低了反应活化能，例如，加入 1 个水分子和 2 个水分子后，速控步过渡态 TS1 的活化能分别下降了 25.1kcal/mol 和 26.3kcal/mol。在六元环过渡态 2wTS1 和八元环过渡态 3wTS1 中，C—O 键和 C···OH 键的键长均有所缩短，且环越大，两者的键长越短。当参与水催化的分子越多时，能垒越低，但加入 2 个水分子后，催化效果与 1 个水分子相比，并没有明显的提高。从分子几何结构上看，水催化之所以能降低该水解反应关键过渡态的势垒高度，有两方面原因：一是加入更多的 H_2O 分子后形成了更大的环状结构，减少了空间位阻效应；二是 H_2O 分子起着桥梁的作用，能够发生质子转移机理，从而降低了反应的活化能。通过理论计算得到了 C4 水解及多个水分子催化的微观反应机理，这些工作对于环保绝缘气体的微水检测等奠定了理论基础。

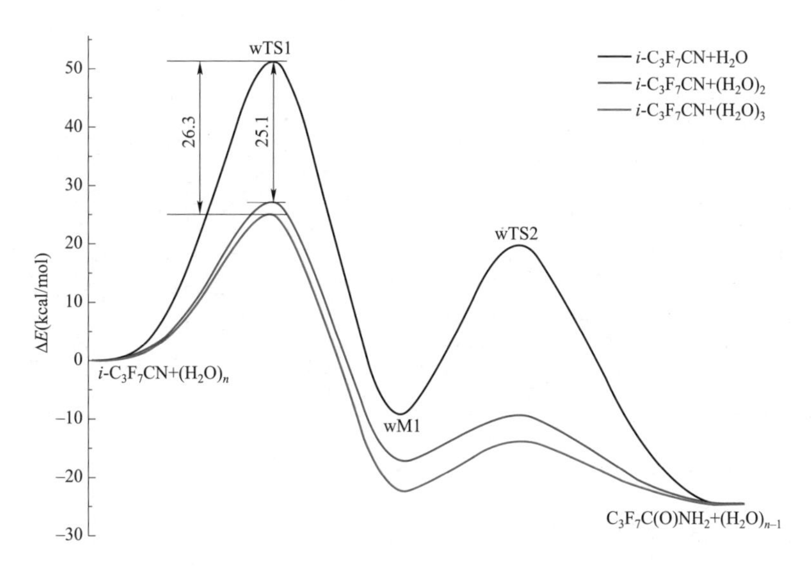

图 6−19　C4 水解反应最低能量反应途径与水催化反应途径的比较

6.5 SF_3N 水解反应

与 C_4F_7N 水解反应类似，本节主要采用量子化学方法 DFT-M06-2X/aug-cc-pV(T+d)Z 研究了 SF_3N 分子的水解及水催化反应机理，获得了所有可能的反应途径、异构体、过渡态结构等；并采用 ROCBS-Q 和 G4 组合模型化学方法计算了反应中各驻点的能量，以便获得该体系的高精度势能面。

6.5.1 水解反应机理

SF_3N 和 H_2O 反应的势能剖面图如图 6–20 所示，反应过程中各驻点的结构如图 6–21 所示。水解反应途径中各驻点在不同理论水平下的相对能量分别列于表 6–7。可以发现 SF_3N 水解反应存在三种机理：一是面向 S≡N 不饱和键的多步加成消除途径，首先通过四元环的过渡态 w-TS1 生成中间体 w-IM1，其能垒为 37.9kcal/mol。在 w-TS1 中，H_2O 中的 O 原子和 H 原子分别加成到 SF_3N 中 S≡N 键的 S 原子和 N 原子上，欲生成的 S—O 键和 N—H 键的键长分别为 2.022Å 和 1.301Å，欲断裂的 O—H 键的键长为 1.246Å。中间体 w-IM1 又可通过过渡态 w-TS2 转化成中间体 w-IM2，在这个过程中，F－S－O 的夹角从中间体的 w-IM1 由

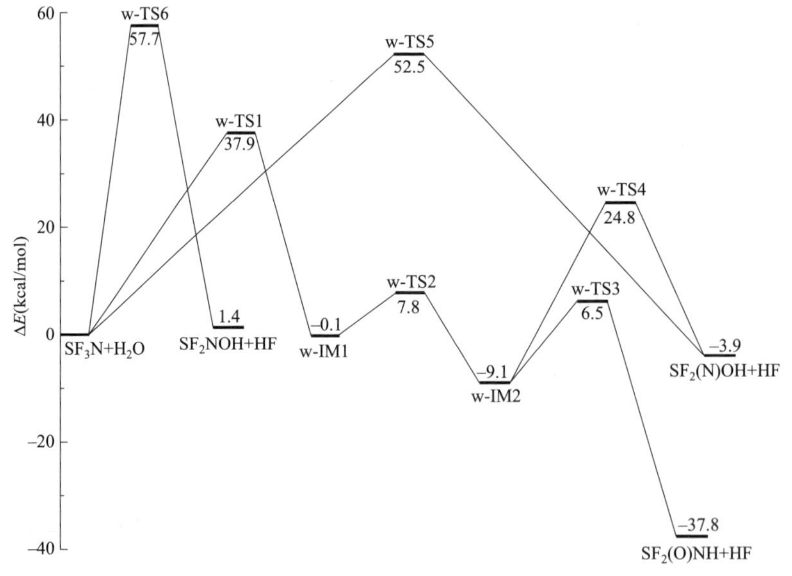

图 6–20 在 CBS-Q 理论水平下 SF_3N+H_2O 反应的势能剖面

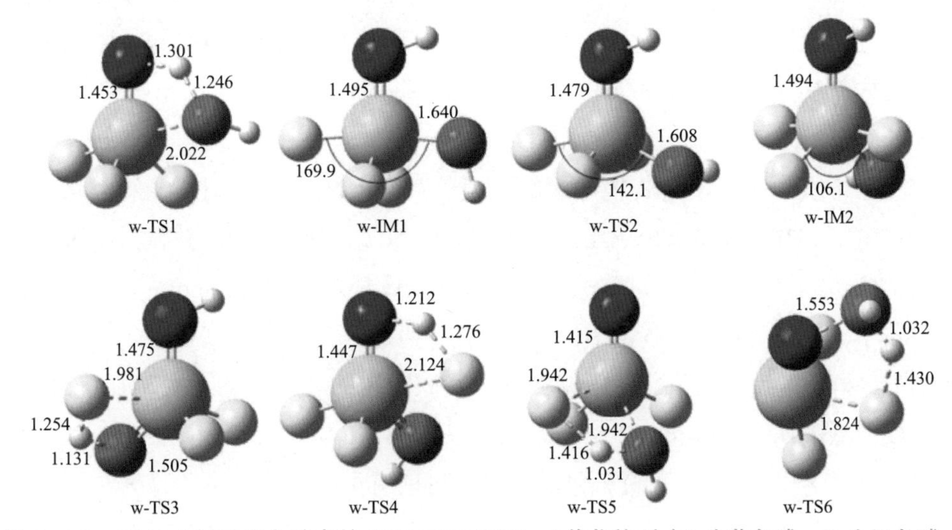

图 6－21 SF_3N 水解反应各驻点的 M06-2X/AVTZ＋d 优化构型（S 为黄色球；O 为红色球；H 为白色球；N 为蓝色球；F 为天蓝色球；键长单位为 Å；键角单位为°）

表 6－7 不同理论方法下 SF_3N 和 H_2O 反应的零点能校正和相对能量 （单位：kcal/mol）

气体类型	ΔZPE	M06-2X/AVTZ＋d	CBS-Q	G4
SF_3N+H_2O	0.0	0.0	0.0	0.0
w-TS1	0.2	34.4	37.7	38.3
w-IM1	3.8	－7.2	－3.9	－2.5
w-TS2	3.1	0.9	4.7	5.9
w-IM2	4.2	－16.5	－13.3	－11.5
w-TS3	0.6	2.3	5.9	6.9
$SF_2(O)NH+HF$	0.0	－37.0	－37.8	－36.6
w-TS4	－0.2	22.7	25.0	26.1
$SF_2(N)OH+HF$	－0.3	－3.2	－3.6	－2.7
w-TS5	0.95	50.4	51.5	51.5
w-TS6	1.1	54.1	56.6	57.8
$SF_2NOH+HF$	－0.8	0.72	2.2	4.0

169.9°减小到过渡态 TS2 的 142.1°，最终为 w-IM2 的 106.1°，这是典型的 berry pseudorotation 构象转化的特征。中间体 w-IM2 再通过四元环的过渡态 w-TS3 发生消除反应，得到最终产物 $SF_2(O)NH$ 和 HF，放热 37.8kcal/mol。在 w-TS3 中，欲断裂的 S—F 键的键长为 1.981Å，欲生成的 H—F 键的键长为 1.254Å。中间体

w-IM2 还可以通过四元环过渡态 w-TS4，同时脱掉 N 上的 H 原子和 S 上的 F 原子，生成产物 $SF_2(N)OH$ 和 HF，放热 3.9kcal/mol，且 w-TS4 比 w-TS3 能垒高 18.3.kcal/mol。

二是单步 S—O 型 HF 消除途径，通过四元环过渡态 w-TS5 直接生成产物 $SF_2(N)OH$ 和 HF。在 w-TS5 中，H_2O 中的 O—H 发生键的断裂，同时 SF_3N 中的 S—F 键断裂，脱去一分子 HF。该通道的反应势垒为 52.5kcal/mol，对总包反应影响较小。三是单步 N—O 型 HF 消除途径，通过五元环过渡态 w-TS6 直接生成产物 HF 和 SF_2NOH。在过渡态 w-TS6 中，欲断裂的 S—F 键的键长为 1.824Å，欲生成的 N—O 键的键长为 1.553Å，要脱去的 H—F 键的键长为 1.430Å。该过程的能垒高达 57.7kcal/mol，对总包反应也不可能有贡献。

6.5.2 水催化反应机理

如前所述，水分子在 C4 水解反应中起到了一定的催化作用。那么在 SF_3N 体系中，H_2O 分子的存在是否也会降低反应能垒呢？本节也探索了水分子的加入对 SF_3N 水解反应最低能量途径的影响，以便于更好地了解 SF_3N 在大气环境中的化学行为。

加入 1 个水分子催化 SF_3N 水解反应的势能剖面图如图 6-22 所示，相应的构型如图 6-23 所示。反应过程中各驻点在不同理论水平下的相对能量列于表 6-8 中。SF_3N 和$(H_2O)_2$ 的反应是通过六元环的过渡态 2w-TS1 生成中间体 2w-IM1，其能垒为 24.4kcal/mol。与气相 SF_3N 水解反应势能面相比，加入 1 个水分子时，活化能下降了 13.5kcal/mol。在 2w-TS1 中，H_2O 中的 O 原子加成到 SF_3N 中 S≡N 键的 S 原子上，欲生成的 S—O 键和 N—H 的键长分别为 1.987Å 和 1.352Å，其中 S—O 键比 w-TS1 中的缩短了 0.035Å，这是另外一个水分子起着桥梁的作用。中间体 2w-IM1 通过过渡态 2w-TS2 发生 berry pseudorotation 构象转化成中间体 2w-IM2，该反应历程中，F—S—O 的夹角从中间体的 2w-IM1 的 168.2°减小到过渡态 2w-TS2 的 140.8°，再到中间体 2w-IM2 的 105.7°。最后，中间体 2w-IM2 通过四元环的过渡态 2w-TS3 发生消除反应，得到最终产物 $SF_2(O)NH$、H_2O 和 HF，放热 37.8kcal/mol。在 2w-TS3 中，欲断裂的 S—F 键和 O—H 的键长分别为 1.992Å 和 1.115Å，欲生成的 H—F 键的键长为 1.274Å。另外，中间体 2w-IM2 还可以通过六元环过渡态 2w-TS4，发生质子转移机理，N

上的 H 原子转移到 H_2O 上，H_2O 中的 O—H 键断裂，同时 S—F 键端裂，发生消除反应，脱去 1 分子 HF，生成产物 $SF_2(N)OH$，放热 1.0kcal/mol，而且 2w-TS4 比 2w-TS3 能垒高 7.7kcal/mol。

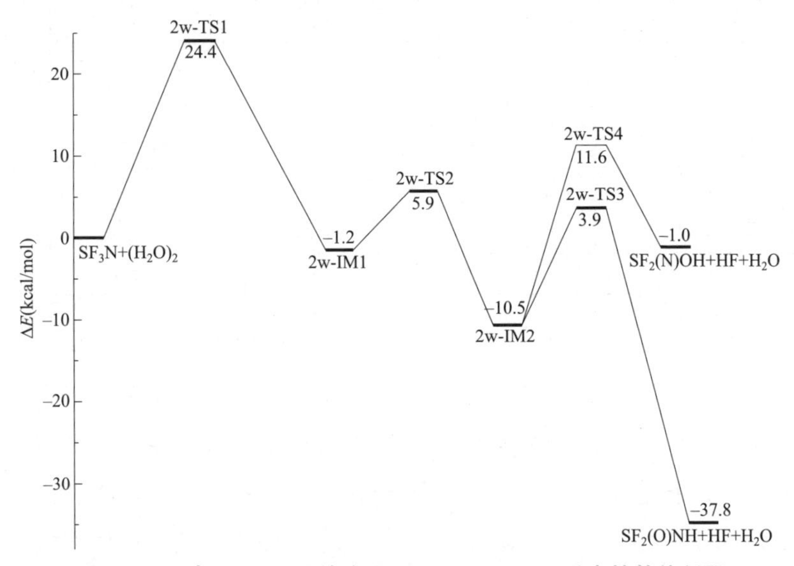

图 6－22　在 CBS-Q 理论水平下 $SF_3N+(H_2O)_2$ 反应的势能剖面

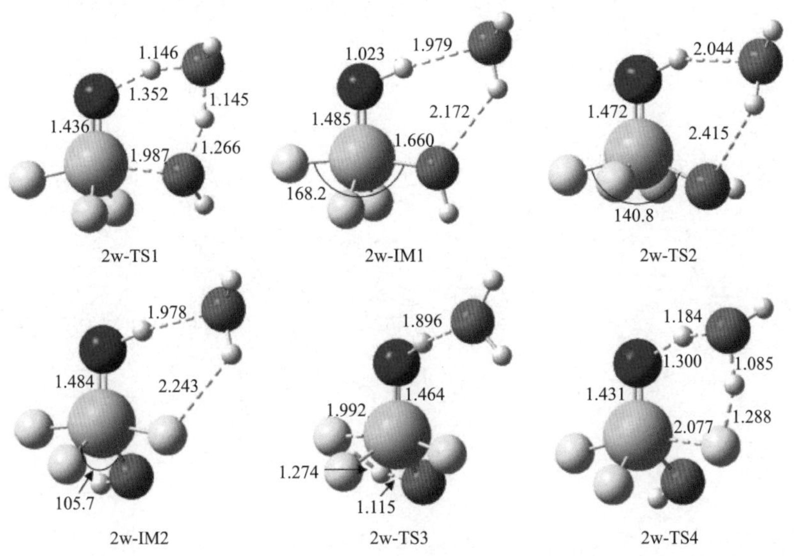

图 6－23　在 M06-2X/AVTZ＋d 理论水平优化的 $SF_3N+(H_2O)_2$ 反应各驻点的构型（S 为黄色球；O 为红色球；H 为白色球；N 为蓝色球；F 为天蓝色球；键长单位为 Å；键角单位为°）

表 6-8 不同理论方法下 $SF_3N+(H_2O)_2$ 反应的零点能校正和相对能量

（单位：kcal/mol）

气体类型	ΔZPE	M06-2X/AVTZ+d	CBS-Q	G4
$SF_3N+(H_2O)_2$	0.0	0.0	0.0	0.0
2w-TS1	-0.3	18.5	24.7	25.7
2w-IM1	3.1	-7.5	-4.3	-2.6
2w-TS2	2.5	-0.3	3.4	4.9
2w-IM2	3.3	-17.0	-13.9	-11.8
2w-TS3	-0.1	0.78	4.0	5.2
$SF_2(O)NH+HF+H_2O$	0.0	-37.0	-37.8	-36.6
2w-TS4	0.1	6.6	11.5	13.1
$SF_2(N)OH+HF+H_2O$	-2.6	1.9	1.6	2.2

两个水分子催化 SF_3N 水解反应的势能面如图 6-24 所示，相应的结构如图 6-25 所示。表 6-9 为加入两个水分子催化的势能面上各驻点的相对能量。当两个水分子作为催化剂参与 SF_3N 水解反应时，主要有两种反应机理：一是两个水分子作为反应物直接参与到 SF_3N 水解反应中，发生连续质子转移机制，形成一个八元环的结构；二是其中一个水分子作为催化剂直接参与反应，另外一个水分子作为旁观者，仅通过与反应物之间形成氢键而起到降低反应活化能的作用。

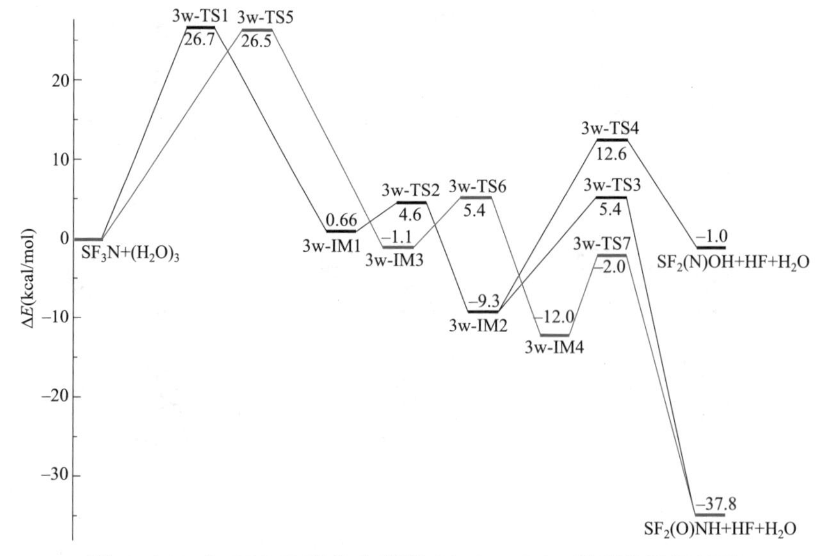

图 6-24 在 CBS-Q 理论水平下 $SF_3N+(H_2O)_3$ 反应的势能剖面

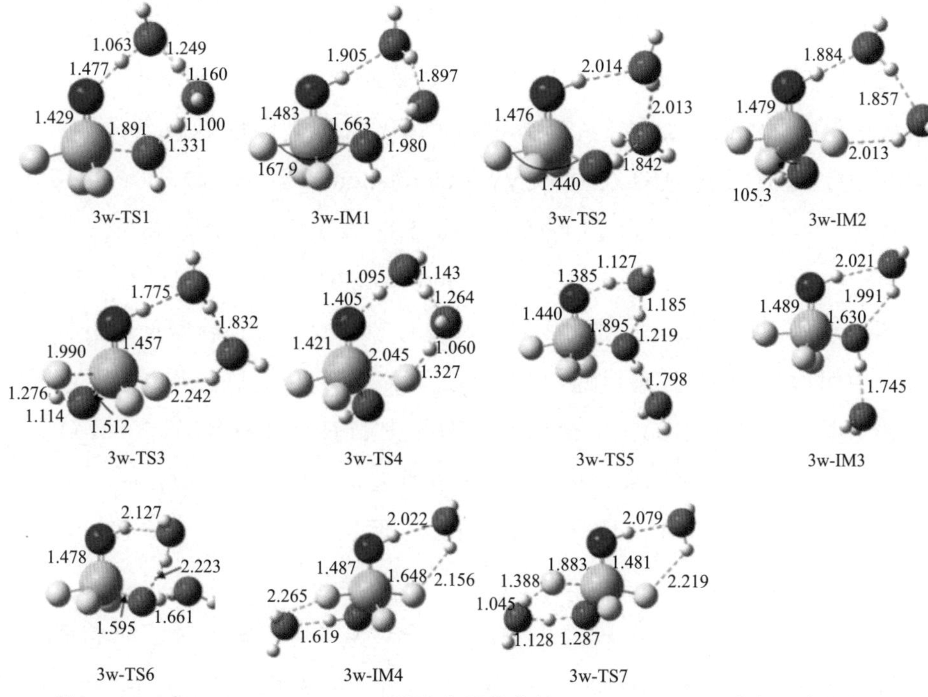

图 6-25 在 M06-2X/AVTZ+d 理论水平优化的 $SF_3N+(H_2O)_3$ 反应各驻点的构型（S 为黄色球；O 为红色球；H 为白色球；N 为蓝色球；F 为天蓝色球；键长单位为 Å；键角单位为°）

表 6-9 不同理论方法下 $SF_3N+(H_2O)_3$ 反应的零点能校正和相对能量

（单位：kcal/mol）

气体类型	ΔZPE	M06-2X/AVTZ+d	CBS-Q	G4
$SF_3N+(H_2O)_3$	0.0	0.0	0.0	0.0
3w-TS1	−1.2	20.7	27.9	28.9
3w-IM1	2.3	−3.5	−1.66	0.28
3w-TS2	1.8	0.11	2.8	4.8
3w-IM2	2.2	−13.2	−11.5	−9.3
3w-TS3	−1.2	4.5	6.6	7.8
$SF_2(O)NH+HF+H_2O$	−2.2	−31.8	−32.7	−31.7
3w-TS4	−1.2	7.8	13.8	14.8
$SF_2(N)OH+HF+H_2O$	−2.6	1.9	1.6	2.2
3w-TS5	−1.6	23.0	28.1	29.2
3w-IM3	2.1	−5.5	−3.2	−1.20
3w-TS6	1.4	1.0	4.0	5.6
3w-IM4	2.0	−16.6	−13.9	−11.7
3w-TS7	−0.50	−6.1	−1.5	0.52

当两个水分子均作为催化剂参与反应时，SF_3N 与$(H_2O)_3$ 的反应是通过八元环的过渡态 3w-TS1 生成中间体 3w-IM1，其能垒为 26.7kcal/mol。与气相 SF_3N 水解反应势能面相比，加入 2 个水分子时，活化能下降了 11.2kcal/mol。中间体 3w-IM1 通过过渡态 3w-TS2 发生 berry pseudorotation 构象转化成中间体 3w-IM2，中间体再 3w-IM2 通过四元环的过渡态 3w-TS3 发生消除反应，得到最终产物 $SF_2(O)NH$、$2H_2O$ 和 HF，放热 37.8kcal/mol。值得注意的是，过渡态 3w-TS3 中的两个水分子只是起着氢键的作用，并没有参与到 HF 消除的反应机制中。此外，中间体 3w-IM2 还可以通过八元环过渡态 3w-TS4，发生质子转移机理，N 上的 H 原子转移到 H_2O 上，而该 H_2O 分子上的 H 又转移到另一个 H_2O 分子上，H_2O 中的 O—H 键断裂，同时 S—F 键端裂，发生消除反应，脱去 1 分子 HF，生成产物 $SF_2(N)OH$，放热 1.0kcal/mol，而且 3w-TS4 比 3w-TS3 能垒高 7.2kcal/mol。

当两个水分子中 1 个作为反应物 1 个作为旁观者时，SF_3N 和$(H_2O)_3$ 的反应是通过六元环的过渡态 3w-TS5 生成中间体 3w-IM3，其能垒为 26.5kcal/mol，和两个水分子均作为催化剂参与反应的活化能非常相近，仅低了 0.2kcal/mol。在过渡态 3w-TS5 中，1 个 H_2O 分子中的 O 原子加成到 SF_3N 中 S≡N 键的 S 原子上，欲生成的 S—O 键和 N—H 的键长分别为 1.895Å 和 1.385Å，另外一个水分子与 OH 自由基中的 H 原子之间形成了氢键，氢键的距离为 1.798Å。值得注意的是，与两个水分子均作为催化剂参与反应的过渡态 3w-TS1 相比，H_2O 的存在几乎不影响 S—O 的键长。中间体 3w-IM3 通过过渡态 3w-TS6 发生 berry pseudorotation 构象转化成中间体 3w-IM4，再经过六元环的过渡态 3w-TS7 发生消除反应，得到最终产物 $SF_2(O)NH$、$2H_2O$ 和 HF。通过比较发现，速控步过渡态 3w-TS1 和 3w-TS5 的反应活化能分别降低了 11.2kcal/mol 和 11.0kcal/mol，比 2w-TS1 反而高了 2kcal/mol 左右。值得注意的是，3w-TS1 和 3w-TS5 的能量非常接近，两者仅相差 0.2kcal/mol，说明第二个水分子作用较小。

图 6－26 对 SF_3N 水解反应最低能量反应途径与水催化反应途径进行了比较。可以发现，两个水分子作催化剂时，反应势垒升高了大约 2kcal/mol，说明多增加 1 个水分子对该反应能垒的影响非常小，反而有可能对催化效应起到相反的作用，表明即使在潮湿的环境中 SF_3N 也可以稳定存在。

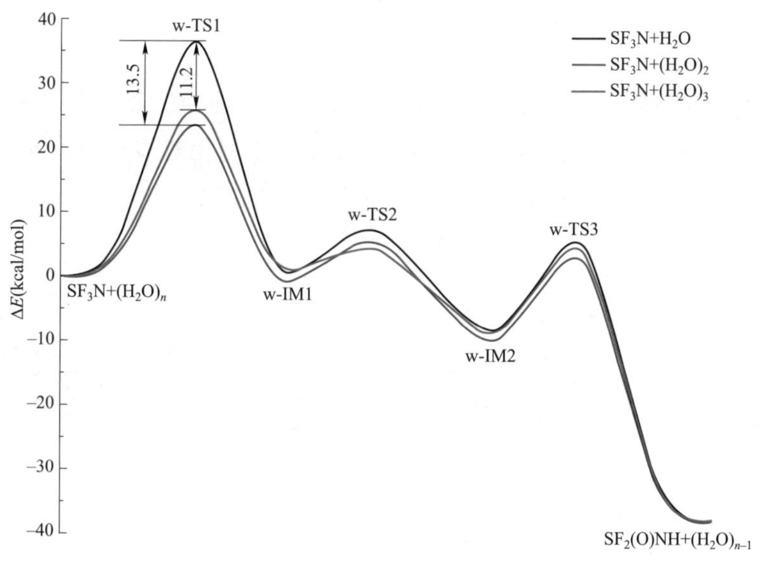

图 6－26　在 CBS-Q 理论水平下 $SF_3N+(H_2O)_n$ 反应的势能剖面

6.6　$C_4F_7N+CO_2/O(^3P)$反应

由于 C_4F_7N 的沸点较高（－4.7℃），工业上只能采取与 CO_2 等缓冲气体混合的方式实现绝缘，所以研究 C_4F_7N 与 CO_2 之间的化学反应也十分有必要，了解其可能的反应机理及相应的产物，可以更好地了解 C_4F_7N 与 CO_2 混合气体的稳定性。此外，在电弧放电条件下，CO_2 缓冲气体或 O_2、H_2O 等杂质会产生 O 原子等自由基，导致电流开断能力降低，使得断路器等电气设备的绝缘水平下降。在混合气体放电过程中，CO_2 在高温环境下会分解生成 CO 分子和 O 自由基。严重的是，这些自由基都可能与绝缘气体发生各种化学反应，使得混合气体的浓度下降，从而导致混合介质的绝缘性能降低，同时对高压电气设备材料的寿命也有一定的影响。因此，需要对混合气体的稳定性和混合气体组分之间的相互作用展开深入研究，本节采用量子化学方法 DFT-M06-2X/aug-cc-pVTZ 研究了 C_4F_7N 分子与 CO_2 混合气体以及 $O(^3P)$自由基的反应机理，获得了所有可能的反应途径、异构体、过渡态结构等；并采用 DL-CBS-Q 和 G4 组合模型化学方法进行了高水平能量计算，为设计满足工程应用的混合绝缘气体提供一定的理论支撑。

6.6.1 $C_4F_7N+CO_2$反应

$C_4F_7N+CO_2$ 反应的势能面如图 6－27 所示，势能面上各驻点的构型参数如图 6－28 所示。反应过程中各驻点在不同理论水平下的相对能量列于表 6－10 中。可以发现，$C_4F_7N+CO_2$ 的反应过程共存在三个反应通道：

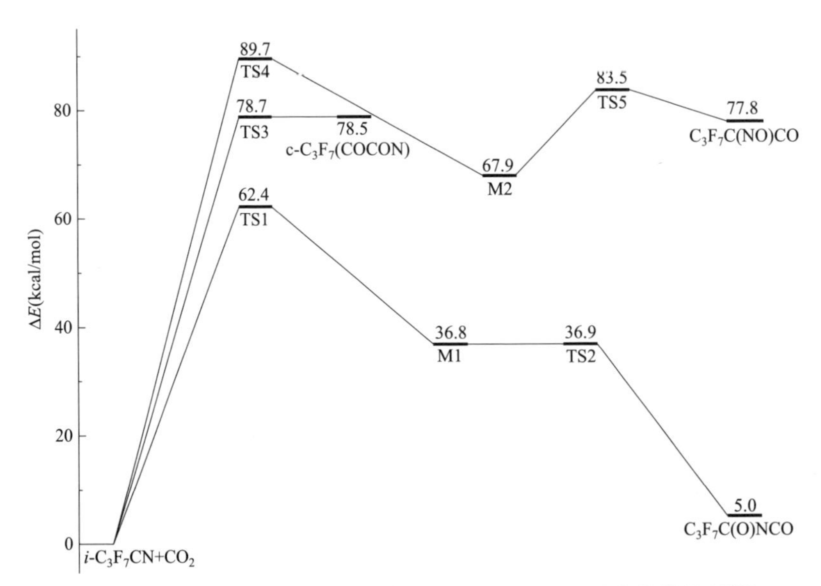

图 6－27　在 DL-CBS-Q 理论水平下 $C_4F_7N+CO_2$ 反应的势能剖面

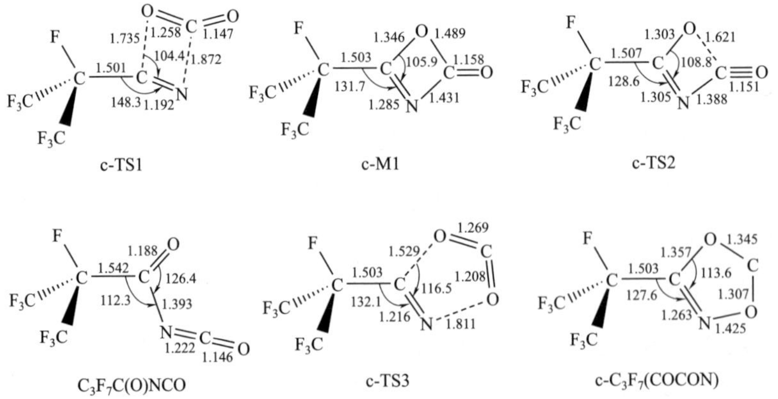

图 6－28　在 M06-2X/AVTZ 理论水平优化的 $C_4F_7N+CO_2$ 反应各驻点的构型（键长单位为 Å）（一）

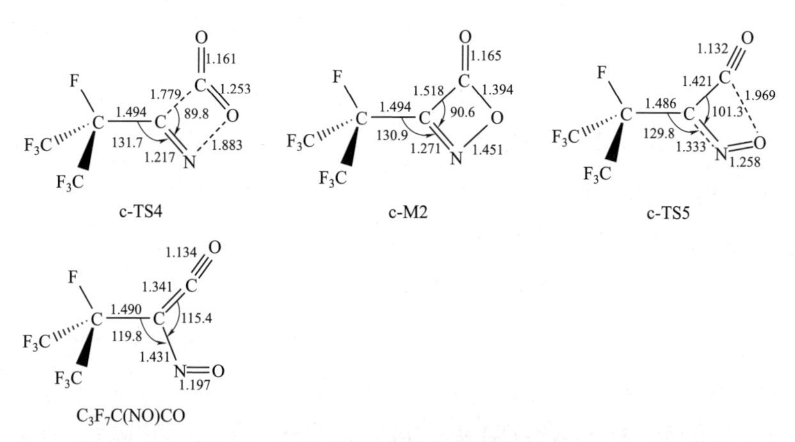

图 6-28　在 M06-2X/AVTZ 理论水平优化的 $C_4F_7N+CO_2$ 反应各驻点的构型（键长单位为 Å）（二）

表 6-10　不同理论方法下 $C_4F_7N+CO_2$ 反应的零点能校正和相对能量　（单位：kcal/mol）

气体类型	ΔZPE	M06-2X/AVTZ	DL-CBS-Q
$C_4F_7N+CO_2$	0.0	0.0	0.0
TS1	0.1	61.3	62.3
M1	1.7	33.3	35.1
TS2	1.2	33.7	35.7
$C_3F_7C(O)NCO$	1.9	−0.13	3.1
TS3	0.4	83.8	78.3
c-C_3F_7(COCON)	1.9	74.2	76.6
TS4	−0.6	95.0	90.3
M2	1.7	67.3	66.2
TS5	0.2	84.1	83.3
$C_3F_7C(NO)CO$	0.8	74.7	77.0

（1）N—C/C—O 加成途径，CO_2 分子通过四元环过渡态 c-TS1 加成到 CN 基团上生成四元环中间体 c-M1，而中间体 c-M1 极不稳定，可通过过渡态 c-TS2 发生 C—O 键断裂生成更稳定的酮分子结构 $C_3F_7C(O)NCO$，吸热 5kcal/mol。在过渡态 c-TS1 中，CO_2 分子中的 O 原子和 C 原子分别加成到 C≡N 三键的 C 和 N 原子上，C≡N 三键打开成为 C═N 双键，键长伸长到 1.192Å，将要生成的 C—O 键和 N—C 键的键长分别为 1.735Å 和 1.872Å。该反应通道的势垒高度为 62.4kcal/mol。

（2）N—O/C—O 加成途径，CO_2 分子通过五元环过渡态 c-TS3 直接生成环状化合物 c-C_3F_7(COCON)，此时的势垒高度为 78.7kcal/mol。在过渡态 c-TS3 中，将要形成的 C—N 键和 N—O 键的键长分别是 1.529Å 和 1.811Å。

（3）N—O/C—C 加成途径，CO_2 分子通过四元环过渡态 c-TS4 加成到 CN 基团上，CO_2 分子中的 C 原子和 O 原子分别加成到 C≡N 三键的 C 和 N 原子上，生成中间体 c-M2，再通过过渡态 c-TS5 发生 CO 键断裂，生成产物 C_3F_7C(NO)CO，吸热 77.8kcal/mol。在过渡态 c-TS4 中，CN 键的键长伸长到 1.217Å，将要生成的 C—C 键和 N—O 键的键长分别为 1.779Å 和 1.883Å，此时的势垒高度为 89.7kcal/mol。虽然 c-TS4 与 c-TS1 两个过渡态结构都是四元环构型，但从能垒角度不难发现，C≡N 基团的 C 位点的反应活性要高于 N 位点。

综上所述，N—C/C—O 加成反应是 C_4F_7N 与 CO_2 最主要的反应途径，但能垒仍高达 62.4kcal/mol，与 C_4F_7N 分子异构化反应能垒高度相近。由于该反应的产物通道都是吸热的，所以无论从热力学还是动力学角度分析，C_4F_7N 均难以与 CO_2 发生反应。

6.6.2 $C_4F_7N+O(^3P)$反应

在 $C_4F_7N+O(^3P)$反应中，采用高水平的从头算方法 CBS-Q 和 RS2C 计算了在 UM06-2X/AVTZ 优化构型基础上的单点能，由于该反应存在多参考效应，因此采用多参考态 RS2C 方法对该反应进行研究。$C_4F_7N+O(^3P)$反应共存在三种典型的反应机理，即 C—O 加成/消除反应、N—O 加成/消除反应和直接取代反应机理。

C—O 加成/消除反应机理：$O(^3P)$向 C_4F_7N 的 C—C≡N 基团中心 C 原子进攻，分别通过 tTS1 或 cTS1 分叉生成 tM1 和 cM1 中间体，其相应的势垒高度分别为 6.1kcal/mol 和 6.8kcal/mol，其反应势能图与结构如图 6－29～图 6－31 所示，反应过程中各驻点在不同理论水平下的相对能量列于表 6－11 和表 6－12 中。从能量上看，由于 tTS1 的能量比 cTS1 低 0.7kcal/mol，所以反式的 C—O 加成比顺式加成更有利。在 tTS1 和 cTS1 过渡态中，将要形成的 CO 键的距离几乎一样，都是 1.89Å，大约比中间体 tM1 和 cM1 的 CO 平衡键长 0.69Å。与此同时，tTS1 和 cTS1 过渡态的 C≡N 三键稍微被拉长了 0.023Å。因此，tTS1 和 cTS1 都是“早垒”，这与生成 tM1 和 cM1 中间体的强放热（～37kcal/mol）相一致。值得注意的是，tTS1 和 cTS1 中的 O 原子不在 C_4F_7N 的对称平面内，而是分别位于 FCCN 平面外 74°和 33°。tM1 和 cM1 中间体可以通过势垒很低的内转动过渡态 TS1-iso 快速转变。而富能的中间体 tM1 和 cM1 很容易发生 CC 键断裂，生成产物 OCN，放热 29.6kcal/mol。虽然 tTS2 和 cTS2 的能量分别高于 tM1 和 cM1 为 16.5kcal/mol 和 19.5kcal/mol，但是它们仍是"疏松"过渡态，这是由于它们的能量分别低于反应物 20.2kcal/mol 和 18.2kcal/mol，表明一旦升高温度生成高度活化的中间体 tM1 和 cM1，其寿命很短，很容易发生解离反应生成$(CF_3)_2CF+OCN$。

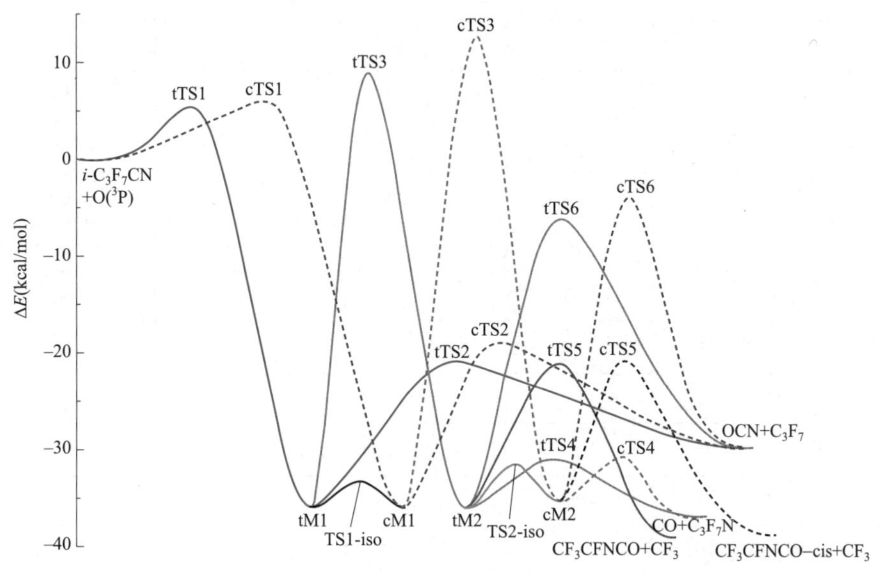

图 6－29　RS2C/AVTZ 理论水平下 $C_4F_7N+O(^3P)$的 C—O 加成/消除反应势能剖面

表 6－11　$C_4F_7N+CO_2+O(^3P)$反应中 C—O 加成/消除反式途径在不同理论方法下的零点能校正和相对能量　（单位：kcal/mol）

气体类型	ΔZPE	UM06-2X/AVTZ	CBS-Q	RS2C/AVTZ
tTS1	0.0	6.7	9.3	6.1
tM1	1.3	－40.6	－37.1	－38.1
tTS2	－0.4	－15.6	－12.5	－19.8
$OCN+C_3F_7$	－0.5	－26.4	－22.7	－29.1
tTS3	－0.2	16.2	18.6	11.1
tM2	0.9	－36.6	－34.9	－37.3

续表

气体类型	ΔZPE	UM06-2X/AVTZ	CBS-Q	RS2C/AVTZ
tTS4	−0.3	−29.3	−25.3	−30.3
$CO+C_3F_7N$	−1.3	−38.2	−34.3	−35.4
tTS5	−0.1	−14.6	−10.7	−20.2
$CF_3CFNCO+CF_3$	−0.1	−36.7	−29.4	−38.8
tTS6	−0.5	0.3	2.4	−4.4
tTS7	−0.2	33.3	39.9	28.2
tM3	1.6	−41.2	−36.5	−39.6
tTS8	−0.3	1.7	8.1	1.9
NCF_3+CF_3CFCO	−0.5	−5.0	1.4	−4.1
tTS9	−0.4	53.8	55.3	55.4
tM4	0.8	16.3	18.6	19.3
tTS10	−1.1	43.8	47.0	41.7
$CF_2{=}CFCF_3+FNCO$	−1.4	38.4	41.4	37.3
tTS11	−1.0	51.9	55.1	51.2
$CF_3+CF_2{=}CFC(O)NF$	−0.8	48.2	52.7	48.8
tTS12	−0.5	58.9	56.1	57.5
tM5	1.9	−25.2	−18.2	−22.4
tTS13	0.6	−10.7	−8.0	−11.6
tM6	1.3	−18.2	−15.2	−15.9
tTS14	−0.1	14.5	16.0	14.1
$(CF_3)_2CO+FCN$	−0.9	14.9	15.5	10.0
tTS15	0.4	−10.7	−5.4	−11.8
tM7	1.8	−30.3	−24.6	−30.0
tTS16	−0.2	7.6	11.6	7.0
tTS17	−0.8	57.1	56.9	57.8
$c\text{-}(CF_3)_2C(O)CN+F$	−0.3	31.7	34.3	31.9
$CF_3CFC(O)N+CF_3$	−1.5	43.7	53.9	40.1

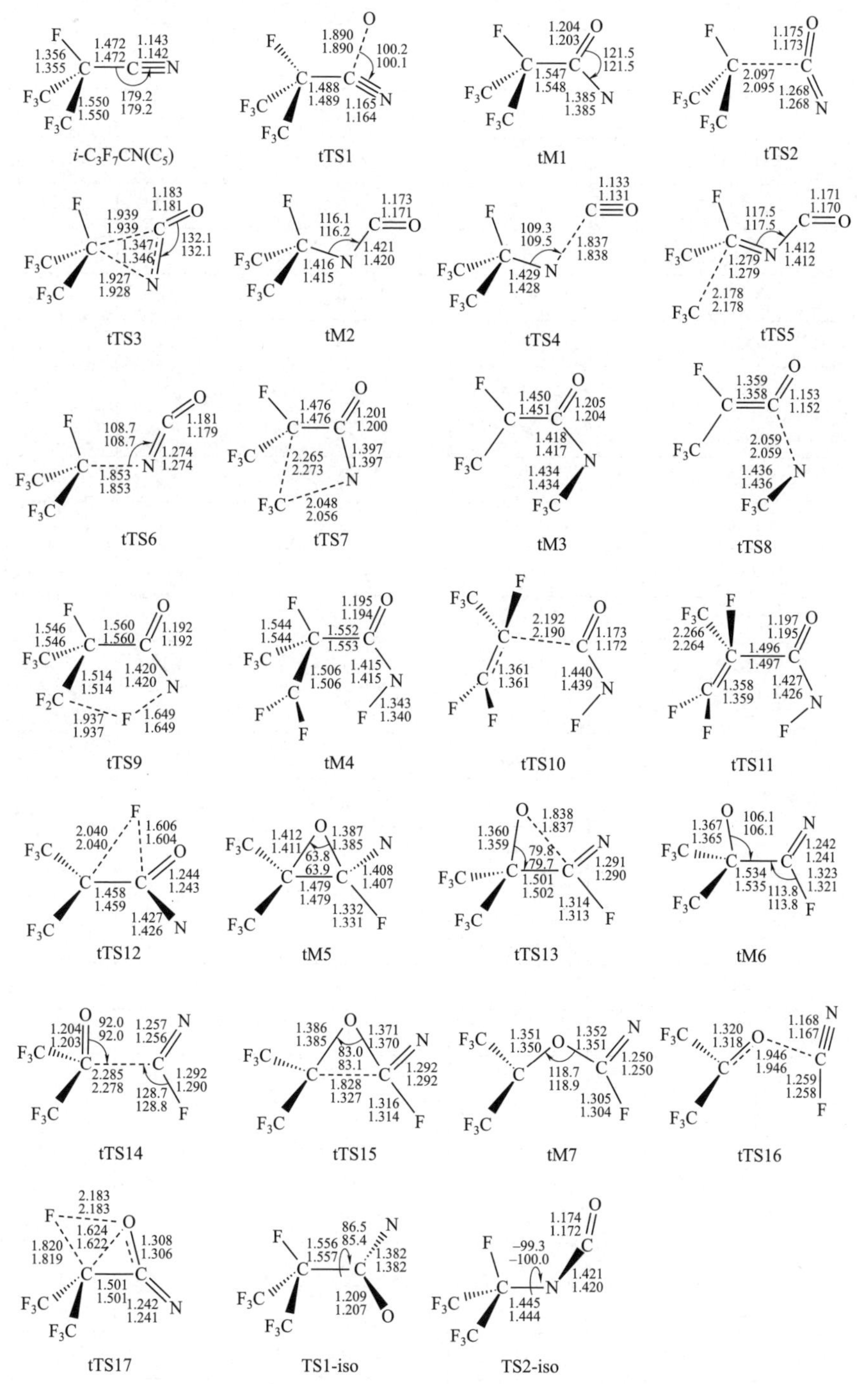

图 6-30 $C_4F_7N + O(^3P)$反应 C—O 加成/消除反式途径各驻点在不同理论水平下优化的构型参数（上为 UM06-2X/AVTZ；下为 UM06-2X/AVQZ。键长单位为 Å；键角单位为°）

表 6-12 $C_4F_7N+CO_2+O(^3P)$反应中 C—O 加成/消除顺式途径在不同理论方法下的零点能校正和相对能量 （单位：kcal/mol）

气体类型	ΔZPE	UM06-2X/AVTZ	CBS-Q	RS2C/AVTZ
TS1-iso	1.3	-37.2	-32.5	-34.6
TS2-iso	1.0	-32.3	-29.7	-32.8
cTS1	-0.0	7.1	10.4	6.8
cM1	1.3	-40.4	-37.1	-38.2
cTS2	-0.7	-14.3	-10.8	-17.5
cTS3	-0.3	18.0	21.6	15.1
cM2	1.1	-36.4	-32.6	-36.7
cTS4	-0.2	-29.6	-25.4	-30.2
cTS5	-0.1	-14.0	-9.6	-19.9
CF_3CFNCO-cis + CF_3	-0.0	-36.9	-29.4	-38.6
cTS6	-0.6	2.6	4.7	-2.0
cTS7	-0.4	45.7	44.9	42.6
cM3	1.1	-5.7	-3.1	-4.0
cTS8	-0.6	17.2	20.2	15.4
$(CF_3)_2CCO+NF$	-0.6	-6.1	-2.6	-8.5
cTS9	-0.4	42.8	45.2	40.6
c-$CF_3CFC(O)CN+CF_3$	-0.6	8.6	14.0	5.6
cTS10	0.1	41.3	45.6	40.0
cM4	1.6	-44.4	-37.7	-44.4
cTS11	-0.4	-12.2	-8.5	-14.4
CF_3O+CF_3CFCN	-0.9	-16.6	-11.4	-16.6
cTS12	-0.1	2.5	10.4	2.3
CF_3CF+CF_3OCN	-0.1	-0.8	7.7	1.9
cTS13	-0.6	85.8	88.1	87.1
cM5	0.5	66.2	68.6	68.4
cTS14	-1.3	96.4	100.1	97.7
CF_3CFCF_2+NCOF	-1.8	88.4	92.2	88.1
cTS15	-1.3	119.2	105.7	105.7
$CF_2{=}CFC(N)OF+CF_3$	-1.1	97.5	102.6	99.5

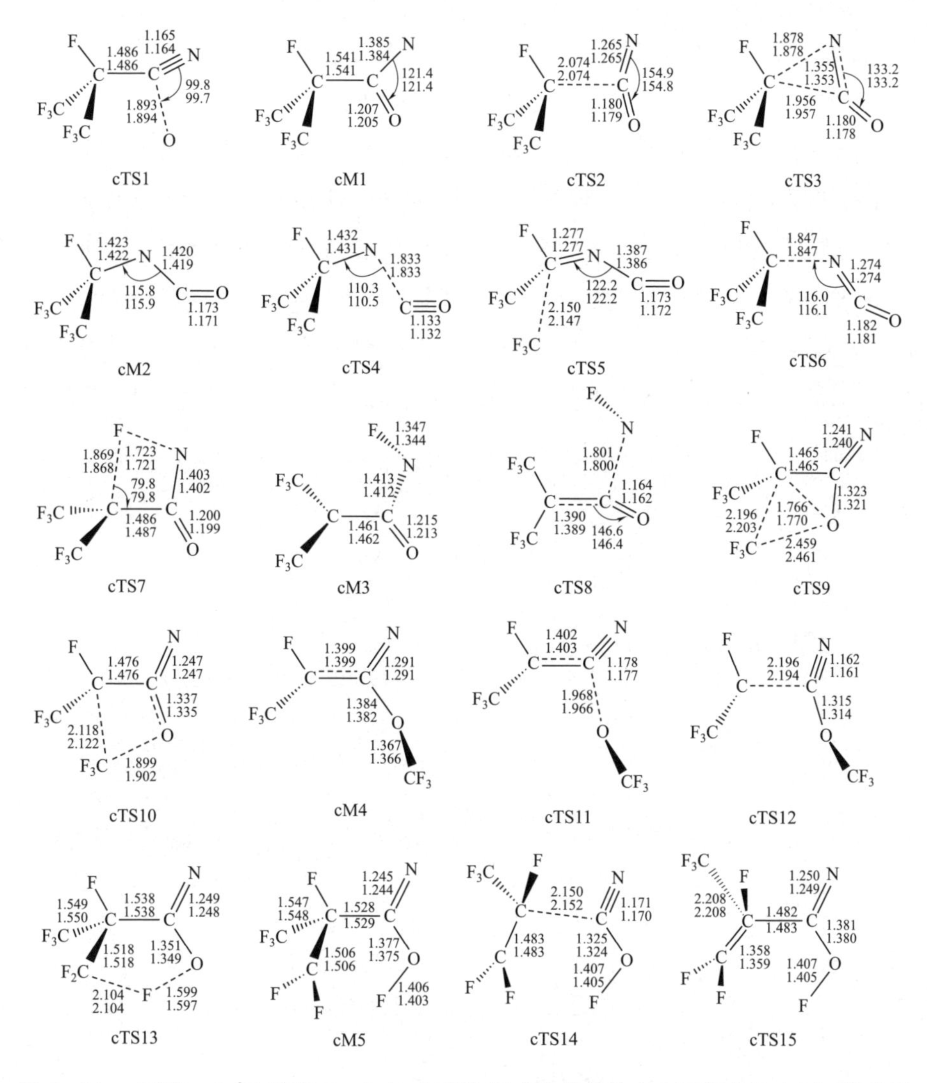

图 6－31　$C_4F_7N+O(^3P)$反应 C—O 加成/消除顺式途径各驻点在不同理论水平下优化的构型参数（上为 UM06-2X/AVTZ；下为 UM06-2X/AVQZ。键长单位为 Å；键角单位为°）

除 CC 键断裂外，C≡N 上的 N 原子也可分别通过 tTS3 或 cTS3 过渡态迁移到$(CF_3)_2CF$ 部分的 C 原子上生成 tM2 或 cM2 中间体。tM2 和 cM2 之间的内转换可以通过势垒很低的内转动过渡态 TS2-iso 快速转变。由于 tTS3 和 cTS3 的三元环结构张力较大，其相应的势垒高度分别高于 tTS1 和 cTS1 为 4.8kcal/mol 和 8.0kcal/mol。而 tM2 和 cM2 中间体可通过过渡态 tTS4 和 cTS4 发生 NC 键断裂，生成三重态 C_3F_7N 和 CO 分子，放热 36.7kcal/mol；或者通过过渡态 tTS5 和 cTS5

发生 CN 键断裂，将要断裂的 CN 键长被拉长到 1.853Å 和 1.847Å，最后也生成 C_3F_7 + OCN 产物。因此，C_4F_7N + $O(^3P)$反应的主要产物是 OCN。

除 OCN 和 CO 的消除反应外，从 tM1 和 cM1 中间体开始，还可以发生 CF_3 或 F 迁移等反应机理，其反应途径示意图如图 6－32 所示。对于反式途径，中间体 tM1 可以通过四元环过渡态 tTS7 发生 CF_3 迁移生成中间体 tM3，再通过过渡态 tTS8 发生 C—N 键断裂，生成产物 CF_3CFCO + NCF_3，放热 4.6kcal/mol。还可以通过五元环过渡态 tTS9 将 CF_3 上的一个 F 原子迁移到 N 原子上，生成中间体 tM4，然后通过过渡态 tTS10 发生 CC 键断裂，生成烯烃 $CF_3CF{=\!=}CF_2$ 和 FNCO，

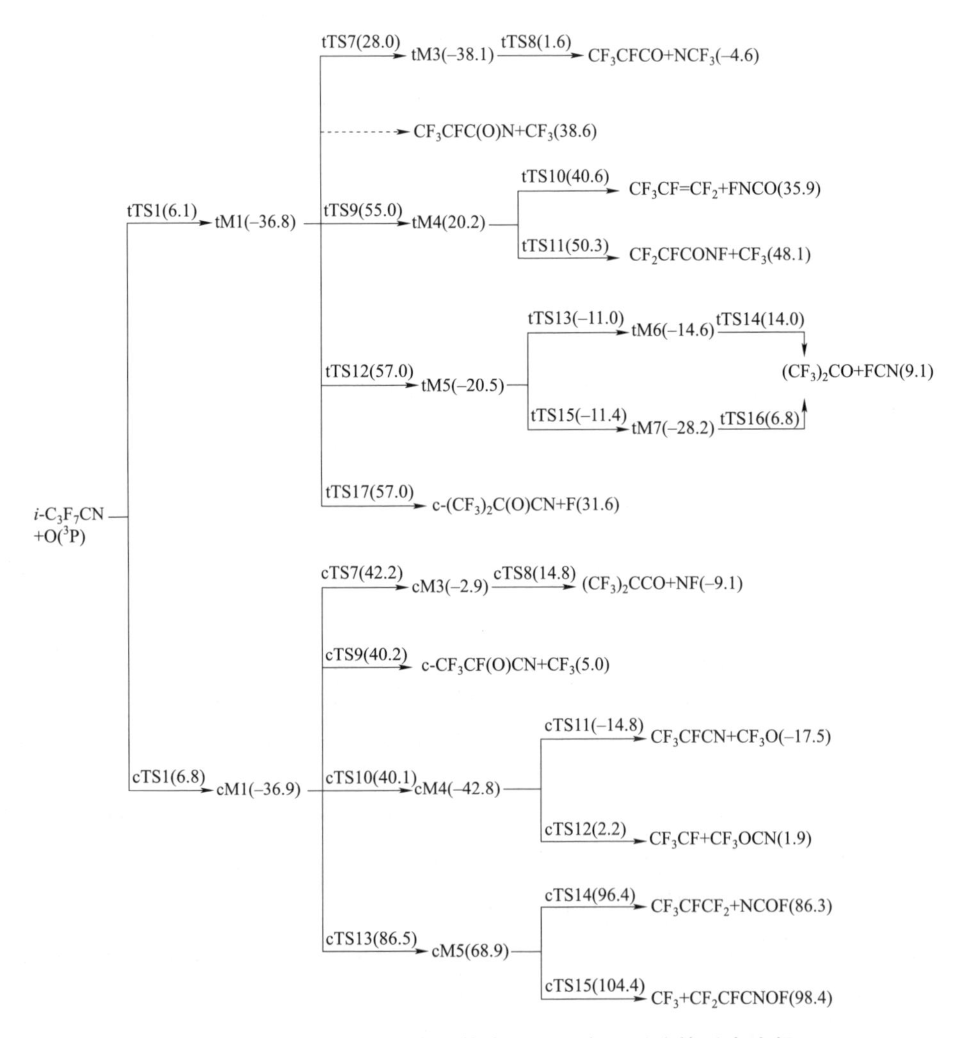

图 6－32　tM1 和 cM1 中间体发生 CF_3 或 F 迁移的反应途径

吸热 35.9kcal/mol；或者中间体 tM4 通过过渡态 tTS11 生成产物烯酮 $CF_2CFCONF$ 和 CF_3，吸热 48.1kcal/mol。另外一种反应途径是通过过渡态 tTS12 发生三元环 F 迁移，生成中间体 tM5，然后通过 tTS13→tM6→tTS14 或者 tTS15→tM7→tTS16 生成产物 $(CF_3)_2CO$ + FCN，吸热 9.1kcal/mol。最后还可以通过过渡态 tTS17 生成产物 c-$(CF_3)_2C(O)CN$ + F，吸热 31.6kcal/mol。对于顺式途径，中间体 cM1 可以通过四元环过渡态 cTS7 发生 F 迁移，将 C 上的 F 迁移到 N 上，生成中间体 cM3，然后通过过渡态 cTS8 发生 CN 键断裂，生成产物 $(CF_3)_2CCO$ 和三重态 NF，放热 9.1kcal/mol。还可以通过过渡态 cTS9 生成产物 c-$CF_3CF(O)CN$ + CF_3，吸热 5.0kcal/mol。另外一种反应途径是经过四元环过渡态 cTS10 发生 CF_3 迁移，将 $(CF_3)_2CF$ 部分中的一个 CF_3 迁移到 O 原子上，生成中间体 cM4，再通过过渡态 cTS11 发生 CO 键断裂生成产物 CF_3CFCN + CF_3O，放热 17.5kcal/mol；或者通过过渡态 cTS12 发生 CC 键断裂生成产物 CF_3CF 和 CF_3OCN。也可通过过渡态 cTS13 发生三元环 F 迁移，生成中间体 cM5，然后通过过渡态 cTS14 发生 CC 键断裂生成 CF_3CFCF_2 和 NCOF，吸热 86.3kcal/mol；或者经过过渡态 cTS15 生成产物 CF_3 + $CF_2CFCNOF$，吸热 98.4kcal/mol。这两个产物通道都是高度吸热的。从总体上看，tM1 和 cM1 中间体发生的 CF_3 或 F 迁移途径的势垒都高于 25kcal/mol，所以这些反应通道都不重要。

N—O 加成/消除反应机理：$O(^3P)$通过 tTS1n 和 cTS1n 过渡态分叉进攻 $(CF_3)_2CCN$ 的终端 N 原子生成中间体 tM1n 和 cM1n，相应的势垒高度分别为 18.5kcal/mol 和 18.3kcal/mol。中间体 tM1n 和 cM1n 经过 tTS2n 和 cTS2n 过渡态发生 CC 键断裂生成产物 ONC，它是 OCN 的一个不稳定的异构体，所以该产物通道是一个吸热过程。因此，ONC 和$(CF_3)_2CF$ 产物只可能在非常高的温度下才存在。反应还可以从 cM1n 中间体出发，通过三元环 F 迁移过渡态 cTS3n 形成中间体 cM2n，再经过环状过渡态 cTS4n 形成四元环中间体 cM3n，再通过 cTS5n 发生 ON 键断裂生成中间体 tM6，最后通过 tTS14 发生消除反应生成产物 FCN。由于 cTS3n 的能垒高达 42.2kcal/mol，所以该产物通道对总包反应几乎无贡献。该反应的势能面图、构型参数以及相对能量分别如图 6-33、图 6-34 及表 6-13 所示。

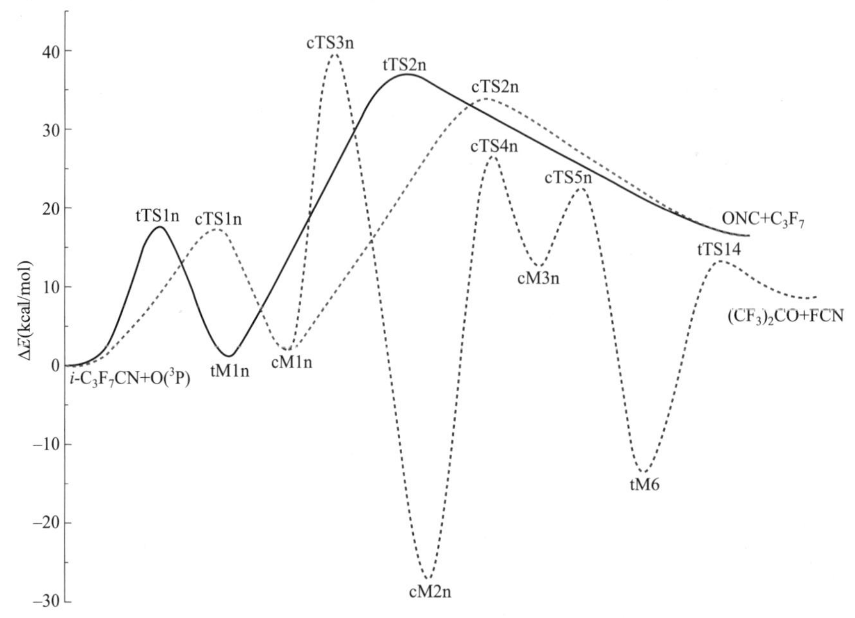

图 6－33　在 RS2C/AVTZ 理论水平下 $C_4F_7N+O(^3P)$的 N—O 加成/消除反应势能剖面

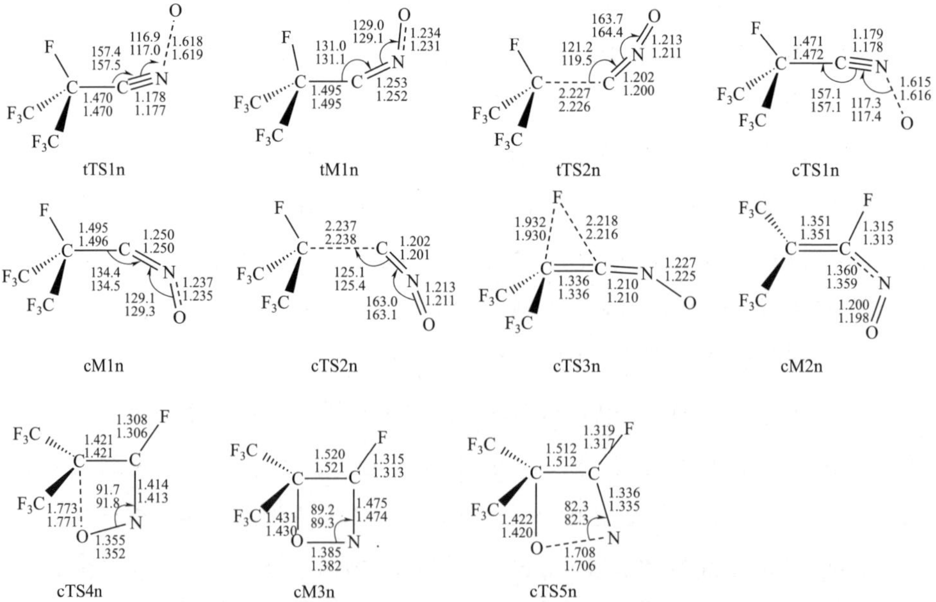

O
116.9 1.618
117.0 1.619
F
157.4
157.5
N
C
C
1.470 1.178
1.470 1.177
F3C
F3C
tTS1n

O
129.0 1.234
129.1 1.231
F
131.0
131.1
N
C
C
1.495 1.253
1.495 1.252
F3C
F3C
tM1n

163.7 O
164.4 1.213
1.211
F
121.2 N
119.5
C
C
1.202
1.200
2.227
2.226
F3C
F3C
tTS2n

F
1.471 1.179
1.472 1.178
C
C
N
1.615
1.616
F3C
157.1 117.3
157.1 117.4
F3C
O
cTS1n

F
1.495 1.250
1.496 1.250
C
C
N
134.4
134.5 1.237
1.235
129.1
129.3
F3C
F3C
O
cM1n

F
2.237
2.238 1.202
1.201
C
C
125.1 N
125.4 1.213
1.211
163.0
163.1
F3C
F3C
O
cTS2n

F
1.932 2.218
1.930 2.216
C
C
N
1.227
1.225
1.336 1.210
1.336 1.210
O
F3C
F3C
cTS3n

F3C
F
1.351 1.315
1.351 1.313
C
C
1.360
1.359
N
1.200
1.198
O
F3C
cM2n

1.308 F
F3C 1.306
1.421
1.421
C
C
1.414
91.7 1.413
91.8
F3C 1.773
1.771
N
O 1.355
1.352
cTS4n

F
F3C
1.520 1.315
1.521 1.313
C
C
1.475
89.2 1.474
89.3
F3C 1.431
1.430
O
N
1.385
1.382
cM3n

1.319 F
F3C 1.317
1.512
1.512
C
C
1.336
1.335
F3C 82.3
1.422 82.3
1.420
N
O
1.708
1.706
cTS5n

图 6－34　$C_4F_7N+O(^3P)$反应 N—O 加成/消除途径各驻点在不同理论水平下优化的构型参数（上为 UM06-2X/AVTZ；下为 UM06-2X/AVQZ。键长单位为 Å；键角单位为°）

表 6－13　$C_4F_7N+CO_2+O(^3P)$反应中 N—O 加成/消除反应在不同理论方法下的零点能校正和相对能量　（单位：kcal/mol）

气体类型	ΔZPE	UM062X/AVTZ	CBS-Q	RS2C/AVTZ
tTS1n	－0.2	21.0	21.9	18.7
tM1n	1.5	2.5	5.3	－1.2
tTS2n	－0.9	36.7	40.1	39.4
$ONC+C_3F_7$	－1.2	35.2	40.5	18.0
cTS1n	－0.1	20.5	21.6	18.4
cM1n	1.5	3.0	6.6	－0.4
cTS2n	－1.0	36.6	40.0	36.2
cTS3n	－0.2	40.3	42.6	42.4
cM2n	2.3	－34.5	－29.2	－31.8
cTS4n	0.8	32.4	31.9	27.1
cM3n	2.2	11.0	12.4	10.2
cTS5n	0.6	30.3	27.3	23.0

直接取代反应机理：$C_4F_7N+O(^3P)$反应的直接取代途径的势垒都很高（见图 6－35 和表 6－14）。如图 6－36 所示，TS1d、TS3d、TS6d 过渡态显示出典型的 SN2 型过渡态的结构特征，而 TS2d 和 TS4d 呈现出不同的取代结构，即 $O(^3P)$进攻，F 或 CF_3 基团在同侧远离，而不是对侧离开。虽然 TS7d 的构型与 TS4d 看起来类似，但是 TS7d 过渡态不是取代反应，而是通过 CC 键的直接断裂和 CO 键的形成，最终生成产物 CF_3O。TS5d 通过抽提反应机理，生成产物 $FO+(CF_3)_2CCN$。就势垒高度而言，这些反应途径在几乎对总包反应贡献较小。

表 6－14　$C_4F_7N+CO_2+O(^3P)$反应中 N—O 直接取代反应各驻点在不同理论方法下的零点能校正和相对能量　（单位：kcal/mol）

气体类型	ΔZPE	UM062X/AVTZ	CBS-Q	RS2C/AVTZ
TS1d	－2.8	85.6	90.2	82.0
CF_3O+CF_3CFCN	－0.9	－16.6	－11.4	－16.6
TS2d	－0.5	76.4	77.7	69.3
$(CF_3)_2COCN+F$	1.4	23.4	25.1	35.3
TS3d	－1.3	71.3	73.6	72.0
TS4d	－0.9	64.6	67.8	61.4
$CF_3CFCOCN+CF_3$	－0.8	－2.4	1.6	－1.3

续表

气体类型	ΔZPE	UM062X/AVTZ	CBS-Q	RS2C/AVTZ
TS5d	−1.5	68.4	67.4	60.2
$FO+(CF_3)_2CCN$	−1.4	49.9	50.1	48.2
TS6d	−2.3	61.6	66.7	57.8
TS7d	−1.0	66.1	73.2	63.1

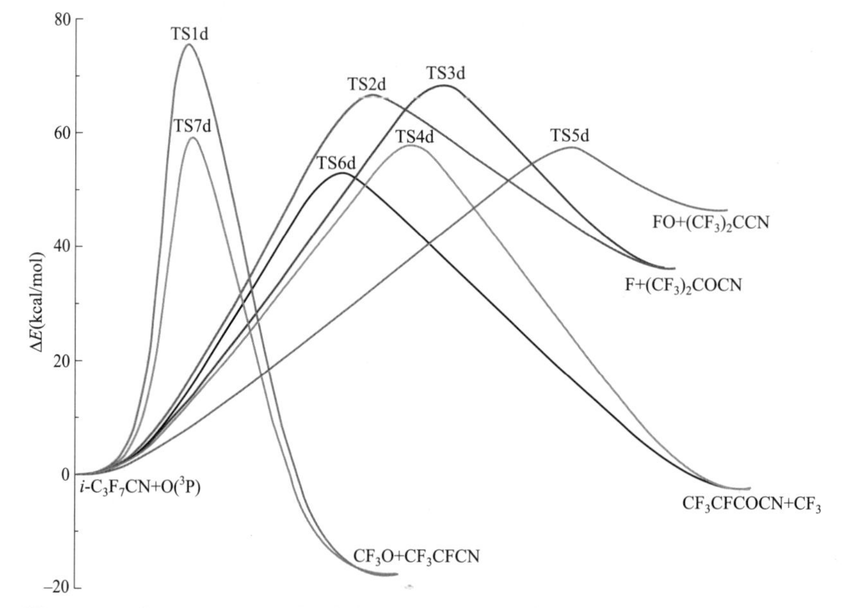

图 6−35 在 RS2C/AVTZ 理论水平下 $C_4F_7N+O(^3P)$直接取代反应的势能剖面

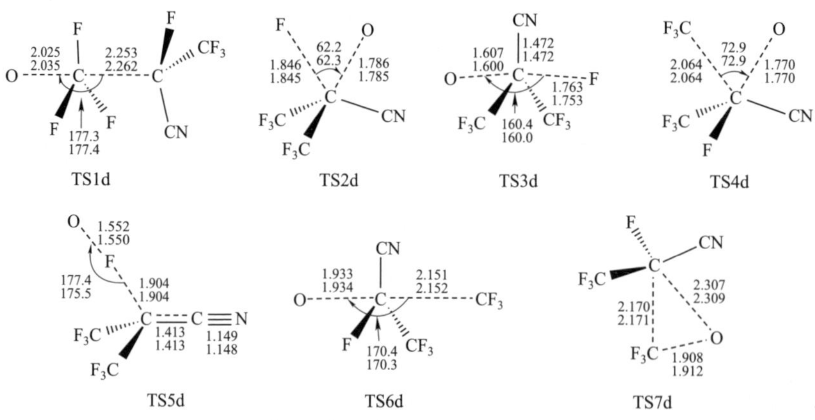

图 6−36 $C_4F_7N+O(^3P)$直接取代反应各驻点在不同理论水平下优化的构型参数（上为 UM06-2X/AVTZ；下为 UM06-2X/AVQZ。键长单位为 Å；键角单位为°）

综上所述，$C_4F_7N+O(^3P)$的反应以 C—O 加成/消除反应为主，其势垒高度为 6.1～6.8kcal/mol。该反应的主要产物是生成自由基$(CF_3)_2CF$ 和 OCN。这些理论研究工作极大丰富了对 $C_4F_7N+CO_2$ 混合气体放电分解产物的认识，为工程应用中的气体监测和故障诊断等提供了理论依据。

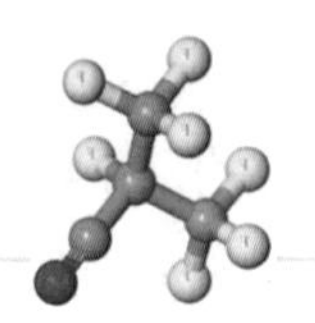

7 新环保绝缘气体分子设计

传统的实验“试错”方法仍处于盲目阶段，繁琐、昂贵而危险的海量高压和化学试验研究无法满足快速筛选环保绝缘气体的需求。相比而言，理论与计算化学的分子设计具有强大的预测筛选能力，可从分子尺度上揭示绝缘、液化、环保等宏观特性的物理化学本质，掌握构造环保绝缘气体分子的规律，从而进行分子设计。准确的分子结构与能量参数是设计环保绝缘分子的必需前提，但是传统的方法无法同时兼顾计算效率和计算精度的难题，因此本章第 1 节将介绍一种快速准确计算含氟气体的双层量子化学计算方法。想要快速筛选出 SF_6 替代气体，行之有效的解决办法就是构建能够预测宏观性质的构效关系模型。本章介绍了绝缘强度已有的构效关系模型、基于静电势新建立的模型，以及后面改进的模型。以构效关系模型为依据进行分子设计，包括官能团取代和化学键杂化两种思路，由此筛选出了 11 种兼具绝缘强度高、液化温度低、温室效应小、化学稳定性高等特点的新型环保绝缘气体，其中 SF_3N、CF_3SO_2F、SF_5CN 已经通过了实验室合成和电气性能测试。

7.1 分子结构计算

准确的分子结构与能量参数是设计环保绝缘分子的必需前提。但传统的量子化学计算方法很难同时兼顾计算精度和效率，无法满足研究绝缘气体的模拟计算要求。因此，本节介绍了一种双层量子化学计算方法用于解决该困境，重点关注了该方法的原理、计算精度和计算效率的评估，以及应用实例，说明该双层量子化学计算方法具有普适性。

目前 SF_6 替代气体仍以多氟或全氟取代的分子结构为主，如最新提出的 c-C_4F_8、C_4F_7N、$C_5F_{10}O$、$C_6F_{12}O$ 等绝缘气体分子。这些绝缘性能优良的气体分子体积较大，重原子（非氢原子）数目通常超过 10 个以上，采用现有传统量子化学理论方法计算此类体系仍存在瓶颈难题，即计算精度与计算效率的矛盾。传统的高精度量子化学计算方法比如组态相互作用方法（CISDT）、耦合簇方法（CCSDT），可以给出准确的结构与能量，但其计算量太大，即使对于相对较小的 C_4F_7N 分子，优化结构和计算能量需要数以周计的时间，显然难以满足分子设计研究中针对海量分子结构筛选工作的需求。另外，传统的快速计算方法比如密度泛函理论（DFT）、半经验方法（PM3），可以计算大尺寸的分子体系，但其计算准确度无法保证，不能确保适用于任意分子结构的计算或预测研究。

绝缘气体的化学降解机制普遍存在过程复杂、机制认识不清等难题，目前常见的降解机制类型包括异构、解离、被 OH 或 O 原子氧化、水解、水催化、混合分解、复合等。对每一种反应类型，都涉及多条反应途径（加成－消除、抽提、S_N1 和 S_N2 等），以及多个驻点（反应物、产物、中间体、过渡态）结构，因此其机理模拟计算工作量巨大，耗时很长。为了快速进行分子设计，就需要快速研究不同条件下（如电场）的替代气体的分解与复合反应机理。因此，要想从理论上得到准确的环保绝缘气体的分子结构参数、能量参数、以及动力学等规律，就必须发展一种兼具高计算效率和高计算精度的量化计算新方法。

为了克服计算效率与计算精度的矛盾，王宝山课题组基于杂化思想，将高精度方法的优点与高效率方法的优点有机融合在一起，设计出两种新型计算方法，即 DL-ROCBS-Q 和 DL-RCCSD(T)/CBS，其计算公式如下

$$\begin{aligned}E(\text{DL-ROCBS-Q}) = {} & (E_{\text{H}}^{\text{ROCCSD(T)}} - E_{\text{H}}^{\text{MP4SDQ}})/6-31+\text{G(d}') \\ & + (E_{\text{H}}^{\text{MP4SDQ}} - E_{\text{H}}^{\text{MP2}})/\text{CBSB4} \\ & + (E_{\text{R}}^{\text{ROMP2}} + \Delta E_{\text{R}}^{\text{CBS(2)}} + \Delta E_{\text{R}}^{\text{CBS-int}} + \Delta E_{\text{R}}^{\text{emp}})/\text{CBSB3} \qquad (7-1)\end{aligned}$$

$$\begin{aligned}E[\text{DL-RCCSD(T)/CBS}] = {} & E_{\text{H}}^{\text{HF-CBS}}(\text{D}\rightarrow\text{T}\rightarrow\text{Q}) + \Delta E_{\text{H}}^{\text{corr-CBS}}(\text{OAN}) \\ & + (E_{\text{R}}^{\text{M06-2X/AVQZ}} - E_{\text{L}}^{\text{M06-2X/AVQZ}}) \qquad (7-2)\end{aligned}$$

式中：DL 指双层模型，即将分子体系区分为高层（H，用高精度计算方法）与低层（L，用高效率方法），分层的示意图如图 7–1 所示。例如，化学反应发生的关键结构（CFCN）和 OH 或 H_2O-HO 一起当作高层模型处理，将 C_4F_7N 的两个 CF_3 基团划分为低层模型。ROCBS-Q 指采用完备基模型化学方法，在 CCSD（T）、MP4SDQ、MP2 水平计算电子相关能，并在 MP2/CBSB3 水平计算整个分子体系的相关能校正。RCCSD（T）指采用耦合簇方法计算电子相关能并经过 OAN 模型外推至完备基，结合 DFT-M06-2X 方法校正分层带来的相关能误差。

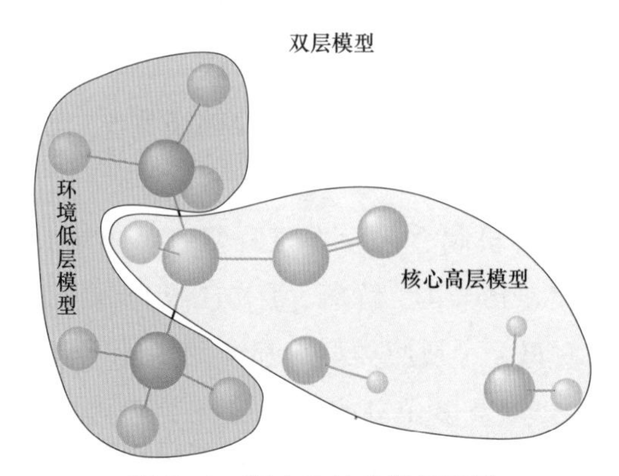

图 7–1　新方法的分层示意图

通过与原始方法对比计算发现，在−50～80kcal/mol 宽能量范围内，DL-ROCBS-Q 和 ROCBS-Q 的数据吻合得相当好，如图 7–2 和图 7–3 所示，73 个驻点能量的平均绝对偏差（MAD）仅为 1.2kcal/mol 和 0.8kcal/mol，低于化学精度（平均绝对偏差在±2kcal/mol 以内）。对于标题反应中关键的过渡态和中间体，DL-ROCBS-Q 方法更是表现得非常好。该方法之所以成功，原因主要有两方面：① 在 DL-ROCBS-Q 方案中，低层的能量因为按照一定的模式组合而自动抵消了；② 电子相关能的高阶校正项计算采用的是 ROCBS-Q 计算而来。总之，两种新方法不仅保持了传统计算方法的高可靠性，而且计算效率至少提高了 2 个数量级，适合用于含氟绝缘气体分子的结构设计与模拟研究。此外，发展的双层量子化学计算方法被成功地用于 C_4F_7N 与 OH 自由基、C5[$C_3F_7C(O)CF_3$]与 OH 自由基，以及 C_4F_7N 和 CO_2 在放电条件下的混合分解等反应体系中，说明该方法具有很好普适性。

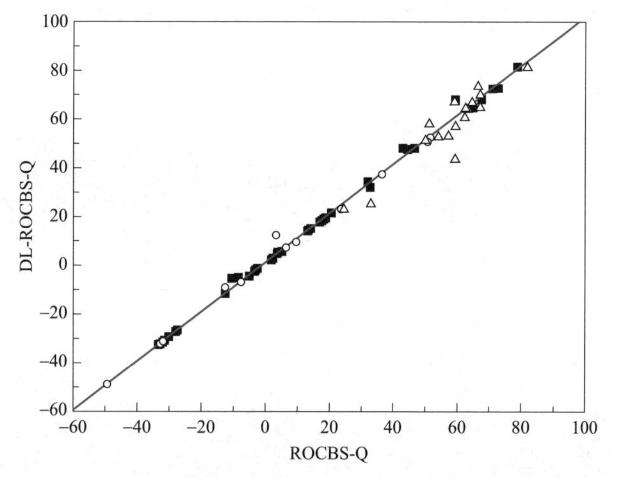

图 7－2　DL-ROCBS-Q 和 ROCBS-Q 方法计算的能量比较

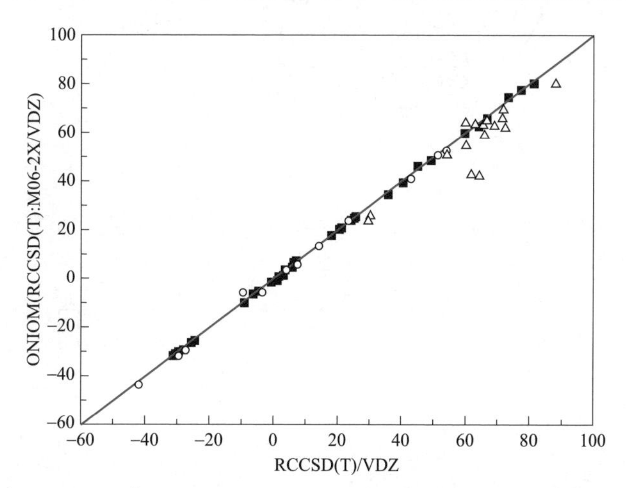

图 7－3　ONIOM［RCCSD（T）：M06-2X/VDZ］和 RCCSD（T）/VDZ 理论水平计算的能量比较

对于 C_4F_7N＋OH 的反应，该反应存在 SN2 型直接取代、N-OH 加成消除、C-OH 加成消除三种微观机理，其中以 C-OH 加成消除反应为主，其反应势能面如图 7－4 所示。OH 进攻 CN 基团上的 C 原子，反应途径存在顺（OH 从两个 CF_3 基团一侧进攻）、反（OH 从 CF 键一侧进攻）两种相互竞争的加成模式，其中反式加成途径稍占优势。富能中间体有两类消除反应途径：① 通过 CC 断键直接生成氰酸（HOCN）；② 先发生分子内四中心 H 迁移反应，再断开 CC 键生成异氰酸（HNCO）。虽然生成 HNCO 的产物通道（$\Delta H\approx-33$kcal/mol）放热远远高于 HOCN 通道（$\Delta H\approx-8$kcal/mol），但是直接断 CC 键的能垒较低，因此 HOCN

是 C_4F_7N+OH 反应的主要产物。计算的 296K 速率常数与实验测量数据一致（见图 7－5），证明了反应机理与势能面的可靠性。

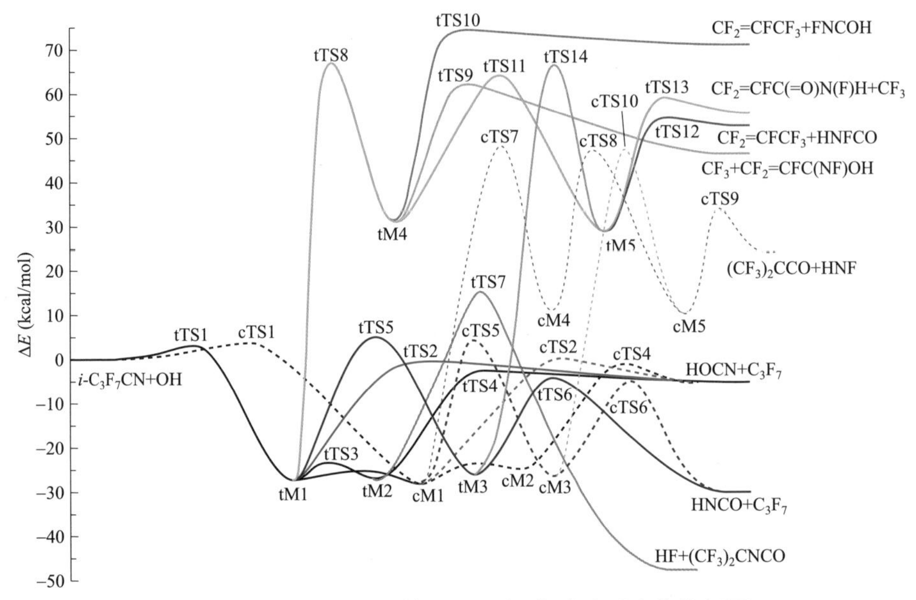

图 7－4　C_4F_7N+OH 的 C－OH 加成/消除反应势能剖面

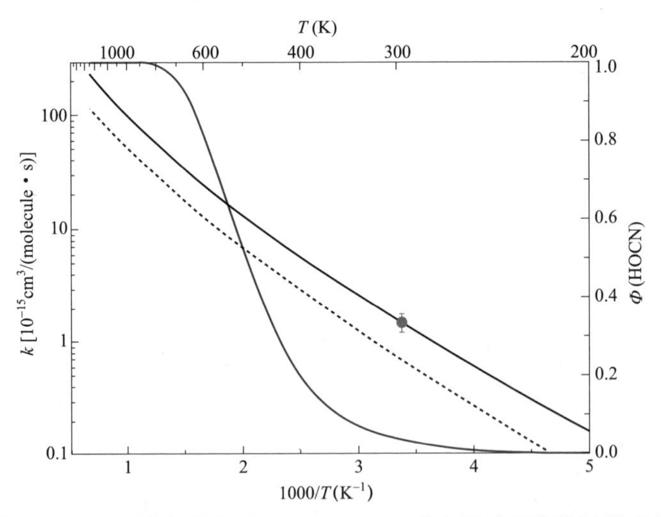

图 7－5　在 700Torr N_2 浴气压力下，C_4F_7N+OH 反应的速率常数随温度的变化关系（红点为实验值；虚线为简谐振子；实线为阻碍内转子；蓝线为 HOCN 产率）

不仅如此，采用该方法还研究了单个水分子催化 C_4F_7N+OH 的反应机理。如图 7－6 所示，在单个水分子存在的条件下，不仅显著降低了 C_4F_7N+OH 的反应势垒，而且能够改变 C_4F_7N+OH 的反应机理。这是两个方面的原因造成的：① 水分子催化降低了初始 C-OH 加成的富能中间体发生分子内四中心 H 迁移反应的势垒，直接 CC 断键途径不再占优；② H 迁移中间体可以继续发生 H 迁移反应，生成酰胺 $i\text{-}C_3F_7C(O)NH_2$，同时释放出 OH 自由基。值得指出的是，新发现的水催化 OH 再生机理与传统意义上氧气参与的 OH 再生机理完全不同。进一步研究发现，水催化 OH 再生机理存在于所有 RCN 化合物的降解过程中。另外，因为酰胺也是 RCN 水解反应的终产物，鉴于 RCN 水解反应极慢（最低能量反应途径的能垒高达 53.6kcal/mol），水催化 OH 再生机理也可以看做是 OH 催化的 RCN 水解机理，且 OH 催化水解效率远远高于水分子自催化。这些理论发现为大气中 OH 的循环再生机制提供了新认识。

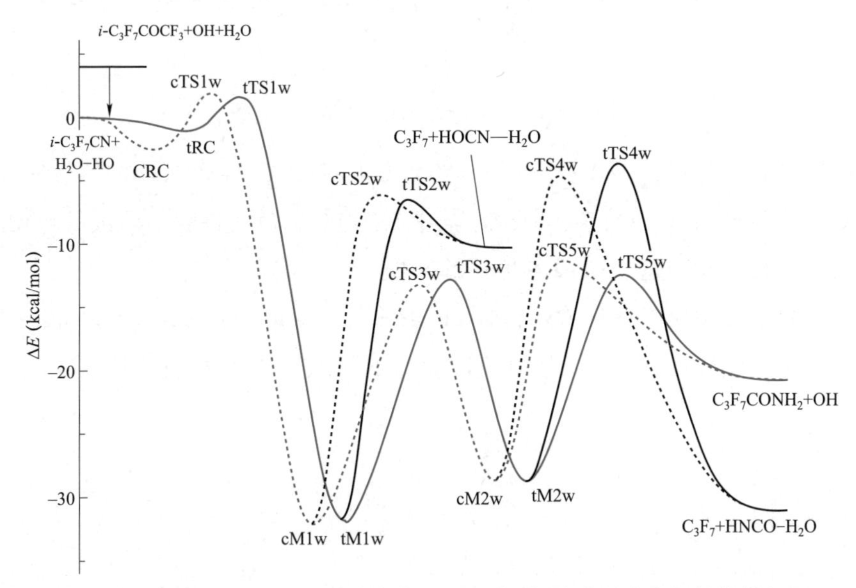

图 7－6 $C_4F_7N+OH+H_2O$ 反应中 C–OH 加成/消除反应途径的势能剖面

对于 C5[$C_3F_7C(O)CF_3$]与 OH 自由基的反应机理，应用双层量子化学计算方法得到了相当精确的势能面数据，如图 7－7 所示。

计算表明，$C_5F_{10}O+OH$ 反应以 OH 进攻 C＝O 为主要途径，经过 4.8kcal/mol 的过渡态生成 RO 富能中间体，然后迅速经 CC 键断裂生成 CF_3COOH 或 C_3F_7COOH。虽然单个 H_2O 分子可以催化 OH 与 $C_5F_{10}O$ 的加成消除反应，但是该反应的熵效应占主导地位（“紧”过渡态结构），导致 $C_5F_{10}O$ 被 OH 的降解反应非常缓慢。

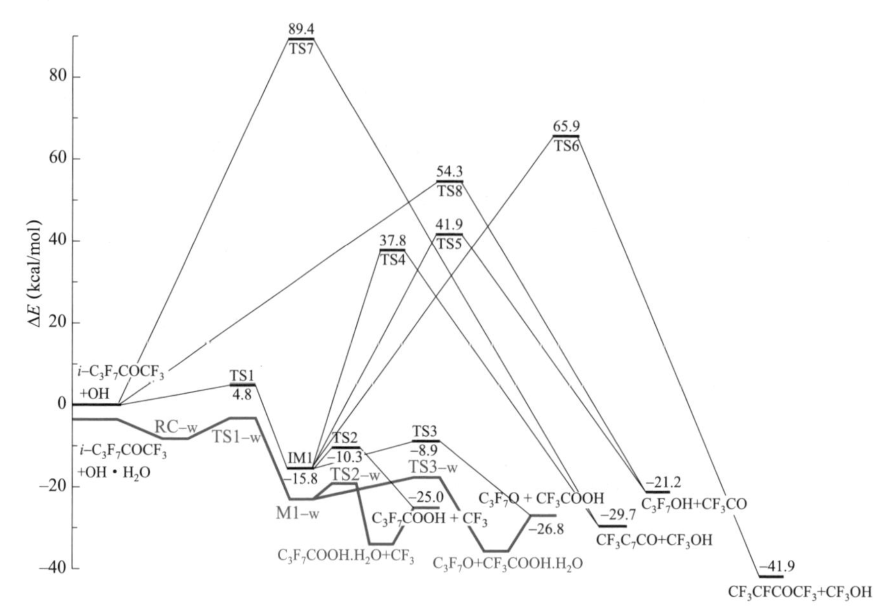

图 7－7　$OH+i\text{-}C_3F_7COCF_3$ 反应的势能剖面

虽然 C_4F_7N 与 CO_2 很难反应，但是在对 $C_4F_7N+CO_2$ 混合气体的放电研究中，发现 CO_2 高温分解成 CO 和 O 原子，其中 $O(^3P)$原子是一种较为活泼的自由基，可以与 C_4F_7N 快速反应，生成各种分解产物。

应用双层量子化学计算方法发现 $O(^3P)$原子以进攻 C_4F_7N 中 C≡N 基团上的 C 原子为主，如图 7－8 所示。依进攻取向的不同，C—O 加成反应仅需克服 6.1～

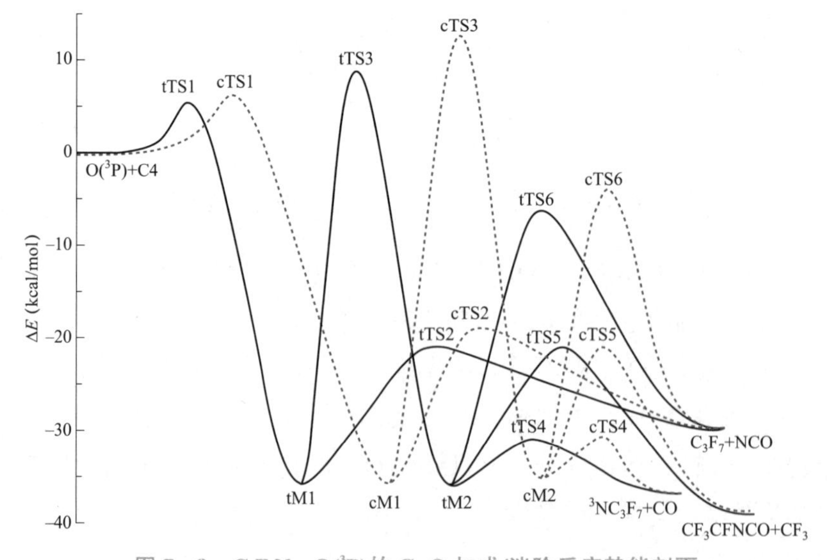

图 7－8　$C_4F_7N+O(^3P)$的 C-O 加成/消除反应势能剖面

6.8kcal/mol 的势垒，生成 $C_3F_7C(O)N$ 中间体，放出大量的热（$\Delta H\approx35$kcal/mol）。随后富能中间体发生 CC 断键反应，直接生成 C_3F_7 和 NCO 两种自由基产物。直接产生 CO 的途径势垒非常高，可以忽略不计。$O(^3P)$、C_3F_7、NCO 等一系列活性自由基反应产物的引入，极大丰富了我们对 $C_4F_7N+CO_2$ 混合气体放电分解产物的认识，为工程应用中的气体监测、故障判断等提供了理论依据。

7.2 构效关系模型

本节将详细介绍绝缘强度已有的构效关系模型、基于静电势新建立的模型，以及后面改进的模型。重点介绍基于静电势新建立绝缘强度的构效关系模型，它是从分子层次及化学本质上建立绝缘气体的微观结构与宏观性能的构效关系模型，目的在于揭示气体分子结构对绝缘性能和液化温度的影响规律，从而发现构造环保绝缘气体分子的规律。

7.2.1 现有模型

气体绝缘与击穿是非常复杂的宏观现象，实验测量的临界击穿场强或击穿电压受各种条件的影响，包括电场类型（均匀电场、非均匀电场、极不均匀电场）、压力、温度、电极材料等，即便同一种绝缘气体也可能对应于多个绝缘强度。测量气体的绝缘强度有多种实验方法，包括气体击穿特性实验、稳态汤逊实验、局部放电实验等，实验设备昂贵、数据分析复杂，工作量巨大。原则上，气体的绝缘强度亦可采用 Boltzmann 方程或 Monte-Carlo 模拟等数学物理方法计算，但需要电子与气体分子的各种碰撞截面作为输入参数，包括弹性碰撞截面、非弹性碰撞截面、电离截面、吸附截面、电子能量分布函数等。鉴于电子与分子相互作用的复杂性，迄今只有少量简单气体分子碰撞截面的完整数据，显然无法满足快速筛选新型绝缘气体分子的需求。

在工业实践中，电气绝缘设备通常需要在高寒环境中使用。为了保证在低温条件下气体仍能够保持正常绝缘能力，液化温度是筛选替代气体的重要指标之一。液化温度是气体压力的函数，标准大气压下的液化温度即为气体的正常沸点（T_b）。为满足工业需求，不仅需要绝缘气体的沸点尽可能低，而且要求在高压条件下不能液化。气体液化温度与 GWP 的实验测量亦相当繁琐，前者需测量不同温度下的饱和蒸气压，后者需测量大气寿命、吸收光谱等。与此同时，绝缘强度、液化温度、GWP 实验测量均需要消耗大量的气体样品，甚至需自行合成，实验研究成本极高。因此，通过关联宏观特性指标与气体分子的某些微观物理化学参数，建立构效关系模型，预测或评价任意气体的绝缘强度、液化温度、GWP，优化搜索能够同时满足“绝缘强度高、液化温度低、GWP 低”三个指标要求的分子结构，是发现综合性能最优替代气体的有效手段。

气体分子结构与绝缘性质的关联规律早已受到广泛关注。早在 1942 年，海伦（B. M. Hochberg）和桑伯格（E. Y. Sandberg）通过试验研究发现一些气体的绝缘强度与分子折射率有关。1950 年，威尔森（W. A. Wilson）等人发现含氟烃气体的绝缘强度与分子量（M）或标准状态下的质量密度（$d=PM/RT$）存在相关性。1956 年海伦（A. E. D. Heylen）和路易斯（T. J. Lewis）提出烷烃气体分子的绝缘强度与其紫外光谱、Ramsauer 截面有关。1959 年纳布特（P. Narbut）等人通过观察一些气体的绝缘特性，亦发现气体绝缘强度与分子量有关：分子量越大，电离截面越低、电子附着截面越高，从而具有较高的绝缘强度。这一定性规律受到梅森（J. H. Mason）、库克（C. M. Cooke）、库克森（A. H. Cookson）等人的支持，他们发现大量气体的绝缘强度与分子量之间的确存在某种线性规律。例如，虽然 SF_6 分子与 He 原子完全不同，但二者在相同质量密度下的绝缘强度相同。

1976 年，维杰（A. K. Vijh）提出某些气体的绝缘强度与原子化焓相关，但不适用于更宽范围的气体类型。紧接着他又提出气体的绝缘强度与沸点存在近似正比关系，当然仍存在众多例外。1982 年，维杰（A. K. Vijh）系统考察了 82 种气体分子的绝缘特性，发现替代气体相对于 SF_6 绝缘强度（E_r）与质量密度 d 呈现两种不同的正比关系，如图 7－9 所示。虽然该模型能在某种程度上显示气体绝缘强度随质量密度线性变化的某种趋势，但是无法解析产生两种线性关系的原因，且存在许多例外。譬如 He 的质量密度（$d=0.18\mathrm{gL}^{-1}$）是 H_2（$d=0.09\mathrm{gL}^{-1}$）的 2 倍，但是 He 的绝缘强度仅为 H_2 的 30%，显然，以上定性模型只能用作一级近似，辅助判断气体的绝缘性质。

1974 年保罗（J. C. Paul）等人提出了首个计算常压下气体相对绝缘强度的定量关系式，即

$$E_r = f_1(\alpha) f_2(\varepsilon_i) f_3(\varepsilon_D) \tag{7-3}$$

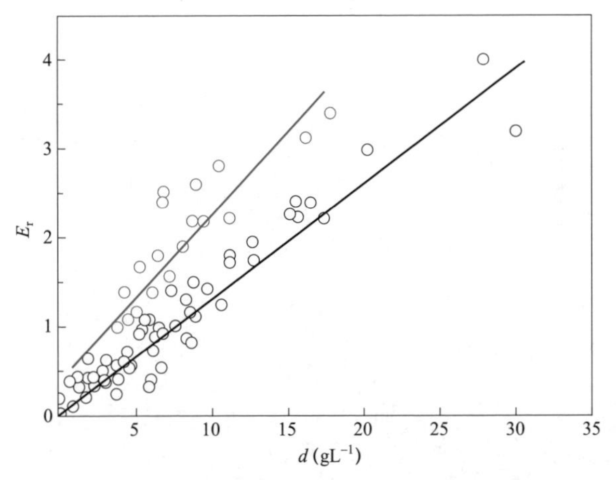

图 7－9 绝缘强度随分子质量密度变化关系

式中：α，ε_i，ε_D 分别为气体分子的极化率、电离能、键解离能。式（7－3）只能用于某些特定气体，无法正确描述大多数电负性气体的绝缘特性。

1979 年布莱德（K. P. Brand）与科潘斯基（J. Kopainsky）重新考虑了气体的击穿行为，基于常用的近似击穿判据（电离系数α= 附着系数η），获得了定量计算绝缘强度的改进表达式，即

$$E_r \propto \sqrt{\zeta_b}(\sigma / e)\varepsilon_i \sqrt[8]{\varepsilon_{DA} / m_e} \qquad (7-4)$$

式中：ζ_b 为电子每次碰撞平均损失的能量；σ为动量传递截面积；e、m_e 分别为电子的电量与质量；ε_{DA} 为电子发生解离性附着的阈能。式（7－4）避免了使用键解离能参数，更符合气体击穿的物理本质，但是其中的输入参数无法直接获得，难以用于分子设计实践工作。

1982 年，布莱德（K. P. Brand）系统研究了 41 种气体的绝缘强度与液化温度随分子参数的变化规律，建立了首个真正意义上的预测气体绝缘强度的构效关系模型。针对不同气体分子的结构差异性以及实验测量数据的分散性，提出了筛选训练数据集的三条严格标准，即：① 均匀电场；② 统一气体压力 p 与放电间距 d（即单一 pd 值），根据 Paschen 定律，尽可能选择较大的 pd 值，如大于 1kPa • m，从而有效避免近距离放电的复杂性；③ 多组实验数据能够交叉验证。基于 41 种气体分子的最小二乘线性拟合分析，布莱德（K. P. Brand）给出了绝缘强度的表达式为

$$E_r = 0.005\,426\varepsilon_i\alpha^{1.5} \tag{7-5}$$

式中：ε_i为电离能，eV；α为极化率，$10^{-30}m^3$。拟合效果如图 7－10 所示。

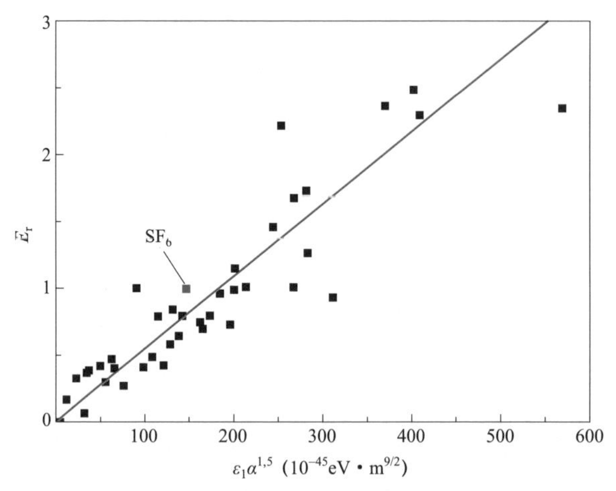

图 7－10 绝缘强度随电离能和极化率的变化关系

该理论模型的相关系数 $R = 0.91$，说明气体的绝缘强度应该与气体分子的电离能、极化率存在较为密切的依赖关系。另外，从图 7－10 很明显可以看出，模型预测的绝缘强度与实测值仍比较发散，如 c-C_6F_{12} 的绝缘强度为 2.35，预测值却高达 3.08，理论与实验偏差达到了 31%；然而，对于和 c-C_6F_{12} 具有相同绝缘强度的 CCl_4 气体，理论预测值为 2.01，偏低约 15%。更重要的是，该模型预测 SF_6 的绝缘强度仅为 0.8，不能正确计算 SF_6 的绝缘强度，将大大限制该模型的预测能力与适用范围。

2004 年默里斯（N. Meurice）首次采用量子化学计算方法，优化分子结构与光谱参数，建立了气体绝缘强度的构效关系模型，从电子失能谱角度入手，考虑到放电过程中电子穿越气体介质的介电物理图像，定义近似电子失能函数 $L(\omega)$为

$$L(\omega) \propto \int \omega\,\varepsilon_2(\omega)\mathrm{d}\omega = IOA \tag{7-6}$$

式中：ω为光激发频率；$\varepsilon_2(\omega)$为气体介电函数的虚部。采用密度泛函理论（DFT）方法，在 BLYP/DNP 理论水平上计算了 43 种气体分子结构与积分光吸收强度 IOA 参数，发现绝缘强度与 IOA 存在如下正比关系，即

$$E_r = 0.0272 \times IOA \tag{7-7}$$

遗憾的是，该模型的相关系数 R 仅为 0.85，预测 SF_6 的绝缘强度仅为 0.8，且较为发散，甚至无法正确描述简单的 N_2 气体，其绝缘强度理论预测值比实验值偏低了将近 40%之多。同时，采用量子化学方法获得 IOA 数据较为困难，计算量大、效率低且误差较大。

2007 年，奥利特（A. Olivet）等人基于同样 43 种气体分子，换用计算量小、效率更高的半经验量子化学方法（PM3、AM1），研究了气体绝缘强度与电离能、电子亲合能的关系。发现气体的绝缘强度与电离能并不存在定量关联，与电子亲合能的线性相关也很差，相关系数仅为 0.61，因此，仅仅依赖简单的电子结构参数预测气体绝缘强度不容乐观。

2013 年，雷比（M. Rabie）等人采用 DFT 方法，在 BP86/def-TZVP 和 BP86/def 2-QZVPP 理论水平上计算了 67 种气体分子的各种电子结构描述符，包括极化率α、偶极矩μ、垂直电离能ε_i^V、绝热电离能ε_i^a、垂直电子亲合能ε_a^V、绝热电子亲合能ε_a^a、能隙ΔE_{gap}，并联合分子量 M_w、电子数 N_e 作为描述符，对 67 种气体的绝缘强度数据进行多元线性回归分析，即

$$E_r = p_0 + p_1 x_1 + p_2 x_2 \tag{7-8}$$

试图建立计算气体绝缘强度的构效关系模型。

研究发现无论分子量、电子数等简单参数，还是极化率、电离能等参数，均无法获得可靠的理论模型。例如，对于使用电子数 Ne 为描述符的线性函数，其相关系数仅为 0.71，且数据发散。因此，M. Rabie 等人将 67 种气体分成极性与非极性分子两类分别考虑，并通过复杂统计回归分析，建立了两种最优构效关系模型，即：

48 种极性分子（相关系数 $R=0.84$）

$$E_r = 0.0038\mu^{0.3}N_e^{1.3} + 0.00056\alpha^{0.6}\varepsilon_i^{a2.8} - 1.05 \tag{7-9}$$

19 种非极性分子（相关系数 $R=0.96$）

$$E_r = 0.0012\alpha^{1.5}\varepsilon_i^{a1.7} - 6.51\times10^{-8}\alpha^{6.5}\times|\varepsilon_a^V - \varepsilon_a^a|^{2.4} + 0.0173 \tag{7-10}$$

绝缘强度的计算值与实测值的对比如图 7－11 所示。与更早的构效关系模型相比，该两种模型的可靠性与预测能力均有明显提高，理论计算相对较为简便，但是存在两方面的缺陷：① 相关函数表达式较为复杂，参数组合方式显然缺乏

明确的物理意义；② 对于实验数据更多的极性分子而言，其相关系数反而比非极性分子更差，说明该构效关系模型不能反映气体绝缘强度随分子结构变化的规律，很可能仅仅是数值巧合。

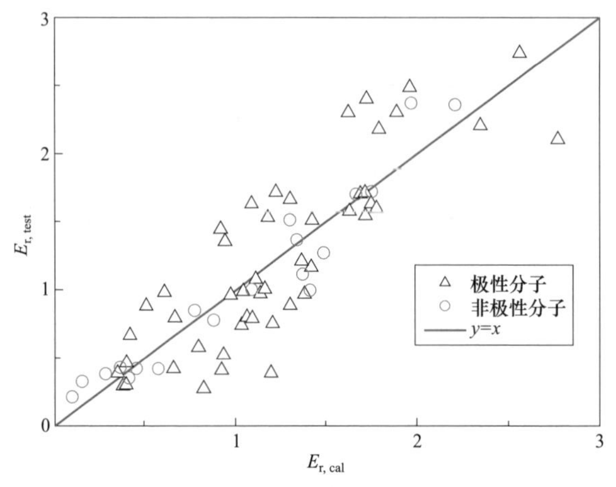

图 7–11　绝缘强度计算值与实验值的比较

2016 年，张（C. Zhang）等人采用 DFT 方法，在 M06-2X/6-311+G（3df）理论水平上计算了 24 种气体分子的极化率与电子亲合能，并获得了相应的线性回归表达式，即

$$E_r = 0.088\alpha + 0.08\varepsilon_a + 0.306 \tag{7-11}$$

虽然使用了更少的训练数据库（24 种未知气体的绝缘强度为 0～1.2），但此模型的相关系数仅为 0.78，可靠性明显低于 Rabie 模型。

绝缘强度是气体抵抗外电场能力的宏观表现，反映了电子与分子之间的相互作用。同时，绝缘现象是大量气体分子受外电场作用的统计行为，绝缘强度不仅与气体分子本性有关，而且与分子间相互作用存在必然联系。虽然前人发展了若干定性或定量模型预测气体的绝缘强度，但仍局限于简单物性参数的描述，缺少能够直接反映电子–分子、分子–分子之间相互作用的物理量，无法获得可靠的构效关系模型。另外，构效关系模型强烈依赖于训练集数据库。虽然已经积累了大量气体绝缘强度的实验数据，由于测量技术手段与实验条件的差异，导致实验数据较为分散。因此，缺少可靠的气体绝缘强度实验数据库，也是阻碍构效关系模型发展的重要因素。

7.2.2 基于静电势的模型

建立能够预测任意分子的绝缘强度和沸点的普适的构效关系（SAR）模型仍然是一项十分具有挑战性的课题。由于附着截面与分子体积、表面静电势有关，所以采用基于电子密度与静电势的相互作用性质函数（general interaction properties function，GIPF），建立构效关系模型。

取电子密度为 0.001au 的等值面构建分子表面，该表面上每一点 r 的静电势为

$$V(r)=\sum_{\mathrm{A}}\frac{Z_{\mathrm{A}}}{|R_{\mathrm{A}}-r|}-\int\frac{\rho(r')\mathrm{d}r'}{|r'-r|} \tag{7-12}$$

式中：Z_{A} 为核电荷；$\rho(r')$ 为电子密度（单位为 au）。

巴德（Bader）等人将分子表面定义为电子密度$\rho(r)=0.001$au 等值面，该密度等值面包含了超过 96%的总电荷。简单来讲，表面静电势 $V_{\mathrm{s}}(r)$ 的定义是计算和统计分析密度面上每一点的静电势能，其统计方差的计算公式为

$$\sigma_{\mathrm{tot}}^2=\sigma_+^2+\sigma_-^2=\frac{1}{n}\sum_{i=1}^{n}[V_{\mathrm{s}}^+(r_i)-\overline{V}_{\mathrm{s}}^+]^2+\frac{1}{m}\sum_{i=1}^{m}[V_{\mathrm{s}}^-(r_i)-\overline{V}_{\mathrm{s}}^-]^2 \tag{7-13}$$

式中：n 和 m 分别为分子表面上正电势（V_{s}^+）和负电势（V_{s}^-）的数目；$\overline{V}_{\mathrm{s}}^+$ 和 $\overline{V}_{\mathrm{s}}^-$ 分别是正、负平均电势。参数 Π 是 $V_{\mathrm{s}}(r)$的平均偏差，对应于分子的局部极性，即

$$\Pi=\frac{1}{n+m}\sum_{i=1}^{n+m}\left|V_{\mathrm{s}}(r_i)-\overline{V}_{\mathrm{s}}\right| \tag{7-14}$$

正、负表面电势之间的平衡度ν，用以下参数表征

$$\nu=\frac{\sigma_+^2\sigma_-^2}{(\sigma_{\mathrm{tot}}^2)^2} \tag{7-15}$$

最后，采用多元非线性回归方法，通过莱文贝格－麦夸特（Levenberg-Marquardt）并结合全局优化，设置介电强度计算与实验值的相关系数与均方差的收敛标准为 10^{-10}，搜索与介电强度直接相关的 GIPF 参数，从而获得构效关系。

7.2.3 绝缘强度的构效关系新模型

从早期的研究工作可以得出，选择合适和可靠的实验数据对建立构效关系模型至关重要，因为不同的实验条件（比如电极类型、放电类型、温度、压力、电场均匀度等因素）对绝缘强度（击穿电压）等数据有着显著的影响，所以不是所有的数据都可以直接作为训练集。

王宝山课题组建立了介电强度数据库，包含43种由2~18个C、H、O、N、S、F、Cl、Br原子组成的烷、烯、炔、醚、酮、酯、腈、环氧、硫酰等化合物，相对于SF_6的介电强度E_r为0～3。43种绝缘气体分子及其介电强度的实验数据列于表7-1。为了确保该实验训练数据库的可靠性与唯一性，基于四条标准对大量零散的介电强度数据进行了严格筛选：均匀电场；包含SF_6气体内标；同一气体压力与放电间距；多重实验数据交叉验证。针对不同实验测量结果差别明显的气体分子，其绝缘强度显然存在争议，因此从数据库中剔除。例如SO_2气体，其绝缘强度的实测数据分散在0.52～1.5范围内，即实验上甚至未能明确SO_2与SF_6气体绝缘能力的相对强弱问题，显然不能用于建立构效关系模型。采用M06-2X/6-31++G(d, p)方法优化所有分子的结构参数，并进行频率分析，确认每个结构均为极小点或最稳定构象。

在此基础上，采用基于电子密度与静电势的相互作用性质函数（GIPF），建立了相对可靠的构效关系模型，全部参数均采用量子化学方法计算获得，理论与实验测量结果的相关系数达到0.992，且介电强度的平均绝对偏差仅为0.062。值得一提的是，该模型仅采用中性气体分子的若干具有明确物理意义的电子结构参数，完全摒弃了离子计算，可以准确预测任意新型环保绝缘气体的介电强度，为寻找SF_6替代气体提供了理论依据。

在M06-2X/6-31++G(d, p)理论水平计算了所有分子的各种描述符，并考查了每个变量与宏观性质之间可能存在的线性或非线性关系。在各种可能的相关函数中，尝试将各种描述符结合在一起，并采用相关系数和标准偏差进行判断，直到二者都没有进一步提高，该关系式就是最终的构型关系模型。绝缘强度的“最佳”构效关系是将四个GIPF参数（A_s、ν、σ_{tot}^2和Π）和两个电子结构参数（极化率α和电负性χ）结合在一起，即

$$E_r = 0.36A_s^2 + 0.054\nu\sigma_{tot}^2 - 1.97\Pi + 0.33\alpha\chi + 0.36 \quad (7-16)$$

相关系数 $R^2=0.985$，标准偏差 σ 为 0.08，如图 7-12 所示。

表 7-1　　在 M06-2X/6-31++G(d,p)理论水平上计算的绝缘气体的 GIPF 参数、极化率

序号	分子	A_s（nm^2）	ν	σ^2_{tot}（kcal/mol）^{2}	Π（eV）	α（A^3）	χ（au）	E_r	E_r^{expt}
1	H_2	0.34	0.05	7.59	0.13	0.41	0.23	0.20	0.22
2	O_2	0.51	0.02	4.94	0.09	1.27	0.23	0.37	0.33
3	N_2	0.54	0.25	10.28	0.17	1.50	0.24	0.38	0.38
4	N_2O	0.67	0.15	71.49	0.43	2.49	0.20	0.40	0.46
5	CO	0.55	0.21	25.59	0.26	1.70	0.22	0.37	0.4
6	CO_2	0.65	0.10	114.10	0.53	2.15	0.23	0.26	0.35
7	OCS	0.82	0.24	50.78	0.28	4.19	0.18	0.97	0.9
8	SF_6	1.03	0.00	7.92	0.09	4.04	0.29	0.96	1
9	CH_4	0.60	0.07	7.06	0.13	2.09	0.23	0.43	0.43
10	CH_3Cl	0.82	0.25	44.59	0.56	3.47	0.18	0.30	0.32
11	CH_3Br	0.88	0.22	50.17	0.52	4.48	0.17	0.46	0.45
12	CH_2F_2	0.71	0.21	86.74	0.70	2.26	0.22	0.29	0.27
13	CH_2Cl_2	1.01	0.10	113.22	0.48	5.17	0.19	0.71	0.68
14	CHF_2Cl	0.91	0.06	157.66	0.45	3.83	0.20	0.50	0.42
15	$CHFCl_2$	1.06	0.06	130.16	0.38	5.37	0.20	0.81	0.92
16	CF_4	0.81	0.01	31.74	0.17	2.46	0.26	0.48	0.42
17	CF_3Cl	0.96	0.03	24.13	0.17	3.91	0.21	0.65	0.58
18	CF_2Cl_2	1.10	0.08	27.26	0.18	5.46	0.20	0.93	0.99
19	CF_3Br	1.02	0.03	33.36	0.19	4.83	0.20	0.75	0.75
20	CH_3CF_3	0.98	0.20	48.48	0.56	3.99	0.23	0.43	0.41
21	CH_3CHCl_2	1.20	0.19	64.41	0.46	7.15	0.19	1.07	1.01
22	C_2F_6	1.12	0.01	20.06	0.14	4.28	0.24	0.87	0.8
23	CF_3CF_2Cl	1.24	0.02	22.41	0.16	5.82	0.21	1.03	1.04
24	$F_2C{=}CFCl$	1.10	0.11	39.02	0.25	5.38	0.16	0.82	0.72
25	$CF_3CH{=}CH_2$	1.11	0.18	72.24	0.49	5.50	0.19	0.86	0.8

续表

序号	分子	A_s（nm^2）	v	σ_{tot}^2（kcal/mol）^{2}	Π（eV）	α（A^3）	χ（au）	E_r	E_r^{expt}
26	$CF_3CF=CF_2$	1.26	0.05	68.08	0.30	5.77	0.18	0.86	0.94
27	$CF_2=CF-CF=CF_2$	1.40	0.10	48.60	0.31	7.81	0.16	1.14	1.2
28	c-C_6F_{10}	1.79	0.02	51.53	0.22	10.40	0.21	1.85	1.9
29	c-C_4F_8	1.47	0.00	82.15	0.24	7.10	0.21	1.18	1.25
30	c-C_6F_{12}	1.86	0.00	11.49	0.11	10.65	0.23	2.19	2.35
31	c-$CF_3(C_4F_6)CF_3$	1.93	0.01	41.44	0.18	10.71	0.24	2.22	2.3
32	CF_3OCF_3	1.21	0.02	26.96	0.16	4.85	0.24	0.98	1
33	c-$CF_3(C_2F_2O)CF_3$	1.59	0.03	58.10	0.22	7.79	0.21	1.49	1.6
34	$HC\equiv CH$	0.67	0.16	110.45	0.53	2.77	0.17	0.57	0.6
35	SO_2F_2	0.92	0.15	68.78	0.38	3.82	0.16	0.69	0.73
36	CF_3SO_2F	1.23	0.23	53.19	0.35	5.93	0.23	1.33	1.45
37	CH_3CN	0.85	0.21	144.03	0.89	3.88	0.20	0.77	0.8
38	CF_3CN	1.01	0.24	88.12	0.33	4.13	0.23	1.52	1.5
39	C_2F_5CN	1.30	0.25	68.03	0.26	6.01	0.24	1.85	2
40	C_3F_7CN	1.56	0.25	64.97	0.23	7.87	0.24	2.27	2.4
41	C_4F_7N	1.55	0.24	58.18	0.22	7.85	0.24	2.17	2.2
42	*i*-$C_3F_7COCF_3$	1.81	0.15	62.66	0.21	9.63	0.25	2.42	2.1
43	*i*-$C_3F_7COC_2F_5$	2.09	0.17	43.16	0.18	11.44	0.25	2.89	2.8

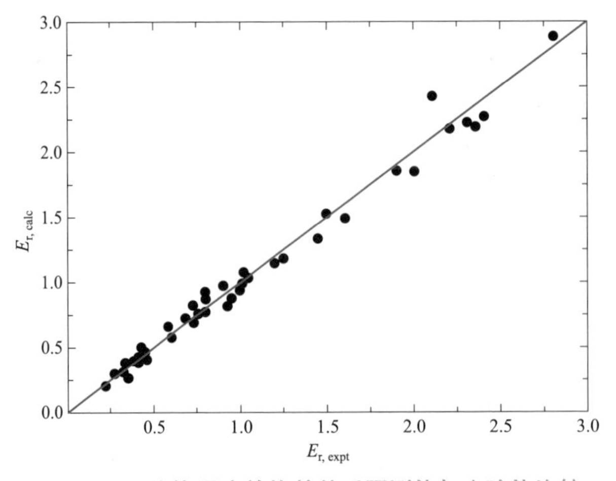

图 7－12　绝缘强度的构效关系预测值与实验值比较

与前人建立的构效关系相比，基于表 7－1 中严格筛选过的训练集，还测试了以前的构效关系模型，结果见表 7－2。很明显，早期工作的构效关系的相关系数 R^2 均在 0.9 以下，标准偏差高达 0.27。现有模型的结果优于早期建立的构效关系模型。但是，就相关系数而言，使用此训练集，以前的回归公式的相关系数确实或多或少提高了，表明在 SAR 发展中训练集对建立构效关系模型的重要性。

表 7－2　绝缘强度的构效关系模型、相关系数和标准偏差比较

项目	SAR 模型	R^2	σ
布莱德（Brand）	$E_r=0.28\varepsilon_i\alpha^{1.24}$	0.870	0.25
雷比（Rabie）	$E_r=-0.30+0.0036\mu^{0.3}Ne^{1.3}+2.04\alpha^{0.6}\varepsilon_i^{a2.8}$	0.839	0.27
张（Zhang）	$E_r=-1.43+0.22\alpha+6.17\chi$	0.868	0.25
本工作	$E_r=0.36A_s^2+0.054\nu\sigma_{tot}^2-1.97\Pi+0.33\alpha\chi+0.36$	0.985	0.08

从绝缘强度 E_r 的构效关系模型可以看出，绝缘强度与表面积 A_s 成正比。分子表面积越大，电子附着截面越大，从而绝缘强度更高。除了分子表面积，绝缘强度还取决于表面形貌和表面上的静电势分布。表面静电势的总方差 σ_{tot}^2 代表分子表面上的正、负区域贡献的总和，对极端的变化情况尤其敏感。它与表面静电势的平衡度 ν 结合一起，即 $\nu\sigma_{tot}^2$，表示分子相互作用的吸引能力。如果分子间非共价相互作用加强，如正、负静电势可以很好地分离，同时可以很好地平衡，绝缘强度就可以提高，例如全氟腈的理论预测 E_r 值。相反，表面静电势的平均偏差 Π 表征了分子的内部电荷分离情况或局部极性，绝缘强度对参数 Π 十分敏感。如果最大限度地减少内部电荷分离，增强分子的化学稳定性，那么绝缘强度将会提高。例如，SF_6 的局部极性最小（Π=0.09），CF_4 同 SF_6 一样，也是非极性分子，但是 CF_4（Π=0.17）比 SF_6 的局部极性要大，所以它的绝缘强度比 SF_6 降低了很多。

除了静电势描述符，极化率和电负性在 E_r 的贡献中同样发挥着重要的作用。从表 7－1 中看到，分子的极化率和电负性越大，绝缘强度就越高。绝对电负性代表在放电过程中分子附着电子的能力。极化率是衡量一个分子与电子碰撞过程中的变形程度。因此，E_r 与极化率和电负性的乘积成正比。例如，

SF_6 的电负性最大，$C_6F_{12}O$ 的极化率最大，这与二者的绝缘强度 E_r 高的事实是一致的。SF_6 和 O_2 都是非极性分子，局部极性也相同，因为 O_2 的电负性比 SF_6 小，极化率只有 SF_6 的三分之一，所以 O_2 的绝缘强度只有 SF_6 的三分之一。因此，本书对 $\alpha\chi$ 在绝缘强度 E_r 中的重要性进行了分析，发现分子的极化率和电负性的贡献越大，绝缘强度就越高，但是对 E_r 的最大贡献约为 25%。

除了绝缘强度，液化温度也是设计与考察环保绝缘气体分子的重要指标。前人在预测有机分子的沸点方面提出了许多构效关系模型，如采用 GIPF 参数的三参数模型，但是其不适用于研究含氟分子体系。针对表 7－3 中的 54 种分子而言，其相关系数仅有 0.7，且平均偏差高达 36.5℃，显然无法满足 SF_6 替代气体分子设计的需求。

表 7－3　在 M06-2X/6-31＋＋G(d,p)理论水平上计算的绝缘气体的 GIPF 参数和硬度

序号	分子	A_s（nm^2）	Π（eV）	η（au）	T_b（K）	T_b^{expt}（K）
1	O_2	0.51	0.09	0.17	96	90
2	N_2	0.54	0.17	0.27	69	77
3	CO	0.55	0.26	0.23	91	82
4	SO_2	0.75	0.76	0.16	272	263
5	SOF_2	0.84	0.62	0.19	241	230
6	SO_2F_2	0.92	0.38	0.19	227	218
7	CF_3SO_2F	1.23	0.35	0.23	245	251
8	SF_2	0.75	0.46	0.14	236	238
9	SF_4	0.91	0.52	0.19	243	239
10	SF_6	1.03	0.09	0.25	198	209
11	SF_5CF_3	1.31	0.17	0.22	242	252
12	SF_5CFO	1.26	0.25	0.20	253	263
13	SF_5CN	1.22	0.22	0.21	243	247
14	CH_4	0.60	0.13	0.23	109	111

续表

序号	分子	A_s（nm^2）	Π（eV）	η（au）	T_b（K）	T_b^{expt}（K）
15	CH_3F	0.66	0.62	0.21	183	195
16	CH_3Cl	0.82	0.56	0.18	236	247
17	CH_2F_2	0.71	0.70	0.22	211	222
18	CHF_3	0.76	0.56	0.25	189	191
19	CHF_2Cl	0.91	0.45	0.20	227	233
20	CF_2Cl_2	1.10	0.18	0.20	233	243
21	CF_4	0.81	0.17	0.28	151	145
22	CF_3NO_2	1.06	0.41	0.18	258	253
23	CH_3CF_3	0.98	0.56	0.23	237	226
24	CH_3CHF_2	0.93	0.61	0.21	248	248
25	CF_3CH_2F	1.03	0.55	0.23	246	247
26	CF_3CHF_2	1.07	0.41	0.23	234	227
27	C_2F_6	1.12	0.14	0.25	209	195
28	C_3F_8	1.38	0.14	0.24	238	237
29	C_4F_{10}	1.64	0.13	0.24	257	272
30	CF_3CN	1.01	0.33	0.23	215	209
31	C_2F_5CN	1.30	0.26	0.23	245	238
32	C_3F_7CN	1.56	0.23	0.22	263	277
33	C_4F_7N	1.55	0.22	0.22	265	268
34	c-C_3F_4	1.09	0.43	0.19	258	253
35	c-C_3F_6	1.23	0.27	0.21	250	244
36	c-C_4F_6	1.36	0.39	0.19	280	278
37	c-C_4F_8	1.47	0.24	0.20	268	267
38	c-C_5F_8	1.59	0.30	0.18	290	300

续表

序号	分子	A_s（nm^2）	Π（eV）	η（au）	T_b（K）	T_b^{expt}（K）
39	FOF	0.62	0.16	0.21	127	128
40	CF_3OCF_3	1.21	0.16	0.25	220	214
41	c-C_3F_6O	1.31	0.25	0.23	243	235
42	CF_3CFO	1.06	0.32	0.20	236	233
43	$CF_3C(CH_3)O$	1.21	0.56	0.17	297	295
44	*i*-$C_3F_7C(CF_3)O$	1.81	0.21	0.17	308	300
45	*i*-$C_3F_7C(C_2F_5)O$	2.09	0.18	0.16	320	322
46	HC≡CH	0.67	0.53	0.18	193	189
47	$CF_3CH{=}CH_2$	1.11	0.49	0.18	272	255
48	$CF_3CF{=}CFCF_3$	1.56	0.26	0.18	289	274
49	SF_2NCFO	1.18	0.62	0.17	308	322
50	NF_3	0.72	0.15	0.25	141	144
51	$NH(CH_3)_2$	1.00	0.32	0.14	269	281
52	$NF(CF_3)_2$	1.29	0.15	0.22	243	236
53	$C_2F_5NF_2$	1.30	0.14	0.22	242	235
54	N_2F_4	0.95	0.11	0.22	201	200

为了解决含氟分子液化温度的计算问题，我们引入由分子轨道所决定的分子硬度参数，重新优化构效关系模型，如式（7-17）所示

$$T_b = 125.3\Pi^2 - 143.2 / A_s + 194.7\sqrt[3]{\eta} + 27.0 \quad (7-17)$$

计算表明，对于表7-3中的54种气体分子，沸点预测的相关系数$R^2=0.985$，标准偏差仅为8K，构效关系模型预测结果与实验测量数据的对比如图7-13所示。可以看出，二者吻合得很好，可以为新气体的研究做一些合理的预测。值得一提的是，构效关系中的所有参数均由量子化学计算直接得到，不包含任何人为经验参数。

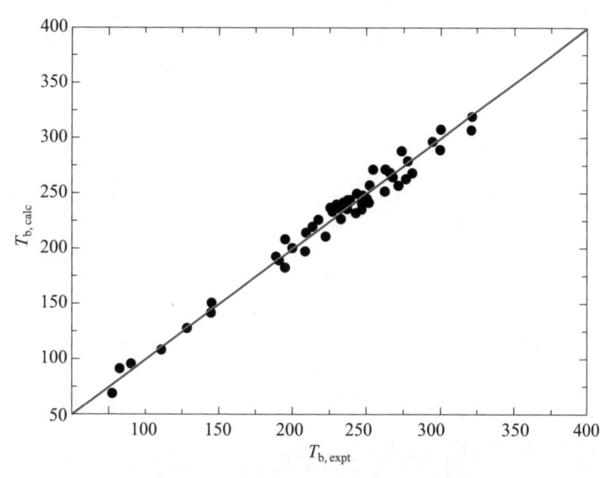

图 7－13 沸点的构效关系预测值与实验值的比较

在沸点 T_b 中，硬度扮演着十分重要的角色。在表 7－3 中，54 个绝缘气体分子的硬度η占比总是大于 50%。此外，硬度越小，沸点就越高。例如，与其他含 SF 分子比较而言，SF_6 的沸点很低，这可以从现在的构效关系模型（SAR）去解释。从表 7－3 中可以看出，虽然 SF_6 的分子表面积类似于其他含 SF 分子，但是 SF_6 的描述符Π最小，硬度η最大，所以它的沸点低于 SF_x 和其他取代分子约 30℃。

虽然 E_r 和 T_b 与电离能、偶极矩等描述符有关，但是将这些参数考虑进去，构效关系模型的相关系数并没有进一步提高。为了检验理论方法对结果的影响，采用 HF、MP2 和 B3LYP 等从头算方法预测了表 7－1 和表 7－3 绝缘气体的 E_r 和 T_b。与 M06－2X 方法的预测结果相比，对于绝缘强度，采用 HF、MP2 和 B3LYP 方法得到回归方程的相关系数 R^2 分别是 0.948、0.954 和 0.966，相应的标准偏差分别为 0.093、0.095 和 0.048；对于沸点，采用 HF、MP2 和 B3LYP 方法得到回归方程的相关系数 R^2 分别是 0.977、0.971 和 0. 981。因此，不同的理论方法得到 E_r 和 T_b 的相关系数差别很小，说明理论方法的选择对 E_r 和 T_b 的预测结果影响很小，进一步证明了本书发展的构效关系模型的可靠性。另外，早期的研究工作证明了基组对 GIPF 关系模型的影响可以忽略不计。

综上所述，基于量子化学计算方法，从分子结构出发所建立的构效关系模型能够有效预测任意气体分子的绝缘强度与液化温度，非常适用于绝缘气体分子的设计与模拟研究。例如，采用该构效关系模型，研究了含氰基（CN）系列分子的绝缘强度与液化温度，如图 7－14 所示，发现构效关系模型可以正确给出腈类分子的绝缘强度与液化温度，理论值与实验值相一致。更重要的是，构效关系模型还能够正确反映绝缘强度与液化温度随分子结构（链长、支链变化）的变化规律，从而为设计性能最佳的 SF_6 替代气体分子结构奠定了理论基础。

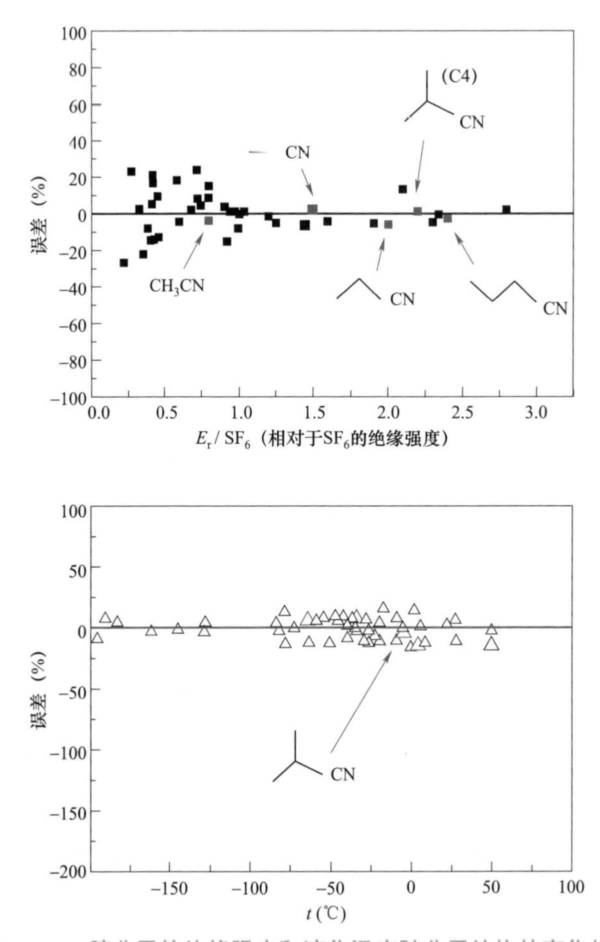

图 7－14　腈分子的绝缘强度和液化温度随分子结构的变化规律

7.2.4　改进模型

虽然上述构效关系模型全部参数均采用量子化学计算方法获得，但是该模型存在两个严重缺陷，极大限制了其可靠性与实用性：① 在构效关系模型中同时使用了分子表面积与极化率参数，但分子的极化率与表面积之间存在非常显著的相关性，因此极化率应是一冗余参数；② 所使用的电负性参数由分子的电离能（IP）与电子亲合能（EA）计算得到，然而精确计算分子的 IP 与 EA 是量子化学中最富挑战的难题之一，特别是关于 EA 的计算。首先，EA 包括垂直吸附（VAE）、解吸（VDE）亲合能与绝热亲合能（EA）3 种完全不同的参数；其次，常用的 Kohn-Sham DFT 方法不适合用于计算阴离子体系，因为计算的 HOMO 能量通常为正值，即阴离子不是成键态。虽然已经发展了许多改进的量子化学计算方法，如电子传播子理论（electron propagator theory），运动方程理论（equation of motion），扩展的库普曼斯定理（extended koopmans' theorem，EKT-CCSD，OMP2.5 等），但仍存在各种致命缺陷。即使针对研究最为深入的 SF_6 分子，其 EA 数据仍存在争议。更重要的是，并不是所有分子都存在稳定的正、负离子结构，某些分子失去或捕获一个电子后随即解离，从而根本无法计算所需的 IP 与 EA 参数。虽然在电气工程领域，通常认为气体的绝缘能力与电负性有关，而且绝缘气体往往被称为电负性气体，但是绝缘气体的介电强度与电离能、电子亲和能并不存在显著相关。因此，本书提出了一种预测气体介电强度的全新构效关系，仅采用中性气体分子的若干具有明确物理意义的电子结构参数，完全摒弃了离子计算，获得了表现更优的构效关系模型。该模型可以准确预测任意新型环保绝缘气体的介电强度，为寻找 SF_6 替代气体提供了理论依据。

通过深入分析分子总表面积 A_s 发现，实际上只有正静电势（V_s^+）所贡献的表面积 A_s^+与介电强度相关。虽然负静电势的表面积 A_s^-的数值与 A_s^+相当，但是 A_s^-随介电强度的变化无任何规律性可言。究其原因，在电子－分子碰撞过程中，A_s^+代表了分子中能够用来吸附电子的表面区域，如图 7－15 中蓝色部分所示。A_s^+越大，分子吸附电子的能力越强。更有意思的是，就表 7－1 中的 43 种绝缘气体分子来说，总表面积 A_s与 A_s^+、A_s^-的相关性均并不明显，因此我们拟将 A_s^+引入介电强度的构效关系中。

虽然介电强度与分子表面积有直接关联，但是分子表面积并不能反映分子形状的信息，显然分子形状也是影响电子与分子相互作用的潜在重要因素。因此，定义约化表面积 $A_{s,r}^+$ 参数，即

$$A_{s,r}^+(\mathrm{nm}^2) = A_s^+ / O_{val} \qquad (7-18)$$

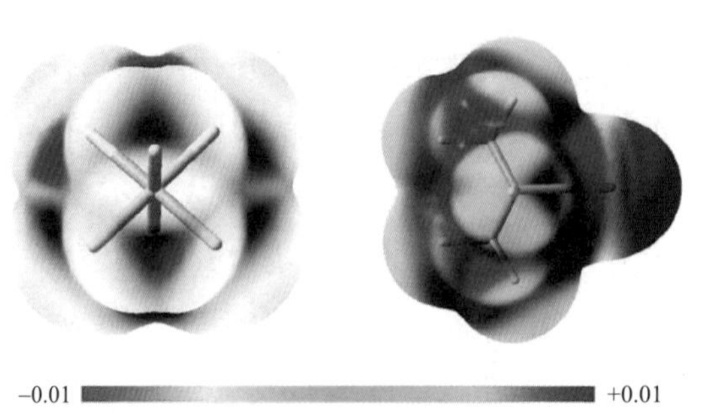

图 7－15　SF_6与 C_4F_7N 分子的结构与静电势能面比较

参数 O_{val} 为分子的椭圆度

$$O_{val}=\frac{A_s}{4\pi\left(\frac{3V}{4\pi}\right)^{2/3}} \tag{7-19}$$

式中：V 为分子体积；O_{val} 代表分子形状（即电子密度为 0.001au 的等值面）偏离完美球体的程度。综合分子量与气体密度，我们提出了分子密度作为关联介电强度参数，即

$$\rho\,(g/cm^3)=M/V \tag{7-20}$$

值得指出的是，此处的分子密度与气体的实际密度（随温度、压力变化）截然不同。它代表分子处于紧密堆积状态时的理想密度，是一个与分子所处的相态无关的物理量，在某种近似程度上可能与固态分子晶体的密度相当。

在 M06-2X/6－31＋＋G(d, p)理论水平上计算得到 43 种绝缘气体分子的 A_s、$v\sigma^2_{tot}$、Π、ρ、$A^+_{s,r}$ 参数，回归得到最优化构效关系表达式

$$E_r=0.299(A_s+0.783)^2+0.922v\sigma^2_{tot}-1.837\Pi+0.0391(\rho A^+_{s,r})^2 \tag{7-21}$$

绝缘强度的理论值与实验值的比较如图 7－16 所示。该模型的相关系数 $R=0.993$、MAD＝0.0609、$\sigma=0.0802$、$\delta_{max}=0.28$ 各项指标明显优于其他所有构效关系模型。值得指出的是，在构效关系模型中，理论与实验值的最大偏差总是全氟异丙基甲基酮（$C_3F_7COCF_3$），可能与该分子的实验介电强度存在较大误差有关。另外，根据模型计算得到 SF_6 的介电强度为 0.99，与实验值非常吻合。更重要的是，该构效关系模型中均为独立变量，各变量之间不存在显著相关性。

为了检验构效关系模型的可靠性，表 7－4 给出了一系列潜在 SF_6 替代绝缘气体的介电强度，其中包含了新键型（如 NSF_3 中的 N≡S 三键）与新元素（如 SeF_6）

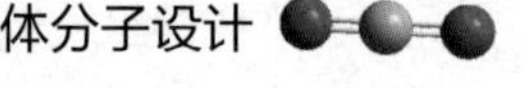

等。可以看出，理论计算值基本处于零散实验测量结果的范围之内，在一定程度上验证了新构效关系模型预测气体绝缘强度的强大能力及有效性。

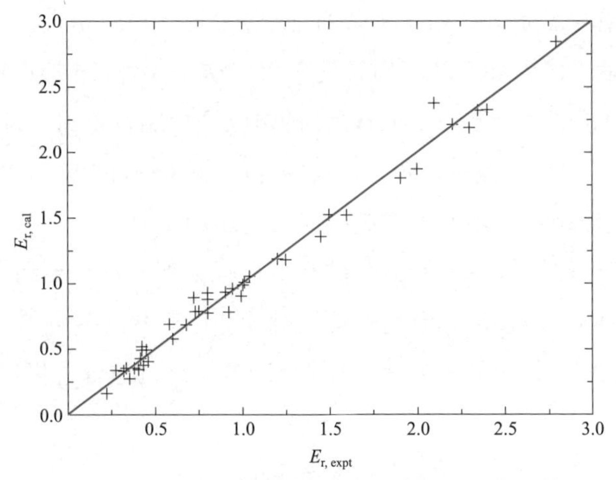

图 7-16 绝缘强度的理论预测值与实验值比较

表 7-4 部分潜在 SF_6 替代绝缘气体的 GIPF 参数和介电强度

气体类型	A_s（nm^2）	$\nu\sigma^2_{tot}$（$(kcal/mol)^2$）	Π（eV）	ρ（g/cm^3）	$A^+_{s,\,red}$（nm^2）	$E_{r,\,cal}$	$E_{r,\,expt}$
SF_5CF_3	1.308	1.007	0.167	2.716	0.746	1.19	1.2～1.6
NSF_3	0.942	19.995	0.378	2.252	0.704	1.34	1.4
SO_2	0.754	26.394	0.762	1.849	0.361	0.71	0.52～1.0
SeF_6	1.101	0.049	0.131	3.413	0.687	1.00	1.03～1.14
C_6F_6	1.551	2.012	0.380	2.150	0.738	1.11	1.05～1.15
C_4F_{10}	1.639	0.152	0.129	2.502	0.125	1.76	1.0～1.58

基于构效关系模型，分析了气体的介电强度受电子结构影响的规律，获得了提高气体介电强度的分子设计思路，为发现绝缘性能优于 SF_6 的新型替代气体提供了理论依据。从构效关系可以看出，决定介电强度的因素主要包括以下四个方面：

（1）与分子总表面积描述符 A_s 有关的性质；

（2）与分子正、负静电势的分离程度描述符 $\nu\sigma^2_{tot}$ 有关的性质；

（3）与分子的局域极性描述符 Π 有关的性质；

（4）与电子吸附截面有关的 $\rho A^+_{s,\,r}$ 描述符。

其中 A_s、$\nu\sigma^2_{tot}$、$\rho A^+_{s,\,r}$ 均为正贡献，而 Π 为负贡献。各项所占百分比如图 7-17 所示。可以看出，A_s 对介电强度的影响最为显著，特别对于高介电强度的分子体系而言。例如，对于介电强度大于 2 的气体分子（即绝缘能力为 SF_6 的两倍），A_s 的贡献可达 75%以上。有意思的是，虽然增加 A_s 与 $\nu\sigma_{tot}^2$ 均有利于提高介电强度，然而 A_s 与 $\nu\sigma_{tot}^2$ 看上去是一对相互矛盾的物理量：A_s 的贡献越大，则 $\nu\sigma_{tot}^2$ 的贡献越小；当 A_s 的贡献占比为 50%以下时，随着 A_s 增加，$\nu\sigma_{tot}^2$ 的贡献则由 40%下降至 10%左右；当 A_s 的占比超过 50%时，$\nu\sigma_{tot}^2$ 的贡献则迅速减小到 1%以下。对于 Π 参数而言，若分子的介电强度在 1 以下（即绝缘能力比 SF_6 弱），Π 的贡献为 30%左右，这说明强局域极性是导致气体绝缘能力变弱的重要原因。对于介电强度高的气体分子，局域极性的影响较弱，Π 的贡献只有 10%左右。与此相反，虽然 $\rho A_{s,r}^+$ 对介电强度的影响普遍较小，但是它可以有效补偿对介电强度的负贡献，对于提高分子的绝缘强度非常有利，该参数为设计新型绝缘气体分子提供了新方向。

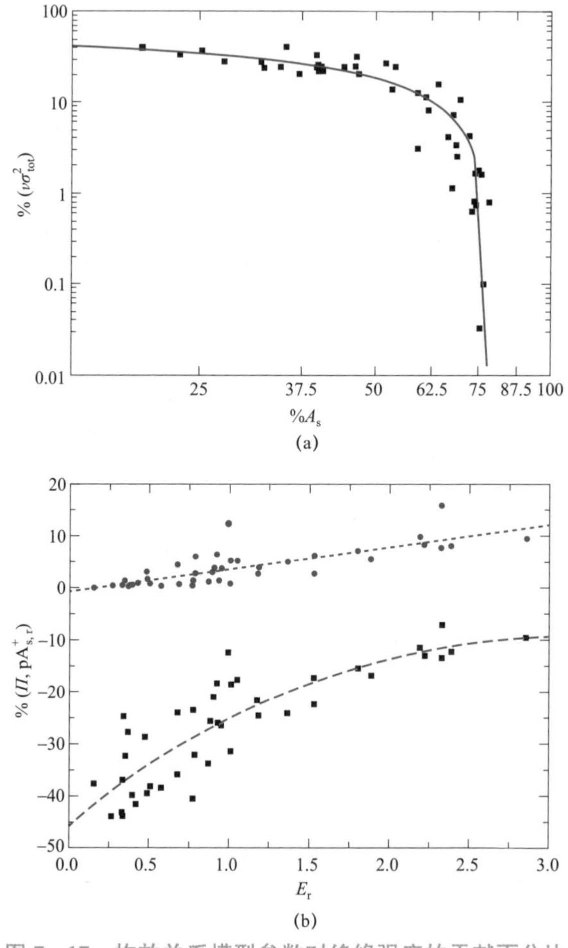

图 7－17　构效关系模型参数对绝缘强度的贡献百分比

7.3 新分子设计

本节将结合构效关系模型，利用官能团取代和“分子杂化”思想开展新型环保绝缘气体的分子设计研究，并对这些分子的各项性能指标进行系统评估，从而筛选出兼具绝缘强度高、液化温度低、稳定性高、温室效应小等特点的环保绝缘气体分子。

7.3.1 官能团取代

设计新型 SF_6 替代气体必须首先满足两个基本条件，即相对 SF_6 的绝缘强度 $E_r \geqslant 1$、液化温度（沸点）$T_b \leqslant 273K$。依靠我们建立的 E_r 和 T_b 构效关系模型可以准确预测任意化合物分子的绝缘特性与液化温度，而进一步设计新型替代分子结构则需基于两个方面的考虑：① 明确分子结构的演变对绝缘强度和沸点的影响规律；② 构造新型分子结构的新思想。

以 SF_6 为例，采用各种官能团（Cl、CF_3、NF_2、CN）依次取代 F 原子，根据构效关系模型，计算各分子的绝缘强度与液化温度的变化规律，如图 7－18 所示。可以看出，与 SF_6 相比，取代 1～6 个 F 原子后所生成新分子的绝缘强度均有显著提高，与此同时，液化温度也升高，二取代后化合物的沸点均在 273K 以上。另外，图 7－18 所示数据反映出不同取代基的类型对绝缘强度与液化温度的影响程度明显不同。例如 CF_3 取代对绝缘强度的影响最敏感，而对液化温度的改变最弱。因此，分子设计则可以从绝缘强度与液化温度两个方面寻找平衡点，通过结构优化，获得满足要求的新型分子。

根据构效关系模型，表面积是表征分子大小的描述符，对 E_r 和 T_b 都十分重要。E_r 随着分子表面积的平方增大而升高；而 T_b 低，只能要求分子的表面积小才行。因此，不可能通过调整分子表面积的大小来获得想要的 E_r 和 T_b。幸运的是，分子表面上的静电势的平均偏差 Π 描述符，是分子设计的最好选择。分子的 Π 小，即内部电荷分离或局部极性可以忽略不计，结果往往是 E_r 高而 T_b 低。尽管 Π 和总方差 σ^2_{tot} 可能看起来相似，后者 σ^2_{tot} 比 Π 的覆盖范围更广，但是 Π 和 σ^2_{tot} 之间没有明显的相关性，这是由于它们反映了表面静电势的不同方面。另外，因为 Π 对 E_r 有正贡献，所以降低 Π 并不一定会导致 σ^2_{tot} 变小。因此，可以通过调

整参数Π来设计绝缘强度高和沸点低的 SF_6 替代气体。

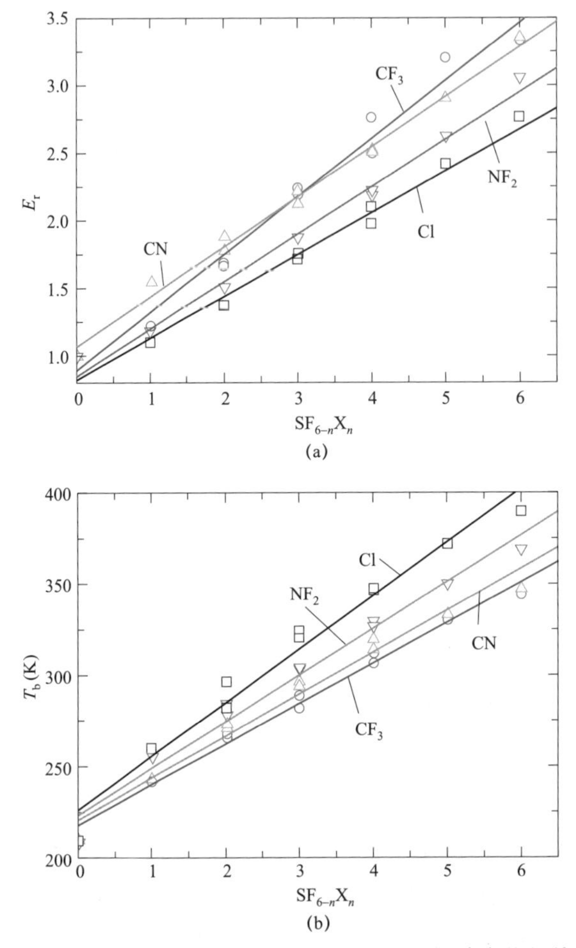

图 7-18　绝缘强度和液化温度随分子结构的变化规律

除了基于电子密度的 GIPF 参数，分子的电负性、硬度和极化率也是分子合理化设计的有效目标。当极化率越大时，碰撞传能有效，即电子碰撞时，分子越容易变形，导致无法有效吸收能量。但是，分子的软度越低，即硬度越大，将使沸点 T_b 升高。因此，如何有效地调整硬度和极化率之间的平衡关系也是设计 SF_6 替代气体的重要因素。基于构效关系模型所反映的规律性，我们提出了优化取代设计的思路，即以某种已知化合物为基础，采用各种能够显著提高绝缘强度、同时对液化温度不敏感的基团，直接取代母体分子的 F 原子或基团，从而获得新新气体分子结构。以 SF_6 为例，设计了一系列潜在的 SF_6 替代气体分子，计算得到的部分气体分子的绝缘强度和沸点列于表 7-5，均能满足绝缘强度与液化温度的要求。以 CN 取代基为例，将 SF_6 中的一个 F 原子用 CN 取代后，形成 SF_5CN 分子，如图 7-19 所示。

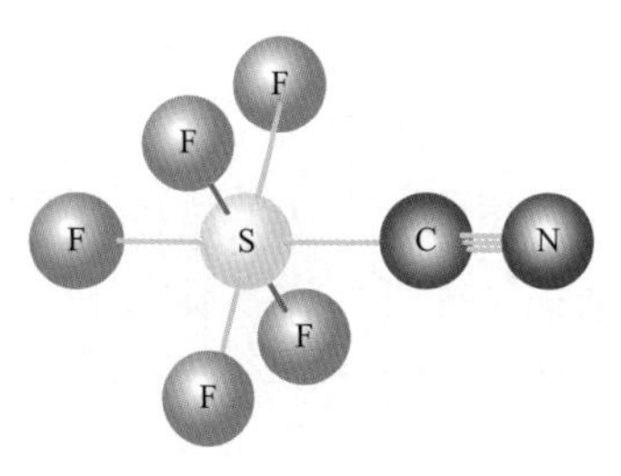

图 7-19 SF_5CN 分子结构

该分子的绝缘强度约为 SF_6 的 1.5 倍，液化温度低至-30°C，计算得到其 GWP 仅为 SF_6 的 5%。综合考虑环境效应，SF_5CN 是一种性能优良的潜在替代气体。

表 7-5 优化取代设计的新型 SF_6 替代气体的绝缘强度和液化温度

分子	E_r	T_b(K)
SF_5CF_3	1.23	242
$SF_4(CF_3)_2$	1.69	267
SF_5NF_2	1.19	255
SF_5CN	1.55	243
$SF_4(CF_3)(CN)$	2.28	268
$SF_4(CN)_2$	1.84	272
SF_5Cl	1.10	259
SF_5CFO	1.35	253

7.3.2 化学键杂化

与工程实践中常采用的二元或多元混合气体不同，我们依据环保绝缘气体分子的构建原理，提出了一种全新的“分子杂化”设计去构造新型环保绝缘气体分子，在化学键层次上采用“分子杂化”或“化学混合”模式将绝缘气体分子的优点有机地整合在一起，设计出一系列能够同时满足绝缘强度高、沸点低、且环境友好型的绝缘气体分子结构。以 SF_6 与 N_2 分子为例，可以设计 3 种杂化分子：

（1）以 1+1 模式杂化，即 N_2 分子直接插入 SF_6 的 S—F 键中，NN 三键变为 N═N 双键，形成 SF_5—N═N—F 分子。

（2）以 2/3+1/2 模式杂化，2/3 的 SF_6（即 SF_4）与 1/2 的 N_2（即 N 原子）联合，直接形成 S═N 双键，获得 SF_4═NF 分子。

（3）以 1/2+1/2 模式杂化，1/1 的 SF_6（即 SF_3）与 1/2 的 N_2（即 N 原子）联合，直接形成 SN 三键，获得 SF_3N 分子。

据此，设计了一系列新型绝缘气体分子，部分结构如图 7－20 所示。根据构效关系模型，详细研究了每种分子的绝缘强度、液化温度、GWP 等特性，关键参数列于表 7－6 与表 7－7，可以看出由此设计的分子结构基本满足替代气体的指标要求。

表 7－6　杂化设计的新型 SF_6 替代气体的绝缘强度、液化温度、GWP

母体分子	杂化分子	E_r	t_b（℃）	RE［W/（m^2·ppbv）］	τ（年）	GWP
SF_6+N_2	SF_5N_2F	1.37	−7	0.68	1	10
SF_6+N_2	SF_3N	1.35	−30（−27）	0.30	5	916
SF_6+N_2	SF_4NF	1.07	−17（−14）	0.47	0.13	9
$SF_6+C_2F_4$	SF_4CF_2	0.83	−4	0.35	0.001	0
$SF_6+C_2F_2$	SF_3CF	1.02	4	0.31	0.006	1
$c\text{-}C_4F_8+N_2$	$c\text{-}C_4F_8N_2$	2.21	44	0.21	0.01	1
$c\text{-}C_4F_8+N_2$	$c\text{-}C_3F_5N$	1.42	−8	0.22	16	1602
CF_4+N_2	CF_2NF	0.93	−60	0.07	0.7	26
$C_2F_6+N_2$	CF_2NCF_3	1.07	−30（−33）	0.21	20	2091
CF_4+SO_2	CF_3SO_2F	1.33	−28（−22）	0.23	40	3678
CF_4+CO_2	$CF_3OC(O)F$	2.01	−37（−36）	0.23	15	1739

注　E_r 为相对于 SF_6 的绝缘强度；t_b 为沸点，括号里为实验数据；RE 为辐射系数；τ 为总大气寿命；GWP 为全球变暖潜势。

究其原因，通过图 7－21 可以看出，杂化结构中存在各种特异的化学键，比如 S═N、S═C 等，导致分子的静电势与 SF_6 相比发生显著改变，从而直接影响了电子与分子的相互作用模式，改变其绝缘特性；同时，静电势改变还将影响分子间相互作用力，从而改变分子的液化温度。更重要的是，杂化分子中普遍存在不饱和化学键。一方面，不饱和键提高了分子的稳定性，其生成焓、电离能、电子亲和能均较高；另一方面，不饱和键增强了分子与大气中活泼自由基（OH）的反应活性，导致其大气寿命普遍较低，从而 GWP 数值均远小于 SF_6，自然成为环保绝缘气体。

值得一提的是，还可以将化学混合引申，得到多重杂化与混合杂化方法，设计出绝缘性能更加优异的新分子。例如，将 6 个 N_2 或 CO_2 分子与 SF_6 杂化得到 $S(NNF)_6$ 和 $S(COOF)_6$ 化合物，其介电强度分别是 SF_6 的 3.9 和 5.4 倍。而 SF_6、N_2、CF_4 三重杂化得到的 CF_3SF_2N 分子，其绝缘强度从 SF_3N 的 1.35 提高到 2.0。

表 7－7　杂化设计的新型 SF_6 替代气体的生成焓（$H_{f,\ 298.15}$）、电子亲和势（EA）和电离能（I_p）

分子	$\Delta H_{f,\ 298.15}$(kcal/mol)	EA(eV)	I_p(eV)
SF_5N_2F	－193.8	0.95	11.7
SF_3N	－83.3	1.79	11.7
SF_4NF	－141.7	2.01	10.8
SF_4CF_2	－216.4	1.48	9.7
SF_3CF	－70.6	0.67	10.6
c-$C_4F_8N_2$	－332.5	2.38	10.0
c-C_3F_5N	－199.8	0.90	11.4
CF_2NF	－79.7	0.19	11.7
CF_2NCF_3	－240.7	0.78	11.8
CF_3SO_2F	－273.3	0.65	12.6
$CF_3OC(O)F$	－297.0	0.53	12.2

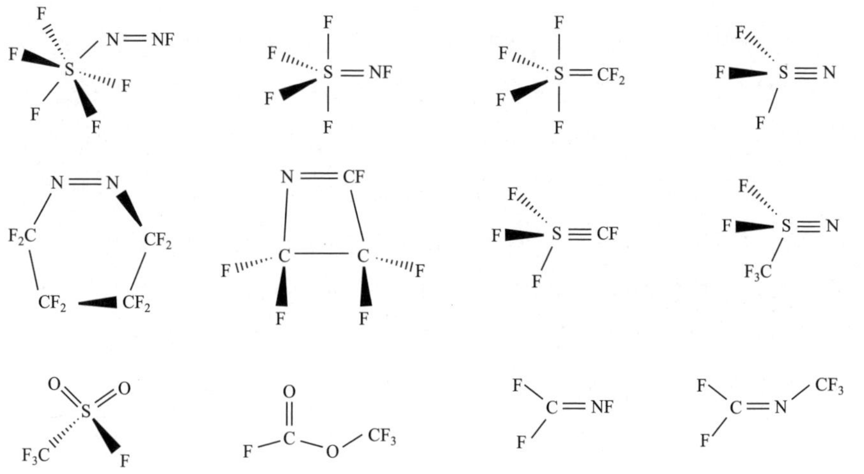

图 7－20　典型杂化分子结构示意图

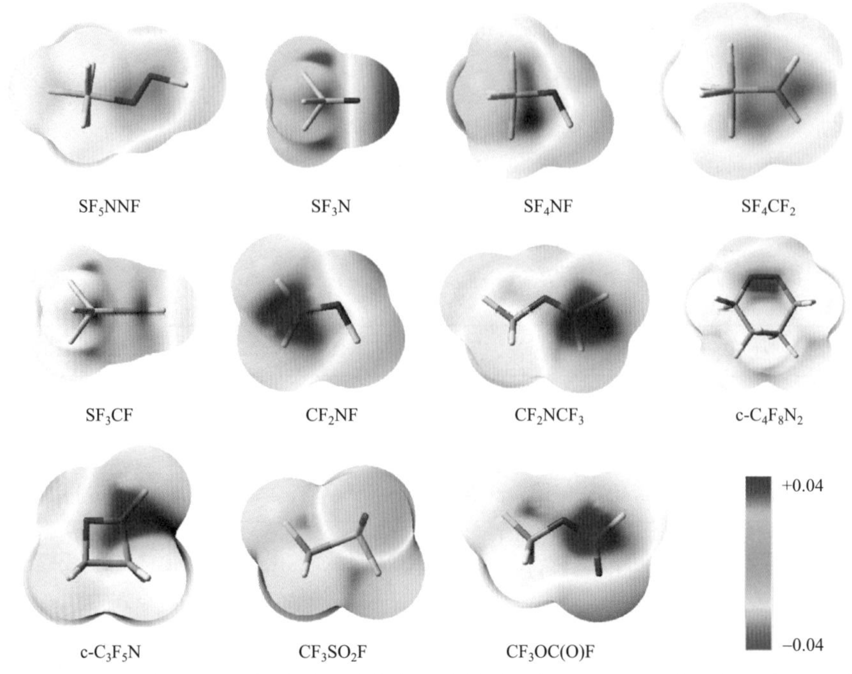

图 7-21　新型环保绝缘气体分子的静电势（等值面值 = 0.001au 的总电子密度面）

总之，首次提出了一种基于“杂化”思想去构建环境友好型 SF_6 替代气体分子，新设计的气体分子解决了绝缘强度和稳定性高、低沸点和低 GWP 难以兼顾的最大难题，为有效解决高压电气设备绝缘介质的工程问题提供了前所未有的应用前景。该思路不仅简洁全面，而且是基于从头算方法去设计绿色 SF_6 替代气体。

与传统的物理混合气体相比，本书创造性地将一种分子整体或部分插入另一种分子中，或者将两种或多种分子的部分组合起来，从而形成全新的分子结构。这种分子杂化或化学混合方法在化学键层次上将绝缘气体分子的优点有机地结合在一起，所新设计气体分子的绝缘性能和热力学稳定性都得到了显著的提高，而且都是环境友好型化合物，同时兼顾了替代气体绝缘强度和稳定性高、沸点低、全球变暖潜势低的矛盾。值得一提的是，通过 SF_6 与 C_2F_4、C_2F_2 杂化和 c-C_4F_8 与 N_2 杂化获得的 SF_4CF_2、SF_3CF 和 c-C_3F_5N 新分子且均未出现在 CAS 数据库中，值得实验室进一步合成研究，探索其作为 SF_6 替代气体的可能性。

参 考 文 献

[1] XINGWEN LI, HU ZHAO, ANTHONY B MURPHY. SF_6-alternative gases for application in gas-insulated switchgear [J]. Journal of Physics D: Applied Physics, 2018, 51(15), 153001-153020.

[2] OKABE M, OKADA A, YAMADA H, et al. Serialization of Standard Gas Insulated Switchgear [J]. Hitachi Rev., 2002, 51(5): 169-173.

[3] KOCH H. Gas Insulated Transmission Lines (GIL) [M]. Chichester, United Kingdom: Wiley-IEEE Press, 2012.

[4] BOGGS S A. Sulphur Hexafluoride A Complex Dielectri [J]. IEEE Electr. Insul. Mag., 1989, 5(6):16-21.

[5] BUJOTZE M, SEEGER M. Parameter Dependence of Gaseous Insulation in SF_6 [J]. IEEE Trans. Dielectr. Electr. Insul., 2013, 20(3): 845-855.

[6] BASTA R, HARVEY B G, ARIF A M, et al. Reactions of SF_6 with Organotitanium and Organozirconium Complexes: The Inert $_{SF6}$ as a Reactive Fluorinating Agent [J].J. Am. Chem. Soc., 2005, 127(34): 11924-11925.

[7] WOOTON R E, KEGELMAN M R, BAUER A W, et al. Gases Superior to SF_6 for Insulation and Interruption [R]. Electric Power Research Institute Report, 1982.

[8] MALIK N H, QURESHI A H. A Review of Electrical Breakdown in Mixtures of SF_6 and Other Gases [J]. IEEE Trans. Electr. Insul., 1979, 14(1): 1-13.

[9] 李国兴，姜子秋，关艳玲. 六氟化硫气体低温液化特性试验研究 [J]. 黑龙江电力，2015，37（5）：399-403.

[10] VANBRUNT R J, HERRON J T. Fundamental Processes of SF_6 Decomposition and Oxidation in Glow and Corona Discharges [J]. IEEE Trans. Electr. Insul., 1990, 25(1): 75-94.

[11] WANG Y, LI LI, YAO W. SF_6 By products in High-Humidity Environment: An Experimental Evaluation Between 200℃ and 500℃ [J]. J. Electromag. Anal.Appl., 2011, 3(6): 179-183.

[12] 侯慧娥. 六氟化硫气体及其电弧分解物的毒性试验[J]. 高压电器，1982，6：23－25.

[13] KO M, SZE N D, WANG W, et al. Atmospheric Sulfur Hexafluoride: Sources, Sinks and Greenhouse Warming [J]. J. Geophys. Res., 1993, 98(6): 10499－10507.

[14] FANG X, HU X, GREET J M, et al. Sulfur Hexafluoride (SF_6)Emission Estimates for China: An Inventory for 1990, 2010and a Projection to 2020 [J].Environ. Sci. Technol., 2013, 47(8): 3848－3855.

[15] MAISS M, BRENNINKMEIJER C A. Atmospheric SF_6: Trends, Sources, and Prospects [J]. Environ. Sci. Technol., 1998, 32(20): 3077－3086.

[16] RIGBY M, MÜHLE J, MILLER B R, et al. History of Atmospheric SF_6 from 1973 to 2008 [J]. Atmos. Chem. Phys., 2010, 10(21): 10305－10320.

[17] Intergovernmental Panel on Climate Change (IPCC). Report of the Scientific Assessment Working Group of IPCC [R].Switzerland, 1995.

[18] PINNOCK S, HURLEY M D, SHINE K P, et al. Radiative Forcing of Climate by Hydrochlorofluorocarbons and Hydrofiuorocarbons [J].J. Geophys. Res., 1995, 100 (111): 23227－23238.

[19] HODNEBROG O, ETMINAN M, FUGLESTVEDT J S, et al. Global Warming Potentials and Radiative Efficiencies of Halocarbons and Related Compounds:A Comprehensive Review [J]. Rev. Geophys., 2013, 51(2): 300－378.

[20] MUHLE J, HUANG J, WEISS R F, et al. Sulfuryl Fluoride in the Global Atmosphere[J]. J. Geophys. Res., 2009, 114(5): 053606.

[21] SULBAEK ANDERSEN M P,KYTE M, ANDERSEN S T, et al. Atmospheric Chemistry of $(CF_3)_2CF$-CN: A Replacement Compound for the Most Potent Industrial Greenhouse Gas, SF_6 [J]. Environ. Sci. Technol., 2017, 51(3): 1321－1329.

[22] YU X, HOU H, WANG B. Double-Layered Composite Methods Extrapolating to Complete Basis-Set Limit for the Systems Involving More than Ten Heavy Atoms: Application to the Reaction of Heptafluoroisobutyronitrile with Hydroxyl Radical [J]. J. Phys. Chem. A, 2017, 121(21): 9020－9032.

[23] KIEFFEL Y, IRWIN T, PONCHON P, et al. Green Gas to Replace SF_6 in Electrical Grids [J]. IEEE Power Energy Mag., 2016, 14(2): 32－39.

[24] 周文俊，郑宇，杨帅，等. 替代 SF_6 的环保型绝缘气体研究进展与趋势 [J]. 高压电

器，2016，52（12）：8－14.

［25］ 廖瑞金，杜永永，李剑，等. 新型环保绝缘气体的研究进展［J］. 智能电网，2015，3（12）：1118－1124.

［26］ LUJIA CHEN, PHILLIP WIDGER, MOHAMMAD, et al. CF_3I Gas Mixtures: Breakdown Characteristics and Potential for Electrical Insulation［J］. 2016, 32(2), 1089－1097.

［27］ WIDGER P, HADDAD A, GRIFFITHS H. Breakdown Performance of Vacuum Circuit Breakers Using Alternative CF_3I-CO_2 Insulation Gas Mixture［J］.IEEE Trans. Dielectr. Electr. Insul., 2016, 23(1): 14－21.

［28］ YAMAMOTO O, TAKUMA T, HAMADA S, Yamakawa Y, Yashima M. Applying a Gas Mixtures Containing c-C_4F_8 as an Insulation Medium［J］. IEEE Trans. Dielectr. Electr. Insul., 2001, 8(6): 1075－1081.

［29］ WU B, XIAO D, LIU Z, et al. 2006. Analysis of Insulation Characteristics of c-C_4F_8 and N_2 Gas Mixtures by the Monte Carlo Method［J］.J. Phys. D: Appl. Phys., 39(19): 4204－4207.

［30］ DE URQUIJO J, BASURTO E. Electron Attachment,Ionization and Drift in c-C_4F_8［J］. J. Phys. D:Appl. Phys., 2001, 34(9): 1352－1354.

［31］ SIMKA P, RANJAN N. Dielectric Strength of C5 Perfluoroketone［C］. The 19th International Symposium on High Voltage Engineering.,Pilzen Czech Republic, 2015, 1－5.

［32］ MANTILLA J D, GARIBOLDI N, GROB S, et al. Investigation of the Insulation Performance of a New Gas Mixture with Extremely Low GWP［C］. 2014IEEE Electr. Insul. Conf., 2014, 469－473.

［33］ WU Y, WANG C, SUN H, et al. Evaluation of SF_6 Alternative Gas C5 PFK based on Arc Extinguishing Performance and Electric Strength［J］.J. Phys. D:Appl. Phys., 2017, 50(38): 385202.

［34］ ZHANG X, LI Y, TIAN S, et al. Decomposition Mechanismof the C5 PFK/CO_2 Gas Mixture as an Alternative Gas for SF_6［J］. Chem. Eng. J., 2018, 336(15): 38－46.

［35］ JOHN G O. Greenhouse Gas Emission Reductions though use of a Sustainable Alternative to SF_6［R］. 3M Company. USA, 2016.

［36］ KIEFFEL Y, BIQUEZ F, PONCHON P. Alternative Gas to SF_6 for Use in High Voltage

Switchgears: g^3 [C]. 23rd Int. Conf. Electr. Distri. Lyon: CIRED, 2015, 0230.
[37] KIEFFEL Y, BIQUEZ F, VIGOUROUX D, Ponchon P. Characteristics of g^3–an Alternative Gas to SF_6 [C]. 24th Int. Conf. Electr. Distri. Glasgow: CIRED, 2017, 0795.
[38] 罗运柏，高占阳，高克利，等. 环保绝缘气体七氟异丁腈（C_4F_7N）的制备技术现状与发展 [J]. 高电压技术，2019，45（4）：1009－1017.
[39] GAUTSCHI D, FICHEUX A, WALTER M, et al. Application of a Fluoronitrile Gas in GIS and GIL as an Environmental Friendly Alternative to SF_6 [C]. CIGRE, 2016.
[40] CHINT. Gas Insulated Switchgear (GIS/HGIS) up to 252kV Compact Gas Insulated Switchgear (GIS) up to 145kV [J].Power Trans. Distri. 2012, 1－46.
[41] HYRENBACH M , HINTZEN T , MULLER P, et al. Alternative Gas Insulation in Medium-voltage Switchgear [C].23rd Int. Conf. Electr. Distri. Lyon: CIRED, 2015.
[42] 肖登明. 环保型绝缘气体的发展前景 [J]. 高电压技术，2016，42（4）：1035－1046.
[43] 周文俊，郑宇，高克利，等. 环保型绝缘气体电气特性研究进展 [J]. 高电压技术，2018，44（10）：3114－3124.
[44] 阮全荣，谢小平. 气体绝缘金属封闭输电线路工程设计研究与实践 [M]. 北京：中国水利水电出版社，2011.
[45] 田雨，张晗，赵虎. SF_6/CF_4 混合气体的饱和蒸气压与绝缘特性计算 [J]. 高电压技术，2017，43（3）：765－771.
[46] 张晓星，田双双，肖淞，等. SF_6 替代气体研究现状综述 [J]. 电工技术学报，2018，33（12）：2883－2893.
[47] 颜湘莲，高克利，郑宇，等. SF_6 混合气体及替代气体研究进展 [J]. 电网技术，2018，42（6）：1837－1844.
[48] 丛建辉，石雅，高慧，等. “双碳”目标下中国省域碳排放责任核算研究——基于“收入者责任”视角 [J]. 上海财经大学学报， 2021，23（6）：82－96.
[49] FANG X, HU X, JANSSENS M G, et al. Sulfur hexafluoride (SF_6) emission estimates for china: an inventory for 1990—2010 and a projection to 2020[J]. Environmental Science & Technology, 2013, 47(8): 3848－3855.
[50] ZHOU S, TENG F, TONG Q. Mitigating sulfur hexafluoride (SF_6) emission from electrical equipment in China [J]. Sustainability, 2018, 10(7): 2402.
[51] 李兴文，赵虎. SF_6 替代气体的研究进展综述 [J]. 高电压技术，2016，42（6）：

1695－1701.

［52］ 张潮海，韩冬，李康，等. SF_6 替代气体技术及其在 GIL 中的应用与发展［J］. 高电压技术，2017，43（3）：689－698.

［53］ 胡世卓，周文俊，郑宇，等. 3 种缓冲气体对 C_4F_7N 混合气体绝缘特性的影响［J］. 高电压技术，2020，46（1）：224－232.

［54］ HÖSL A, CHACHEREAU A, PACHIN J, et al. Identification of the discharge kinetics in the perfluoro-nitrile C_4F_7N with swarm and breakdown experiments［J］. Journal of Physics D: Applied Physics, 2019, 52(23): 235201.

［55］ ZHENG Y,YAN X,CHEN W,et al. Calculation of electrical insulation of C_4F_7N /CO_2 mixed gas by avalanche characteristics of pure ga［J］. Plasma Research Express, 2019, 1(2): 025013.

［56］ FU Y, YANG A, WANG X, et al. Theoretical study of the decomposition mechanism of C_4F_7N［J］. Journal of Physics D:Applied Physics, 2019, 52(24): 245203.

［57］ LI Y, ZHANG X, CHEN Q,et al. Influence of oxygen on dielectric and decomposition properties of $C_4F_7N/N/O_2$ mixture［J］. IEEE Transactions on Dielectrics and Electrical Insulation, 2019, 26(4): 1279－1286.

［58］ TAKUMA T,WATANABE T, KITA K. Breakdown characteristics of compressed-gas mixtures in nearly uniform fields［J］.Proceedings of the Institution of Electrical Engineers, 1972, 119 (7): 927－928.

［59］ WOOTON R E,CHANTRY P J. A critique of methods for calculating the dielectric strength of gas mixtures and a proposed test for, η-synergism［J］. Gaseous Dielectrics Ⅱ, Knoxville, USA, 1980, 52(4): 32－42.

［60］ OKABE S,KOUNO T. Evaluation of synergism in flashover voltage properties of gas mixtures［J］. Japanese Journal of Applied Physics,1986,25(3): 453－457.

［61］ 李正瀛. 电负性混合气体临界击穿场强与电子附着速率的探讨［J］. 物理学报，1990，39（9）：1400－1406.

［62］ HUNTER S R,CHRISTOPHOROU L G. Pressure-dependent electron attachment and breakdown strengths of unary gases and synergism of binary gas mixtures: a relationship［J］. Journal of Applied Physics, 1985, 57(9): 4377－4385.

［63］ 肖淞，张晓星，韩晔飞，等. 不均匀电场下 CF_3I/N_2 混合气体工频击穿特性试验［J］.

电工技术学报，2016，31（20）：228－236.

［64］赵谡. 环保型 CF_3I 混合绝缘气体协同效应的研究［D].上海：上海交通大学，2019.

［65］张天然. C_4F_7N /CO_2 混合气体冲击放电特性研究［D]. 武汉：武汉大学，2021.

［66］HHRENBACH M, ZACHE S. Alternative insulation gas for medium-voltage switch［C］// Petroleum and Chemical Industry Conference Europe, Berlin, Germany, 2016: 1－9.

［67］杨津基. 气体放电［M]. 北京：科学出版社，1980.

［68］严璋，朱德恒. 高电压绝缘技术. 3 版［M]. 中国电力出版社，2015，86－89.

［69］HU S, WANG Y , ZHOU W, et al. Dielectric properties of CF_3SO_2F /N_2 and CF_3SO_2F/CO_2 mixtures as a substitute to SF_6［J]. Industrial & Engineering Chemistry Research, 2020, 59 (35): 15796－15804.

［70］高克利，颜湘莲，刘焱，等. 环保气体绝缘管道技术研究进展［J]. 电工技术学报，2020，35（1）：3－20.

［71］李兴文，赵虎. SF_6 替代气体的研究进展综述［J]. 高电压技术，2016，42（6）：1695－1701.

［72］廖瑞金，杜永永，李剑，等.新型环保绝缘气体的研究进展［J]. 智能电网，2015，3（12）：1118－1124.

［73］周文俊，郑宇，高克利，等. 环保型绝缘气体电气特性研究进展［J]. 高电压技术，2018，44（10）：3114－3124.

［74］ROKUNOHE T, YAGIHASHI Y, ENDO F, et al. Fundamental Insulation Characteristics of Air, N_2, CO_2, N_2/O_2 and SF_6/N_2 Mixed Gase［J]. IEEJ Translated from Denki Gakkai Ronbunshi, 2005, 125(3): 9－17.

［75］王渊，马国明，周宏扬，等. SF_6/N_2 混合气体中直流叠加雷电冲击复合电压作用下绝缘子闪络特性［J]. 电工技术学报，2019，34（14）：3084－3092.

［76］屠幼萍，袁之康，罗兵，等. 0.4～0.8MPa 气压下二元混合气体 SF_6/N_2 和 SF_6/CO_2 露点温度计算［J]. 高电压技术，2015，41（5）：1446－1450.

［77］翟芷萱，林莘，温苗，等. 极不均匀场下 SF_6/CF_4 混合气体中环氧树脂绝缘子沿面闪络特性研究［J]. 高压电器，2018，54（5）：150－155.

［78］CHEN L, WIDGER P, KAMARUDIN M, et al. CF3I Gas Mixtures:Breakdown Characteristics and Potential for Electrical Insulation［J]. IEEE Transactions on Power Delivery, 2016, 32 (2): 1089－1097.

［79］ 张刘春，肖登明，张栋，等．c-C_4F_8/CF_4 替代 SF_6 可行性的 SST 实验分析［J］．电工技术学报，2008，23(6)：14－18．

［80］ MANTILLA J D, GARIBOLDI N, GROB S, et al. Investigation of the insulation performance of a new gas mixture with extremely low GWP［C］// 2014 IEEE Electrical Insulation Conference (EIC). Philadelphia, Pennsylvania, USA: IEEE, 2014: 469－473.

［81］ 赵明月，韩冬，韩先才，等. $C_6F_{12}O$/N_2 与 $C_6F_{12}O$/空气混合气体的电晕放电分解产物分析［J］．电工电能新技术，2018，37(11)：1－8．

［82］ NECHMI H E, BEROUAL A, GIRODET A, et al. Fluoronitriles/CO_2 gas mixture as an eco-friendly alternative candidate to SF_6 in high voltage insulation systems［C］// Electrical Insulation & Dielectric Phenomena. Villeurbanne, France: IEEE, 2016.

［83］ KATAGIRI H, KASUYA H, MIZOGUCHI H, et al. Investigation of the Performance of CF_3I Gas as a Possible Substitute for SF_6［J］. IEEE Transactions on Dielectrics and Electrical Insulation, 2008, 15(5): 1424－1429.

［84］ 李康，张国强，邢卫军，等．c-C_4F_8 及其与 N_2 混合绝缘气体在典型故障时分解生成物的试验分析［J］．高电压技术，2012，38(4)：985－992．

［85］ 李祎，张晓星，肖淞，等．环保型绝缘介质 $C_5F_{10}O$ 放电分解特性［J］．中国电机工程学报，2018，38(14)：4298－4306+4336．

［86］ 李兴文，邓云坤，姜旭，等．环保气体 C_4F_7N 和 $C_5F_{10}O$ 与 CO_2 混合气体的绝缘性能及其应用［J］．高电压技术，2017，43(3)：708－714．

［87］ 李志闯，郑忠波，刘一树，等. C_4F_7N/CO_2 混合气体中 252 kV 盆式绝缘子工频沿面闪络特性研究［J］．电工技术学报，2020，35(1)：62－69．

［88］ KIEFFEL Y, BIQUEZ F. SF_6 alternative development for high voltage switchgears［C］// 2015 IEEE Electrical Insulation Conference. Washington, USA: IEEE, 2015.

［89］ 颜湘莲，高克利，郑宇，等．SF_6 混合气体及替代气体研究进展［J］．电网技术，2018，42(6)：1837－1844.

［90］ STOLLER P C, SEEGER M, IORDANIDIS A A, et al. CO_2 as an Arc Interruption Medium in Gas Circuit Breakers［J］. IEEE Transactions on Plasma Science, 2013, 41(8): 2359－2369.

［91］ 钱立骁，陈慎言．12～24kV 氮气绝缘环网柜的研制［J］．高电压技术，2014，40(12)：3717－3724．

［92］ 肖登明，阎究敦．气体绝缘输电线路(GIL)的应用及发展［J］．高电压技术，2017，43(3)：

699－707.

［93］ 牛文军，魏俊梅，张铎，等. 550kV SF_6/N_2 充气母线绝缘性能研究［J］. 高压电器，2014，50（1）：77－80.

［94］ 严璋，朱德恒. 高电压绝缘技术［M］. 北京：中国电力出版社，2002.

［95］ 李鹏，李志兵，孙倩，等. 特高压气体绝缘金属封闭输电线路绝缘设计［J］. 电网技术，2015，39(11)：3305－3312.

［96］ 王志刚，金光耀，柏长宇，等. SF_6/N_2 混合气体 1100kV GIL 产品研制及应用［J］. 高压电器，2019，55(8)：16－21+29.

［97］ 黄亦斌. CF_4 气体灭弧性能的研究［D］. 上海：上海交通大学，2010.

［98］ MIDDLETON R L, ENG P. Cold-weather application of gas mixture (SF_6/N_2, SF_6/CF_4) circuit breakers: A utility user's perspective［EB/OL］.［2020－02－01］

［99］ CHEN L, GRIFFITHS H, HADDAD A, et al. Breakdown of CF_3I gas and its mixtures under lightning impulse in coaxial-gil geometry［J］. IEEE Transactions on Dielectrics and Electrical Insulation, 2016, 23(4): 1959－1967.

［100］ KAMARUDIN M S, ALBANO M, COVENTRY P, et al. A survey on the potential of CF_3I gas as an alternative for SF_6 in high voltage applications［C］// UPEC 2010－45th International Universities Power Engineering Conference. IEEE, 2010.

［101］ HIKITA M, OHTSUKA S, OKABE S, et al. Insulation characteristics of gas mixtures including perfluorocarbon gas［J］. IEEE Transactions on Dielectrics and Electrical Insulation, 2008, 15(4): 1015－1022.

［102］ 李康. c-C_4F_8 混合气体替代 SF_6 气体用于电力设备的应用基础研究［D］. 北京：中国科学院大学，2012.

［103］ STOLLER P C, DOIRON C B, TEHLAR D, et al. Mixtures of CO_2 and $C_5F_{10}O$ perfluoroketone for high voltage applications［J］. IEEE Transactions on Dielectrics and Electrical Insulation, 2017, 24(5): 2712－2721.

［104］ KIEFFEL Y, GIRODET A, PONCHON PH, et al. SF_6 alternative development for high voltage switchgears［C］// CIGRE paper D1－305. Paris, France: CIGRE, 2014.

［105］ NECHMI H E, BEROUAL A, GIRODET A, et al. Fluoronitriles/CO_2 gas mixture as promising substitute to SF_6 for insulation in high voltage applications［J］. IEEE Transactions on Dielectrics and Electrical Insulation, 2016, 23(5): 2587－2593.

［106］ 王凌志，周文俊，张天然，等. C_4F_7N/CO_2 混合气体在均匀和极不均匀电场下的工频绝缘性能［J］. 高电压技术，2019，45(4)：1101－1107.

［107］ OWENS J G. Greenhouse gas emission reductions through use of a sustainable alternative to SF_6［C］// 2016 IEEE Electrical Insulation Conference (EIC). IEEE, 2016.

［108］ KIEFFEL Y, IRWIN T, PONCHON P, et al. Green Gas to Replace SF_6 in Electrical Grids［J］. IEEE Power and Energy Magazine, 2016, 14(2): 32－39.

［109］ KIEFFEL Y, BIQUEZ F, VIGOUROUX D, et al. Characteristics of g^3-an alternative to SF_6［C］// IEEE International Conference on Electricity Dielectrics. Glasgow, UK. IEEE, 2017.

［110］ KIEFFEL Y, BIQUEZ F, PONCHON P. Alternative gas to SF_6 for use in high voltage switchgears: g^3［J］. 23rd International Conference on Electricity Distribution. Lyon, France. 2015.

［111］ GAUTSCHI D, A. FICHEUX A, WALTER M, et al. Application of a fluoronitrile gas in GIS and GIL as an environmental friendly alternative to SF_6［C］// Cigre Paper B3－106. Paris, France. 2016.

［112］ NECHML H E, BEROUAL A, GIRODET A, et al. Effective ionization coefficients and limiting field strength of fluoronitriles-CO_2 mixtures［J］. IEEE Transactions on Dielectrics and Electrical Insulation, 2017, 24 (2): 886－892.

［113］ ZHAO HU, LI XINGWEN, TANG NIAN, et al. Dielectric Properties of Fluoronitriles/CO_2 and SF_6/N_2 Mixtures as a Possible SF_6－Substitute Gas［J］. IEEE Transactions on Dielectrics & Electrical Insulation, 2018, 25(4): 1332－1339.

［114］ 李志闯，丁卫东，高克利，等. C_4F_7N/CO_2 混合气体中环氧绝缘子雷电冲击沿面绝缘特性［J］. 高电压技术，2019，45（4）：1071－1077.

［115］ CONG WANG, YI CHENG, YOUPING TU, et al. Characteristics of C_3F_7CN/CO_2 as an Alternative to SF_6 in HVDC-GIL Systems［J］. IEEE Transactions on Dielectrics and Electrical Insulation, 2018, 25(4): 1351－1356.

［116］ YOUPING TU, YI CHENG, CONG WANG, et al. Insulation Characteristics of Fluoronitriles/CO_2 Gas Mixture under DC Electric Field［J］. IEEE Transactions on Dielectrics and Electrical Insulation, 2018, 25(4): 1324－1331.

［117］ BOYA ZHANG, NENAD UZELAC, YANG CAO, et al. Fluoronitrile/CO_2 Mixture as an Eco-Friendly Alternative to SF_6 for Medium Voltage Switchgears［J］. IEEE Transactions on

Dielectrics & Electrical Insulation, 2018, 25(4): 1340 – 1350.

[118] YI LI, XIAOXING ZHANG, DACHANG CHEN, et al. Study on the dielectric properties of C_4F_7N/N_2 mixture under highly nonuniform electric field [J]. IEEE Access, 2018: 2169 – 3536.

[119] YI LI, XIAOXING ZHANG, SONG XIAO, et al. Insights into the interaction between C_4F_7N decomposition products and Cu(1 1 1), Ag(1 1 1) surface [J]. Journal of Fluorine Chemistry, 2018, 213: 24 – 30.

[120] XIAOXING ZHANG, YI LI, DACHANG CHEN, et al. Dissociative adsorption of environment-friendly insulating medium C_3F_7CN on Cu(111) and Al(111) surface: A theoretical evaluation [J]. Applied Surface Science, 2018, 434,549 – 560.

[121] XIAOXING ZHANG, YI LI, DACHANG CHEN, et al. Reactive molecular dynamics study of the decomposition mechanism of the environmentally friendly insulating medium C_3F_7CN [J]. RSC Advances, 2017, 7(80): 50663 – 50671.

[122] 赵明月，韩冬，荣文奇，等. 电晕放电下全氟异丁腈（C4F7N）与空气混合气体的分解产物规律及其形成原因分析 [J]. 高电压技术，2018，44（10）：3174 – 3182.

[123] 荣文奇，韩冬，赵明月，等. 交流电晕放电下微水对 $(CF_3)_2CFCN/N_2$ 混合气体分解特性的影响 [J]. 电工电能新技术，2020，39(1)：43 – 50.

[124] 赵明月，韩冬，荣文奇，等. 电晕放电下二元全氟异丁腈$(CF_3)_2CFCN$ 混合气体的分解特性分析 [J]. 高电压技术，2019，45(4)：1078 – 1085.

[125] 龙云翔，郭立平，沈震宇，等. SF_6 替代气体 $C_4F_7N - N_2$ 电离特性的稳态汤逊法研究 [J]. 高电压技术，2019，45(4)：1064 – 1070.

[126] YUNXIANG LONG, LIPING GUO, ZHENYU SHEN, et al. Ionization and Attachment Coefficients in C_4F_7N/N_2 Gas Mixtures for Use as a Replacement to SF_6 [J]. IEEE Transactions on Dielectrics and Electrical Insulation, 2019, 26(4): 1358 – 1362.

[127] 张震，林莘，余伟成，等. C_4F_7N/CO_2 和 C_4F_7N/N_2 混合气体热力学物性参数计算 [J]. 高电压技术，2020，46(1)：250 – 256.

[128] 徐建源，刘振祥，夏亚龙，等. 1100kV GIL 快速接地开关分闸过程 C_4F_7N/CO_2 混合气体介质绝缘强度计算分析 [J]. 高电压技术，2018，44(10)：3125 – 3134.

[129] 罗运柏，高占阳，高克利，等. 环保绝缘气体七氟异丁腈(C_4F_7N)的制备技术现状与发展 [J]. 高电压技术，2019，45（04）：1009 – 1017.

［130］ 臧奕茗，钱勇，刘伟，等. C_4F_7N /CO_2 混合气体中尖端缺陷的流注放电仿真研究［J］. 电工技术学报，2020，35(1)：34－42.

［131］ 颜湘莲，郑宇，黄河，等. C_4F_7N /CO_2 混合气体对局部不均匀电场的敏感特性［J］. 电工技术学报，2020，35(1)：43－51.

［132］ 胡世卓，周文俊，郑宇，等. 3 种缓冲气体对 C_4F_7N 混合气体绝缘特性的影响［J］. 高电压技术，2020，46(1)：224－232.

［133］ SHIZHUO HU, WENJUN ZHOU, JIANHUI YU, et al. Synergistic Effect of i-C_3F_7CN/CO_2 and i-C_3F_7CN/N_2 Mixtures［J］. IEEE Access, 2019, 7: 50159－50167.

［134］ 雷鸣，陈琳. 关于 GIL 和 GIS 母线产品基本结构尺寸设计探讨［J］. 高压电器，2013，49(4)：134－139.

［135］ YU X, HOU H, WANG B. Double-Layered Composite Methods Extrapolating to Complete Basis-Set Limit for the Systems Involving More than Ten Heavy Atoms: Application to the Reaction of Heptafluoroisobutyronitrile with Hydroxyl Radical［J］. J. Phys. Chem. A, 2017，121(21): 9020－9032.

［136］ WOOD G P F, RADOM L, PETERSSON G A, et al. A Restricted-Open-Shell Complete-Basis-Set Model Chemistry［J］. J. Chem. Phys., 2006, 125(9): 1－16.

［137］ URBAN M, NOGA J, COLE S J, et al. 1985. Towards a Full CCSDT Model for Electron Correlation［J］. J. Chem. Phys., 83(8): 4041－4046.

［138］ LEE T J, TAYLOR P R. A Diagnostic for Determining the Quality of Single-Reference Electron Correlation Methods［J］. Int. J. Quantum Chem., 1989, 36(S23): 199－207.

［139］ HALKIER A, HELGAKER T, JORGENSEN P, et al. J. Basis-Set Convergence of the Energy in Molecular Hartree-Fock Calculations［J］. Chem. Phys. Lett., 1999, 302(5－6): 437－446.

［140］ HELGAKER T, KLOPPER W, KOCH H, et al. Basis-Set Convergence of Correlated Calculations on Water［J］. J. Chem. Phys., 1997, 106(23): 9639－9646.

［141］ HUH S B, LEE J S. Basis-Set and Correlation Dependent Extrapolation of Correlation Energy［J］. J. Chem. Phys., 2003, 118(7): 3035－3042.

［142］ BAKOVIES D. Extrapolation of Electron Correlation Energies to Finite and Complete Basis Set Targets［J］. J. Chem. Phys., 2007, 127(8): 084105－084132.

［143］ VARANDAS A J C, PANSINI F N N. Narrowing the Error in Electron Correlation Calculations by Basis Set Re-hierarchization and Use of the Unified Singlet and Triplet

Electron-pAir Extrapolation Scheme: Application to a Test Set of 106 Systems [J]. J. Chem. Phys., 2014, 141(22): 224113 – 224122.

[144] OKOSHI M, ATSUMI T, NAKAI H. Revisiting the Extrapolation of Correlation Energies to Complete Basis Set Limit [J]. J. Comput. Chem., 2015, 36(14): 1075 – 1082.

[145] ZHAO Y, TRUHLAR D G. The M06 Suite of Density Functionals for Main Group Thermochemistry, Thermochemical Kinetics, Noncovalent Interactions, Excited States, and Transition Elements: Two New Functionals and Systematic Testing of Four M06 – class Functionals and 12 Other Functionals [J]. Theor. Chem. Acc., 2008, 120(1 – 3): 215 – 241.

[146] SULBAEK ANDERSEN M P, KYTE M, ANDERSEN S T, et al. Atmospheric Chemistry of $(CF_3)_2CFCN$: A Replacement Compound for the Most Potent Industrial Greenhouse Gas, SF_6 [J]. Environ. Sci. Technol., 2017, 51(3): 1321 – 1329.

[147] YU X, HOU H, WANG B. Atmospheric Chemistry of Perfluoro – 3 – methyl – 2 – butanone [$CF_3C(O)CF(CF_3)_2$]: Photodissociation and Reaction with OH Radicals [J]. J. Phys. Chem. A, 2018, 122(45): 8840 – 8848.

[148] YU X, LIU Y, HOU H, et al. Theoretical Investigations on the Decomposition Characteristic Gases of Fluoronitriles/CO_2 Mixture After Arc Interruption [C]. IEEE Electrical Insulation Conference (EIC), 2020, 38: 490 – 493.

[149] YU X, HOU H, WANG B. Theoretical Investigations on the Oxidation of Heptafluoro-isobutyronitrile by Atomic Oxygen in Dielectric Breakdown [J]. J. Phys. Chem. A, 2020, 124(43): 8398 – 8413.

[150] HAGELAAR G J M, PITCHFORD L C. Solving the Boltzmann Equation to Obtain Electron Transport Coefficients and Rate Coefficients for Fluid Models [J]. Plasma Sources Sci. Technol., 2005, 14(4): 722 – 733.

[151] 赵虎，李兴文，贾申利. SF_6及其混合气体临界击穿场强计算与特性分析 [J]. 西安交通大学学报，2013，47（2）：109 – 115.

[152] 赵谡，邓云坤，钟蕊霜，等. 基于 Boltzmann 方程的 CF_3I 混合气体协同效应分析 [J]. 电工技术学报，2019，34（7）：1553 – 1558.

[153] HOCHBERG B M, SANDBERG E Y. Investigation of the Disruptive Strength of Gases [J]. J. Technol. Phys. (USSR), 1942, 12(2 – 3): 65 – 75.

[154] WILSON W A, SIMONS J H, BRICE T J. The Dielectric Strength of Gaseous Fluorocarbons

[J]. J. Appl. Phys., 1950, 21: 203–205.

[155] HEYLEN A E D, LEWIS T J. The Electrical Strength of Hydrocarbon Gases [J]. British J. Appl. Phys., 1956, 7: 411–415.

[156] NARBUT P, BERG D, WORKS C N, et al. Factors Controlling Electric Strength of Gaseous Insulation[J]. Trans. Am. Inst. Electr. Eng. Part Ⅲ Power Apparatus & Systems, 1959, 78(3): 545–550.

[157] MASON J H. Disharges [J]. IEEE Trans. Electr. Insul., 1978, 13(4): 211–238.

[158] COOKE C M, COOKSON A H. The Nature and Practice of Gases as Electrical Insulators[J]. IEEE Trans. Electr. Insul., 1978, 13(4): 239–248.

[159] VIJH A K. Electric Strength and Molecular Properties of Gaseous Dielectrics [J]. IEEE Trans. Electr. Insul., 1977, 12(4): 313–315.

[160] VIJH A K. On the Relative Electric Strengths and the Molecular Weights of Gases [J]. IEEE Trans. Electr. Insul., 1982, 17(4): 84–87.

[161] PAUL J C, SAHA T N, CHAKRAVARTY B. On the Gaseous Breakdown[J]. Indian J. Phys., 1974, 48(2): 138–142.

[162] BRAND K P, KOPAINSKY J. Breakdown Field Strength of Unitary Attaching Gases and Gas Mixtures [J]. Appl. Phys., 1979, 18(4): 321–333.

[163] BRAND K P. Dielectric Strength, Boiling Point and Toxicity of Gases-Different Aspects of the Same Basic Molecular Properties [J]. IEEE Trans. Electr. Insul., 1982, 17(5): 451–456.

[164] MEURICE N, Sandre E, Aslanides A, Vercauteren D P. Simple Theoretical Estimation of the Dielectric Strength of Gases [J]. IEEE Trans. Dielectr. Electr. Insul., 2004, 11(6): 946–948.

[165] OLIVET A, DUQUE D, VEGA L F. Analysis of Electron Interactions in Dielectric Gases [J]. J. Appl. Phys., 2007, 101(1): 15–34.

[166] RABIE M, DAHL D A, DONALD S M A, et al, Franck C M. Predictors for Gases of High Electrical Strength [J]. IEEE Trans. Dielectr. Electr. Insul., 2013, 20(3): 856–863.

[167] ZHANG C, SHI H, CHENG L, et al. First Principles Based Computational Scheme for Designing New SF_6 Replacements [J]. IEEE Trans. Dielectr. Electr. Insul., 2016, 23(5): 2572–2578.

[168] POLITZER P, MURRAY J S. Computational Prediction of Condensed Phase Properties from

Statistical Characterization of Molecular Surface Electrostatic Potentials [J]. Fluid Phase Equil., 2001, 185(1 – 2): 129 – 137.

[169] YU X, HOU H, WANG B. Prediction on Dielectric Strength and Boiling Point of Gaseous Molecules for Replacement of SF6 [J]. J. Comput. Chem., 2017, 38(10): 721 – 729.

[170] BOZKAYA U, UNAL A. State-of-the-Art Computations of Vertical Ionization Potentials with the Extended Koopmans' Theorem Integrated with the CCSD(T) Method [J]. J. Phys. Chem. A, 2018， 122(17): 4375 – 4380.

[171] ANDERSON L N, OVIEDO M B, Wong B M. Accurate Electron Affinities and Orbital Energies of Anions from a Nonempirically Tuned Range-Separated Density Functional Theory Approach [J]. J. Chem. Theory Comput., 2017, 13(4): 1656 – 1666.

[172] 侯华，余小娟，周文俊，等. 绝缘气体介电强度的构效关系 [J]. 高等学校化学学报，2018，39(11): 131 – 138.

[173] YU X, HOU H, WANG B. A Priori Theoretical Model for Discovery of Environmentally Sustainable Perfluorinated Compounds [J]. J. Phys. Chem. A, 2018， 122(13): 3462 – 3469.

索　引

J

L

M

P

Q

R

S

T

W

X

Y

Z